工业设计专业系列教材

Animate CC
动画制作案例教程

李　婷　张永辉　李启光　编著

U0291279

电子工业出版社·

Publishing House of Electronics Industry

北京·BEIJING

内 容 简 介

本书从动漫游戏设计师职业岗位需求出发，通过11章内容及其中的多个精选案例，详细讲解了Animate CC矢量动画设计的学习方法，项目和工作实践中所需掌握的专业技能、项目流程，以及解决实际问题的方法、思路、技巧，使得读者能够直观地掌握矢量动画设计的方法，做到举一反三和融会贯通。本书面向的用户群体广泛，适合绝大多数的初级和中级用户，案例由浅入深、循序渐进。所有案例均选自作者的工作和项目，具有较强的实践性和实用性，技术含量高。同时章节练习及海量的电子学习资源和素材能更好地帮助读者掌握设计和操作要点，极大地方便了教学和自学。全书共11章，主要内容包括Animate CC矢量动画软件介绍、图形绘制、元件和库的使用、逐帧动画制作、补间动画制作、引导层动画制作、遮罩层动画制作、形变动画制作、骨骼动画制作、角色动画制作、动画技巧等。

本书可作为高等院校相关专业本科生的教材，也可供动漫游戏设计师参考和使用。

图书在版编目（CIP）数据

Animate CC动画制作案例教程 / 李婷等编著. —北京：电子工业出版社，2022.7
ISBN 978-7-121-44045-8

Ⅰ. ①A… Ⅱ. ①李… Ⅲ. ①动画制作软件－高等学校－教材 Ⅳ. ①TP391.414

中国版本图书馆CIP数据核字（2022）第133440号

责任编辑：赵玉山 文字编辑：张天运
印　　刷：北京富诚彩色印刷有限公司
装　　订：北京富诚彩色印刷有限公司
出版发行：电子工业出版社
　　　　　北京市海淀区万寿路173信箱　　邮编：100036
开　　本：787×1092　1/16　印张：22　字数：563.2千字
版　　次：2022年7月第1版
印　　次：2022年7月第1次印刷
定　　价：99.00元

前　言

本书是高等院校数字媒体技术专业的教学用书。Adobe Animate CC（其前身为 Adobe Flash Professional，Macromedia Flash）软件是由 Adobe 公司开发的矢量图形和动画设计软件，被广泛应用于游戏、电视、网络交互式动画设计、在线学习及信息图表中。该软件以强大的交互功能、鲜明时尚的设计感及与 Adobe 家族软件一脉相承的人性化界面设计吸引了越来越多的专业人员和业余爱好者，得以让用户将作品以多种兼容格式发布到各大主流多媒体平台，在二维无纸化动画领域收获了庞大的受众群体。

本书共分为 11 章，包含多个精选案例。具体内容如下。

Adobe Animate CC（简称 Animate CC）应用程序介绍——Animate CC 概述、常规工作流程介绍、基本工作界面和基本操作讲解、位图和矢量图划分。

Animate CC 图形绘制——使用基本形状工具、钢笔工具、宽度工具、画笔工具和传统画笔工具等绘制各种图形。

Animate CC 元件和库——使用图形元件、影片剪辑元件和按钮元件完成动画和交互设计。

Animate CC 逐帧动画——帧、关键帧、空白关键帧、绘图纸外观等逐帧动画制作工具讲解。

Animate CC 补间动画——传统补间动画、新补间动画、形状补间动画、时间轴和图层讲解。

Animate CC 引导层动画——引导层和被引导层，以及相关属性和效果调整。

Animate CC 遮罩层动画——遮罩层和被遮罩层，以及相关属性和效果调整。

Animate CC 形变动画——形状补间、形状提示、资源变形工具讲解。

Animate CC 骨骼动画——骨骼工具、绑定工具、姿势图层，以及相关属性和效果调整。

Animate CC 角色动画——父级图层视图、嘴形同步动画、动画编辑器讲解。

Animate CC 动画技巧——导入 Photoshop 文件、导入 Illustrator 文件、使用图形滤镜、使用摄像头工具、动画的导出和发布。

本书具有如下特点。

用户群体广泛——面向绝大部分的初级和中级用户群体，案例安排由浅入深，循序渐进。

案例学以致用——所有案例均选自作者工作和项目，实践性和应用强，技术含量高。

课后举一反三——课后练习能帮助读者反复巩固所学内容和知识点，更好地掌握软件操作要点。

配套资源丰富——具备海量的电子学习资源和素材，包括场景文件、效果文件、多媒体视频教学，适合教师课堂教学和读者自学使用。

本书作者李婷、张永辉、李启光均为长年处于教学和实践一线的教师，具备丰富的教学经验和实际工作经验。在本书策划、编写和出版过程中，电子工业出版社给予了大力支持。同时本书的编写和出版也离不开诸多优秀教师和同行的帮助、支持和鼓励，在此一并表示衷心的感谢。由于本书作者水平有限，加之新技术、新理念层出不穷，必然在内容更新、知识点衔接等方面存在诸多缺陷、不妥，甚至错误之处，恳请诸位读者批评指正，以帮助我们及时修订和补充。

作　者

目 录

第 1 章

认识 Animate CC

1.1 Animate CC 动画概述

学习目的：

本节介绍 Animate CC 应用程序的基本概述，包括应用程序的发展历史、基本特性、应用领域及更新功能等。读者通过学习了解和熟悉 Animate CC 应用程序的广泛用途和典型特征，以区别于其他的动画应用程序和动画制作手段，为后续的动画制作打下基础。

制作要点：

新的 Animate CC 应用程序更新和添加了更利于动画制作和交互实现的新特性，如更丰富的矢量画笔工具、兼容各平台的多种导出格式、模拟真实摄像机的新的 Camera 工具、更有助于角色动画制作的音频同步功能、更便捷的交互设计环境等。

1.1.1 Animate CC 简介

Animate CC（如图 1-1 所示）是 Adobe 系统开发的多媒体创作和计算机动画程序。Animate CC 广泛用于电视动画、在线网络视频、网站、网络应用、游戏开发及其他的交互项目中的矢量图形设计和动画制作。该程序还支持位图图形、富文本、音频和视频嵌入，以及 ActionScript3.0 脚本。它可以为 HTML5、WebGL、可缩放矢量图形（SVG）动画和精灵表单（Sprite Sheets）及传统的 Flash Player 和 Adobe AIR 发布动画。其开发的项目还可以扩展到 Android、iOS、Windows 桌面和 macOS 的应用程序。

Animate CC 的前身为著名的多媒体创作和计算机动画程序 Flash Professional（如图 1-2 所示）。Flash Professional 可以说在过去 20 多年中定义和主宰了网页动画的制作标准。2015

年 12 月 2 日，Adobe 宣布 Flash Professional 更名为 Animate CC（缩写为 An），在支持 Flash SWF 文件的基础上，加入了对 HTML5 的支持。Adobe 认为，将 Flash Professional 更名为 Animate CC，更清楚地定义了它的地位及它的目的：Flash Professional 是为了制作 SWF 内容，Animate CC 则是为了制作动画。

图 1-1　Animate CC　　　　　　　　图 1-2　Flash Professional

　　Animate CC 允许在基于时间轴的创作环境中为游戏、电视节目、在线视频、应用程序等创建交互式矢量图形和动画。Animate CC 可以赋予卡通和横幅广告以生命力，并为在线学习内容和信息图表等添加动态效果。使用 Animate CC 可以创建卡通图形和动画，并且可以以任何格式将动画快速发布到多个平台。该程序添加了一系列高级功能，如 HTML5Canvas 和 WebGL，并且可以扩展以支持自定义格式，如 Snap.svg。另外，Animate CC 还支持创建、发布 Flash 格式，以及打包 Adobe AIR 应用程序。该程序具备的输出格式的灵活性使得用户在无须安装插件的前提下即可以在任何地方查看自己的内容。

1.1.2　Animate CC 的新特性

● 用于创建生动角色的矢量画笔工具（如图 1-3 所示）：Animate CC 提供矢量笔刷。借助钢笔工具或画笔工具，可以在绘制线条和笔画时使用压力和斜度功能。笔刷不仅提供包括大小、颜色和平滑度等在内的基本选项，还提供压力和速度影响等参数。创建图案时，可以根据施加的压力大小更改宽度。因此，对于希望使用形状、图案、曲线等创建二维矢量图形的用户来说，Animate CC 是一个不错的选择。

图 1-3　Animate CC 的矢量画笔工具

● 可以发布到任何平台的多种导出格式：该程序适用于导出动画的 Web 标准，使得任何用户都可以轻松地从桌面到移动设备查看 Animate CC 创建的动画，同时也可以在不安装 Flash 播放器插件的情况下查看动画。Animate CC 允许将动画导出到多个平台，包括 HTML5 Canvas、WebGL、Flash/Adobe AIR 和 SVG 等自定义平台。该程序还允许在项目中包含代码，甚至允许添加操作而无须编写代码。使用 Animate CC 可以生成基于关键帧的精灵表单，并使用 CSS 设置它们的动画。如图 1-4 所示，还可以将文件导出为 Flash Player 格式，或通过新的 OAM 将文件资料打包为 .zip 格式。

图 1-4　导出为 Flash Player 格式

- 模拟真实镜头运动的 Animate CC 摄像头：为了使动画更逼真，Animate CC 引入了虚拟摄影机功能，可以轻松地完成摄影机的模拟运动，从而实现镜头的平移、缩放、旋转等操作（如图 1-5 所示）。

图 1-5　Animate CC 摄像头功能

- 方便制作嘴形同步动画的音频同步功能：Animate CC 允许同步动画中的音频，可以为动画序列执行音频同步（如图 1-6 所示）。此外，通过 Animate CC 的时间线功能，还可以控制音频循环。
- 丰富的字体库调用：Animate CC 附带了 Typekit 的集成。因此，可以通过订阅计划获得大量的高级 Web 字体，并在 HTML5 Canvas 文档中使用它们。通过任何级别的 Creative Cloud 计划，都可以使用 Typekit 库中可用的一些选定字体。

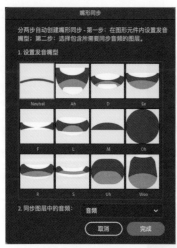

图 1-6　自动嘴形同步功能

● 便捷的交互设计环境：Animate CC 提供强大的插图和动画工具，帮助用户为游戏和广告创建交互式 Web 和移动内容。用户可以轻松地设计开始屏幕、构建游戏环境、集成音频和共享动画。

● 更加完善的时间轴操作和控制界面（如图 1-7 所示）：Animate CC 的时间轴控件已通过新的选项和功能进行了修改。例如：编辑多个帧；创建经典补间动画；自定义插入关键帧；单击任意层并用颜色高亮显示它；通过工具栏上的手动工具平移时间线；使用【仅查看现用图层】选项可以轻松自由地在活动层上工作；【绘图纸外观】按钮提供了高级设置选项来选择配置参数，如可以选择【起始不透明度】【减少比例】【范围】【模式】和【控制绘图纸外观显示】等。

图 1-7　Animate CC 的时间轴操作和控制界面

1.2　Animate CC 常规工作流程

学习目的：

本节讲解 Animate CC 应用程序的常规工作流程，从而使读者了解和熟悉在 Animate CC 应用程序中的基本操作工作思路和工作程序。

制作要点：

Animate CC 提供了适用于动画制作的常规工作流程，其基本思路同样衍生于普通的动画制作流程，包括前期计划、中期制作、后期处理等。与此同时，更能体现其应用程序不同于其他二维动画制作的独有特性。

Animate CC 的常规动画工作流程一般包括以下一些步骤。

● 计划应用程序：决定应用程序将执行哪些基本任务。

● 添加媒体元素：创建和导入媒体元素，如图像、视频、声音和文本。

● 排列元素：在舞台上和时间轴上排列媒体元素，以定义它们在应用程序中出现的时间和方式。

● 应用特殊效果：应用图形过滤器（如模糊、光晕和斜角）、混合模式和其他合适的特殊效果。

● 使用 ActionScript 语句控制行为：编写 ActionScript 代码来控制媒体元素的行为，包括元素如何响应用户交互。

- 测试并发布应用程序：测试 FLA 文件 [【控制】-【测试影片】（如图 1-8 所示）] 以验证应用程序是否按预期工作，并查找和修复遇到的任何错误。用户应该在整个创建过程中测试应用程序，可以在 Animate 和 AIR 调试启动器中测试文件。将 FLA 文件 [【文件】-【发布】（如图 1-9 所示）] 发布为 SWF 文件，该文件可以在网页中显示并使用 Flash Player 播放。根据项目和工作风格，可以按不同的顺序使用这些步骤。

图 1-8　【测试影片】命令

图 1-9　【发布】命令

1.3　Animate CC 基本工作界面

学习目的：

本节讲解 Animate CC 应用程序的基本工作界面，如【欢迎】界面、菜单栏、【工具】面板、舞台、【时间轴】面板、【属性】面板和【库】面板等。从而使读者了解和熟悉 Animate CC 应用程序中的窗口和工作区的基本布局和操作方式、编辑和自定义工作区布局的方法，以及舞台的基本操作等。

制作要点：

Animate CC 提供了适用于动画制作和交互设计的应用程序窗口设置和工作区布局，了解并熟练掌握它们的编辑操作对于提升动画制作的工作效率具有重要意义。

在 Animate CC 中，用户可以使用各种元素（如面板、栏和窗口）创建和操作文档和文件。这些元素的不同排列方式将形成不同的工作区布局。Adobe Creative Suite 中不同应用程序的工作区普遍具有相同的外观，尽管默认的工作区布局在不同的产品中有所不同，但在所有这些产品中，操作元素的方式基本相同，因此可以轻松地在应用程序之间移动。还可以通过从多个预设工作区中选择合适的工作区布局，或创建自定义工作区，从而使应用程序适应用户的工作方式。

1.3.1　【欢迎】界面

如果不通过任何 Animate 文档而直接启动 Animate CC 应用程序，那么将首先显示欢迎界面。【欢迎】界面包含【主屏】和【学习】两大部分，如图 1-10 所示。

其中【主屏】部分又包含以下四个区域。

- 【近期文件】区域：可以打开最近打开过的文档。

- ●【预设】区域：提供了包括应用于角色动画、社交网络、游戏、教育、广告、Web、高级选项在内的不同尺寸和帧频的文件预设。
- ●【详细信息】区域：显示相应预设格式的具体文件尺寸，可通过手动输入数值创建自定义格式的文档。
- ●【示例文件】区域：可查看由 Adobe 官方所提供的关键和更新功能的相关教程源文件，以辅助应用和学习。

【学习】部分则可以在联网的情况下轻松获取由 Adobe 官方所提供的功能教程和示例源文件。

图 1-10　Animate CC 的【欢迎】界面

1.3.2　工作界面

在 Animate CC 的欢迎界面中创建新的文档或打开已有的文档后，即进入 Animate CC 的工作界面。Animate CC 的默认工作界面为【基本】工作界面，主要可划分为菜单栏、【工具】面板、舞台、【时间轴】面板、【属性】面板和【库】面板等，如图 1-11 所示。

菜单栏：Animate CC 窗口顶部的菜单栏包含带有用于控制功能命令的菜单。菜单栏包括文件、编辑、视图、插入、修改、文本、命令、控制、调试、窗口、帮助这几个选项类别，单击即可弹出相应的菜单命令。菜单命令右侧以右箭头标明的选项代表该命令下包含次级命令。其中一些命令的右侧还包含以字母和符号等标明的内容，代表该命令所对应的快捷键操作。

【工具】面板：Animate CC 的【工具】面板包含了可以用于绘图、上色、选择和修改插图，以及更改舞台视图等操作的大量便捷工具。默认情况下【工具】面板分为四个部分，其中【工具】区域包含绘图、上色和选择工具；【查看】区域包含在 Animate CC 程序窗口内进行缩放和平移的工具；【颜色】区域包含用于笔触颜色和填充颜色的功能键；【选项】区域包含用于当前所选工具的功能键，功能键可进一步操控工具的上色或编辑操作。

菜单栏　　　　　　　　　　　　　　　　　　　　　　　　　　　【属性】面板和【库】面板

【工具】面板

舞台

【时间轴】面板

图 1-11　Animate CC 的工作界面

舞台：舞台是在创建 Animate 文档时放置图形内容的矩形区域。创作环境中的舞台相当于 Flash Player 或 Web 浏览器窗口中在播放期间显示文档的矩形空间。默认显示的黑色轮廓表示舞台的轮廓视图。舞台顶部的编辑栏包含的控件和信息可用于编辑场景和元件，并更改舞台的缩放比率级别。

【时间轴】面板：Animate CC 中的【时间轴】面板用于组织和控制在一定时间内图层和帧中的文档内容。与电影胶片一样，Animate 文档也将时长划分为多个帧。图层就像堆叠在一起的多张幻灯胶片一样，每个图层都包含一个不同的图像并显示在舞台中。时间轴的主要组件是图层、帧和播放头。时间轴显示文档中哪些地方有动画，包括逐帧动画、补间动画和运动路径。使用【时间轴】面板的图层部分中的控件可以隐藏、显示、锁定或解锁图层，而且能将图层内容显示为轮廓。用户可以将时间轴的帧拖到同一图层中的新位置或者不同的图层。

【属性】面板：Animate CC 中新的属性面板划分为四大选项卡（工具、对象、帧、文档），它们将根据所选对象的不同显示或切换为不同的可编辑选项。通过在【属性】面板对相关参数的修改和编辑操作，可改变和操控不同对象的不同属性。

【库】面板：Animate 文档中的库存储在 Animate CC 创作环境中。在 Animate CC 中可以直接创建矢量插图或文本，导入矢量插图、位图、视频和声音，以及创建元件等，也可以使用 ActionScript 动态地将媒体内容添加至文档。库还包含已添加到文档的所有组件。它们可以是编译剪辑，也可以是基于组件的影片剪辑。

1.3.3　管理窗口和面板

在 Animate CC 中，用户可以通过移动和处理【文档】窗口和面板来创建自定义工作区，也可以保存工作区并在它们之间进行切换。

1）重新排列、停放或浮动【文档】窗口

打开多个文件时，【文档】窗口将以选项卡方式显示，如图 1-12 所示。通过将某个窗口的选项卡拖动到组中的新位置，可以重新排列选项卡式【文档】窗口。要从窗口组中取消停放某个【文档】窗口，只需将该窗口的选项卡从组中拖出即可。

图 1-12 【文档】选项卡

2）停放和取消停放面板

停放是一组放在一起显示的面板或面板组，通常在垂直方向显示。可通过将面板移到停放中或从停放中移走来停放或取消停放面板。要停放面板，请将其标签拖动到停放中（顶部、底部或两个其他面板之间）。要停放面板组，请将其标题栏拖动到停放中。要删除面板或面板组，请将其标签或标题栏从停放中拖走，用户可以将其拖动到另一个停放中，或者使其变为自由浮动。

3）移动面板

在移动面板时，用户会看到蓝色突出显示的放置区域，可以在该区域中移动面板。如果拖动到的区域不是放置区域，该面板将在工作区中自由浮动。若要移动面板，请拖动其标签；若要移动面板组，请拖动其标题栏。

4）添加和删除面板

如果从停放中删除所有面板，该停放将会消失。用户可以通过将面板移动到工作区右边缘直到出现放置区域来创建停放。若要移除面板，请右击其选项卡，然后选择【关闭】命令，如图 1-13 所示。或从【窗口】菜单中取消选择该面板。要添加面板，请从【窗口】菜单中选择该面板，然后将其停放在所需的位置，如图 1-14 所示。

图 1-13 关闭选项卡操作

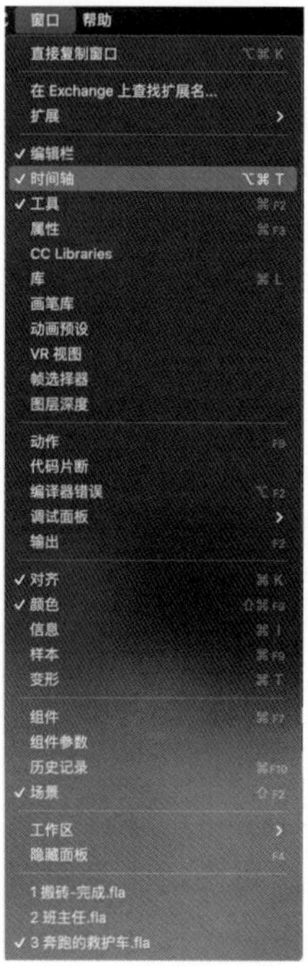

5）处理面板组

要将面板移动到组中，请将面板标签拖到该组突出显示的放置区域中。要重新排列组中的面板，请将面板标签拖动到组中的一个新位置。要从组中删除面板以使其自由浮动，请将该面板的标签拖动到组外部。要移动组，请拖动其标题栏。

图 1-14 添加面板操作

6）堆叠浮动的面板

当用户将面板拖出停放但并不将其拖入放置区域时，面板会自由浮动。用户可以将浮动的面板放在工作区的任何位置。用户可以将浮动的面板或面板组堆叠在一起，以便在拖动最上面的标题栏时将它们作为一个整体进行移动。要堆叠浮动的面板，请将面板的标签拖动到另一个面板底部的放置区域中以拖动该面板。要更改堆叠顺序，请向上或向下拖动面板标签。要从堆叠中删除面板或面板组以使其自由浮动，请将其标签或标题栏拖走。

7）调整面板大小

要将面板、面板组或面板堆叠最小化或最大化，请双击选项卡，也可以双击选项卡区域。若要调整面板大小，请拖动面板的任意一条边。

8）折叠和展开面板图标

用户可以将面板折叠为图标以避免工作区出现混乱。若要折叠或展开列中的所有面板图标，请单击停放区顶部的双箭头。若要展开单个面板图标，请单击它。若要调整面板图标大小以便仅能看到图标（看不到标签），请调整停放的宽度直到文本消失。若要再次显示图标文本，请加大停放的宽度。若要将展开的面板重新折叠为其图标，请单击其选项卡、其图标或面板标题栏中的双箭头。若要将浮动面板或面板组添加到图标停放中，请将其选项卡或标题栏拖动到其中（添加到图标停放中后，面板将自动折叠为图标）。若要移动面板图标（或面板图标组），请拖动图标。用户可以在停放中向上或向下拖动面板图标，将其拖动到其他停放中（它们将采用该停放的面板样式），或者将其拖动到停放外部（它们将显示为浮动图标）。

1.3.4　管理工作界面

1）存储自定义工作区

在 Animate CC 的应用程序栏上的【工作区切换器】 中的【新建工作区】输入框中输入自定义工作区名称，如图 1-15 所示，并单击右侧的【保存工作区】按钮 ，即可将当前的工作区布局存储为以该自定义名称命名的新建自定义工作区。新的自定义工作区将显示在【工作区切换器】的最下方【已保存】区域。

2）显示或切换工作区

从 Animate CC 应用程序栏上的【工作区切换器】 中选择一个工作区，即可切换为该工作区布局。

图 1-15　自定义工作区

3）删除自定义工作区

图 1-16　【删除工作区】提示栏

从 Animate CC 应用程序栏上的【工作区切换器】 下方的【已保存】区域选择某个自定义工作区，然后单击右侧的【删除】按钮，然后在弹出的【删除工作区】提示栏中单击【是】按钮，如图 1-16 所示，即可删除该自定义工作区。预设工作区不可删除。

4）恢复默认工作区

从 Animate CC 应用程序栏上的【工作区切换器】 中选择某个预设或自定义工作区，然后单击该工作区名称右侧的【重置】按钮 ，即可使该工作区重置为最初布局。

1.3.5　在 Animate CC 中自定义【工具】面板

从 Animate CC 2020 版开始，【工具】面板提供了随用户喜好添加、删除、组合或重新排列工具的功能。单击【工具】面板中的【更多选项】按钮 ，即可打开【编辑工具栏】选项板，如图 1-17 所示。用户可以将【工具】面板中的某个工具拖动到【工具】选项板中以将其删除。同样，用户可以将【工具】选项板中的某个工具拖动到【工具】面板中所需的位置，从而将该工具导入【工具】面板。 此外，利用这些增强功能，用户还可以：

- 在【工具】面板和【工具】选项板之间，添加 / 删除工具；
- 通过将某个工具拖动到其他工具或组上，将该工具合并到工具组中；
- 将选定工具拖动到特定工具的上方或下方，以将该工具的位置重新排列到特定工具或组的上方或下方。

通过【编辑工具栏】选项板，用户可以实现如下功能。

工具的逻辑分组：用户可以通过在工具列表之间添加一个间隔条，对工具进行所需的逻辑分组。将工具选项板中的间隔条拖动到【工具】面板中，可生成此类分组。

拆分工具栏：添加间隔条后，可通过将间隔条拖动到【工具】面板外部的工作区所需位置，拆分出【工具】面板的子组。用户也可将拆分的工具栏合并回【工具】面板。选中拆分的工具栏，并将其拖动到【工具】面板上即可。将鼠标悬停在工具上并单击工具底部的高亮显示部分，可以轻松地调整【工具】面板的方向，将其设置为水平或垂直。

重置【工具】面板：在【工具】选项板的汉堡形菜单中选择【重置】选项，如图 1-18 所示，可将【工具】面板设置为默认状态。

 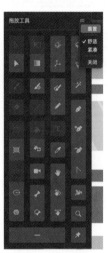

图 1-17　【编辑工具栏】选项板　　　　图 1-18　【重置】选项

1.3.6　在 Animate CC 中使用舞台

1）缩放舞台

要在屏幕上查看整个舞台，或要以高缩放比率查看绘图的特定区域，可以更改缩放比率级别。最大的缩放比率取决于显示器的分辨率和文档大小。舞台上的最小缩小比率为 8%，舞台上的最大放大比率为 2000%。

要放大某个元素，请选择【工具】面板中的【缩放工具】，然后单击该元素。要在放大或缩小之间切换缩放工具，请使用【放大】或【缩小】功能键（当【缩放工具】处于选中状态时位于【工具】面板的选项区域中），或者按住【Alt】键单击。

要进行放大以使绘图的特定区域填充窗口，请使用【缩放工具】在舞台上拖出一个矩形选取框。

图 1-19　【缩放】控件

要放大或缩小整个舞台，请选择【视图】-【放大】或【视图】-【缩小】命令。

要放大或缩小特定的百分比，请选择【视图】-【缩放比率】命令，然后从子菜单中选择一个百分比，或者从文档窗口右上角的【缩放】控件中选择一个百分比，如图 1-19 所示。

要缩放舞台以完全适合应用程序窗口，请选择【视图】-【缩放比率】-

【符合窗口大小】命令。

要裁切掉舞台范围以外的内容，可单击【剪切掉舞台范围以外的内容】▣图标。

要显示当前帧的内容，请选择【视图】-【缩放比率】-【显示全部】命令。或从文档窗口右上角的【缩放】控件中选择【显示全部】命令，如图 1-20 所示。如果场景为空，则会显示整个舞台。

要显示整个舞台,请选择【视图】-【缩放比率】-【显示帧】命令。或从文档窗口右上角的【缩放】控件中选择【显示帧】命令，如图 1-21 所示。

图 1-20　【缩放】控件中的【显示全部】命令　　图 1-21　【缩放】控件中的【显示帧】命令

2）移动舞台视图

放大舞台以后，用户可能无法看到整个舞台。要在不更改缩放比率的情况下更改视图，可以使用【手形工具】移动舞台。

在【工具】面板中,选择【手形工具】🖐并拖动舞台。要临时在其他工具和【手形工具】🖐之间切换，请在按住空格键的同时单击【工具】面板中的该工具。

3）旋转舞台

Animate CC 推出了新的旋转工具👆，允许用户临时旋转舞台视图，以特定角度进行绘制，而不用像任意变形工具🔲，需要永久旋转舞台上的实际对象。不管当前已选中哪种工具，用户都可以采用以下方法快速旋转舞台：同时按住【Shift】和【Space】键，然后拖动鼠标使视图旋转。

要使用旋转工具旋转视图，请按以下步骤操作。

- 选择与【手形工具】🖐位于同一组的【旋转工具】👆，或者如果在使用其他工具（如【画笔工具】🖌）时,可同时按住【Shift】和【Space】键临时切换为【旋转工具】👆。
- 选中【旋转工具】👆后，屏幕上会出现一个十字形的旋转轴心点，可以更改轴心点的位置，单击需要的位置即可。
- 设好轴心点后，即可以围绕轴心点拖动鼠标来旋转视图。
- 使用舞台【旋转工具】👆，可通过拖动的方法临时旋转舞台区域。当前旋转角度用十字轴心上的红线表示。
- 要将舞台重设为其默认视图，可单击【舞台居中】按钮⊕。

4）缩放舞台大小

当选中【属性】面板【文档设置】区域的【缩放内容】选项后，如果调整了舞台大小，其中的内容便会随舞台同比例调整大小。

【文档设置】对话框中的【链接】按钮🔒，可实现按比例添加舞台尺寸。默认情况下，舞台的高度和宽度属性是不关联在一起的。如果单击【链接】按钮启用关联功能，则当用户修改高度或宽度属性的值后，另一个属性的值便会按比例改变。

如果勾选了【缩放内容】选项，舞台尺寸将自动关联并禁用，这是因为内容缩放在按比例更改舞台尺寸时才有意义。

1.3.7 在 Animate CC 中使用标尺、辅助线和网格

1）使用标尺

当显示标尺时，它们将显示在文档的左沿和上沿。用户可以更改标尺的度量单位，将其默认单位（像素）更改为其他单位。 在显示标尺的情况下移动舞台上元素时，将在标尺上显示几条线，指出该元素的尺寸。

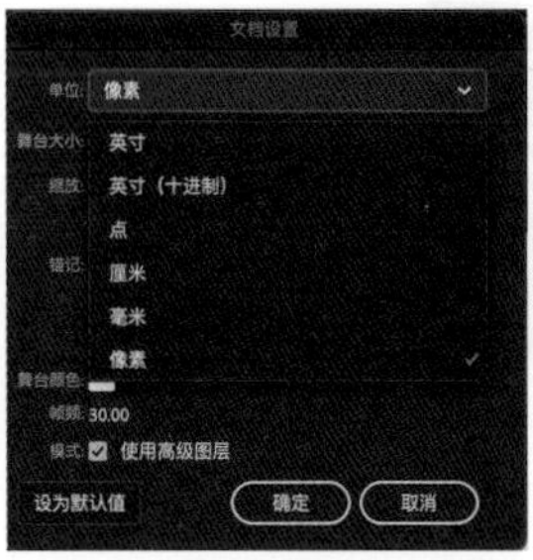

要显示或隐藏标尺，请选择【视图】-【标尺】命令。

要指定文档的标尺度量单位,请选择【修改】-【文档】命令。然后从【单位】下拉列表中选择一个单位，如图 1-22 所示。

图 1-22　【文档设置】对话框中的【单位】下拉列表

2）使用辅助线

显示标尺时，可以从标尺上将水平辅助线和垂直辅助线拖动到舞台上。

如果创建嵌套时间轴，那么仅当在其中创建辅助线的时间轴处于活动状态时，舞台上才会显示可拖动的辅助线。

要创建自定义辅助线或不规则辅助线，请使用引导层。

要显示或隐藏绘画辅助线，请选择【视图】-【辅助线】-【显示辅助线】命令。

如果在创建辅助线时网格是可见的，并且选择【贴紧至网格】命令,则辅助线将贴紧至网格。

要打开或关闭贴紧至辅助线，请选择【视图】-【贴紧】-【贴紧至辅助线】命令。

当辅助线处于网格线之间时，【贴紧至辅助线】命令优先于【贴紧至网格】命令。

要移动辅助线，请使用【选择工具】单击标尺上的任意一处，将辅助线拖到舞台上需要的位置。

要删除辅助线，请在辅助线处于解除锁定状态时，使用【选择工具】将辅助线拖到水平或垂直标尺。

要锁定辅助线，请选择【视图】-【辅助线】-【锁定辅助线】命令,或者使用【辅助线】(【视图】-【辅助线】) 对话框中的【锁定辅助线】复选框，如图 1-23 所示。

要清除辅助线，请选择【视图】-【辅助线】-【清除辅助线】命令。若在文档编辑模式下，则会清除文档中的所有辅助线。若在元件编辑模式下，则只会清除元件中使用的辅助线。

图 1-23　【辅助线】对话框中的【锁定辅助线】复选框

3）设置辅助线首选参数

选择【视图】-【辅助线】-【编辑辅助线】命令，然后执行下列任一操作。

要设置颜色，请单击【颜色】框中的三角形，然后从调色板中选择辅助线的颜色。 默认的辅助线颜色为绿色。

要显示或隐藏辅助线，请勾选或取消选择【显示辅助线】复选框。

若要打开或关闭贴紧至辅助线，请选择或取消选择【贴紧至辅助线】复选框。

选择或取消选择【锁定辅助线】复选框。

要设置对齐精确度，请从弹出的下拉列表中选择一个选项，如图 1-24 所示。

要删除所有辅助线，请单击【全部清除】按钮，将从当前场景中删除所有的辅助线。

若要将当前设置保存为默认值，请单击【保存默认值】按钮。

4）使用网格

网格将在文档的所有场景中显示为插图背后的一系列直线。

如需显示或隐藏绘画网格，请选择【视图】-【网格】-【显示网格】命令。

图 1-24　【对齐精确度】下拉列表

若要打开或关闭贴紧至网格线，请选择【视图】-【贴紧】-【贴紧至网格】命令。

若要设置网格首选参数，请选择【视图】-【网格】-【编辑网格】命令，然后从选项中进行选择。

若要将当前设置保存为默认值，请单击【保存默认值】按钮。

1.4　Animate CC 基本操作

学习目的：

本节讲解 Animate CC 应用程序的基本操作方法，包括应用程序的启动、新建和打开文档、设置文档属性、保存文档、关闭文档等。读者通过本节学习可以深入了解和熟练掌握 Animate CC 应用程序的基本操作方法和基本制作流程，从而为后续的动画制作打下基础。

制作要点：

Animate CC 提供了三种绘制模式，分别是【合并绘制】模式、【对象绘制】模式、【图元对象绘制】模式。在绘制的过程中，用户应当根据实际需求选择合适的绘制模式。

1.4.1　新建 Animate 文档

启动 Animate CC 软件后，有四种方式可以创建新的 Animate 文档。

（1）在【欢迎】界面中，切换到【主屏】选项卡，在界面中部区域展示了包含【角色动画】【社交】【游戏】【教育】【广告】【Web】【高级】在内的 7 种类别的预设文档格式，如图 1-25 所示。每个类别下又进一步细分为多种子类别。选择其中一个子类别，右侧的【详细信息】中则显示了该子类别的具体参数。单击界面右下角的【创建】按钮即可完成预设文档的新建操作。

（2）在【欢迎】界面中，切换到【主屏】选项卡。不使用中部区域的预设文档类别，直接在右侧的【详细信息】栏中键入所需的具体参数，包括文档的【宽】【高】【帧速率】【平台类型】，如图 1-26 所示。单击界面右下角的【创建】按钮即可完成自定义文档的新建操作。

（3）进入【欢迎】界面后，在应用程序顶部的菜单栏中依次选择【文件】-【新建】命令，打开【新建文档】对话框。该对话框和【欢迎】界面具有相同的布局和操作方式，依然可以在这里进行预设文档或自定义文档的新建操作。

（4）进入【欢迎】界面后，在应用程序顶部的菜单栏中依次选择【文件】-【从模板新建】命令，打开【从模板新建】对话框，如图 1-27 所示。该对话框左侧列出了包括【AIR for Android】【AIR for iOS】【HTML5 Canvas】【动画】【媒体播放】【广告】【横幅】【演示文稿】

【范例文件】在内的 9 种模板类型。每个类型下又包含若干子类型。依次选择所需的模板类型，在右侧的【预览】窗口中可见相应类型文档的缩略图，【描述】中则记录了该类型的基本特征，单击【确定】按钮即可使用选定的模板创建新文档。

图 1-25 Animate CC 的 7 种预设文档格式　　　　图 1-26 设置文档的【宽】【高】【帧速率】【平台类型】

图 1-27 【从模板新建】对话框

提示：

Animate CC 模板为常见项目提供了方便的起点，目前仍支持的模板类型包括以下 6 种。

● 广告：包括在线广告中使用的常见舞台大小。

● 动画：包括许多常见类型的动画，如动作、加亮显示、发光和缓动。

● 横幅：包括网站界面中常用的尺寸和功能。

● 媒体播放：包括若干个视频尺寸和高宽比的照片相册和播放。

● 演示文稿：包括简单的和更复杂的演示文稿样式。

● 范例文件：这些文件提供了 Animate CC 常用功能的示例。

1.4.2　打开 Animate 文档

对于 Animate CC 应用程序来说，有以下四种方式可以打开已存在的 Animate 文档。

● 在文档的保存位置双击该文档的图标，将立即启动 Animate CC 应用程序并打开该 FLA 文档。

● 当启动 Animate CC 应用程序后，在【欢迎】界面左侧的【近期文件】列表，将显示最近使用过的 FLA 文档，如图 1-28 所示。单击该文档名称即可在 Animate CC 应用程序中将其打开。

● 启动 Animate CC 后，在该应用程序顶部的菜单栏中，依次选择【文件】-【打开】命令，

在弹出的【打开文件】对话框中，定位到所需文档的存储
位置，双击该文档，或单击选择该文档后，单击右下角的【打
开】按钮即可将所需文档打开。

● 启动 Animate CC 后，在该应用程序顶部的菜单栏中，依
　次选择【文件】-【打开最近的文件】命令。其次级菜单
　中将显示最近使用过的 FLA 文档，单击文档名称即可在
　Animate CC 中将其打开。

图 1-28　【欢迎】界面中的
【近期文件】列表

1.4.3　设置 Animate 文档属性

步骤1　启动 Animate CC 应用程序，在【欢迎】界面中的
预设区域，选择【角色动画】类别下的【标准（640×480）】项，右侧的【详细信息】栏
显示了该预设文档的具体参数，单击【创建】按钮即可以当前预设值为依据创建一个新的
Animate 文档，如图 1-29 所示。

图 1-29　根据预设值创建文档

步骤2　文档窗口左上角的文档标签显示了该文档的名称为"无标题 -1"。下方的舞台中
显示白色画布，如图 1-30 所示。在【工具】面板选择【选择工具】 。在应用程序右侧的
面板组中，确保切换到【属性】面板选项卡，打开【属性】面板，如图 1-31 所示。如果没
有显示该面板，可通过选择【窗口】-【属性】命令将【属性】面板调出来。

图 1-30　舞台中新建的文档

步骤 3 此时【属性】面板中仅【文档】选项卡为激活状态。在该选项卡的【文档设置】区域，确保【链接】未锁定，然后修改【宽】为 1920，【高】为 1080，【FPS】帧速率修改为 24，舞台的【背景颜色】修改为浅绿色，如图 1-32 所示。

步骤 4 单击文档窗口右上角的【缩放】控件，在弹出的下拉列表中选择【符合窗口大小】选项，如图 1-33 所示。

图 1-32　设置文档属性

图 1-31　【属性】面板

图 1-33　【符合窗口大小】选项

1.4.4　保存 Animate 文档

步骤 5 在 Animate CC 应用程序顶部的菜单栏中，依次选择【文件】-【保存】命令，打开【保存文件】对话框。在该对话框中，选择文档需要保存的位置路径，并在【存储为】输入框中输入文件名称，单击【存储】按钮即完成文档的保存操作。

步骤 6 在 Animate CC 应用程序顶部的菜单栏中，依次选择【文件】-【另存为】命令，打开【保存文件】对话框。在该对话框中，在【存储为】输入框中输入不同的文件名称，或选择不同的保存路径，然后单击【存储】按钮即可以不同名称或不同路径进行文档的多次存储和备份操作。

1.4.5　关闭 Animate 文档

在 Animate CC 应用程序中，有多种方式实现文档的关闭退出操作。

● 单击 Animate CC 程序的文档窗口中需要关闭的文档选项卡左侧的 × 符号，即可关闭该文档，而不会退出 Animate CC 程序界面，如图 1-34 所示。

● 在 Animate CC 应用程序顶部的菜单栏中，依次选择【文件】-【关闭】命令也可实现关闭该文档而不退出 Animate CC 应用程序界面。

　● 在 Animate CC 应用程序顶部的菜单栏中，依次选择【文件】-【退出】命令，即可关闭该文档同时退出 Animate CC 应用程序界面。

图 1-34　关闭文档标签

1.5　关于位图图像和矢量图像

学习目的：

本节讲解位图图像和矢量图像的基本概念和基本特征。数字时代的设计师通常会在两种类型的数字图像之间进行选择——位图图像与矢量图像。位图图像由不同颜色的像素创建，是数字产品和网站中比较常见的图像类型。相比之下，矢量图像依赖于数学方程来生成二维图像，通常在文件较大且关注信息而不是美观或真实感的情况下使用。为了对在产品或服务中包含数字图像的内容及其储存方式做出明智的决定，我们需要了解位图图像与矢量图像的常见用法、它们之间的区别，以及如何在设计中最有效地使用位图图像和矢量图像。

制作要点：

矢量图像和位图图像之间的差异主要存在于文件大小和缩放质量上。矢量图像与分辨率无关，这对于 Web 或应用程序设计人员来说是一个巨大的优势。

计算机以矢量或位图格式显示图形。借助 Animate CC 中的绘画工具，用户可以创建和修改文档中插图的线条和形状。Animate CC 中创建的线条和形状全都是矢量图像，这有助于使 FLA 文件保持较小的文件大小。了解矢量和位图两种格式的差别有助于更有效地工作。使用 Animate CC 可以创建压缩矢量图像并将它们制作为动画。Animate CC 还可以导入和处理在其他应用程序中创建的矢量图像和位图图像。

1.5.1　总体区别

矢量图像和位图图像都是屏幕上的图像，但它们的组成形式和侧重点不同，如表 1-1 所示。位图图像是由像素组成的，而矢量图像是由软件创建的，基于数学计算。位图图像不仅在日常生活中更为常见，而且更易于使用。可以快速地将一种格式的位图图像转换为另一种格式，并且如果没有特殊的软件，无法将位图图像转换为矢量图像。矢量图像通常更平滑、更可用，并且可以在不牺牲质量的情况下自由缩放它们。一般来说，矢量图像用于生成可伸缩的工作文件，而位图图像用于生成可共享的最终产品。

表 1-1　矢量图像和位图图像的总体区别

矢 量 图 像	位 图 图 像
由形状组成	由像素组成
具备更好的可缩放性，缩放不会失真	与 Microsoft Paint、Adobe Photoshop、Corel Photo Paint、Corel Paint Shop Pro 和 GIMP 兼容
更多的专业用途	当放大图像时，其质量将显著降低

1.5.2　文件格式

矢量图像和位图图像的文件格式不同，如表 1-2 所示。矢量图像是更专业化的文件，往往以不太常见的格式出现。在手机或电脑上看到的每一张图片都是位图图像，即使它最初是由矢量图像所创建的。

表 1-2　矢量图像和位图图像的文件格式区别

矢 量 图 像	位 图 图 像
包括 AI、CDR、CMX（Corel 图元文件交换映像）、SVG、CGM（计算机图形图元文件）、DXF 和 WMF（Windows 图元文件）	包括 GIF、JPG、PNG、TIFF 和 PSD

位图图像（也称为光栅图像）由网格中的像素组成。像素是图像元素，是构成我们在屏幕上看到的各种颜色的小正方形。所有这些色块聚集在一起形成我们所看到的图像。

矢量图像虽然不像位图图像那样常用，但它们仍具备很多优点。矢量图像是由许多独立的、可伸缩的对象组成的。它们始终以最高质量渲染，因为它们与设备无关。矢量图像中的对象由具有可编辑属性（如颜色、填充和轮廓）的直线、曲线和形状组成。

1.5.3　易用性区别

矢量图像和位图图像的易用性区别如表 1-3 所示。

表 1-3　矢量图像和位图图像的易用性区别

矢 量 图 像	位 图 图 像
具有独立的分辨率	缩放将影响图片质量（如图 1-36 所示）
无论如何缩放均可保持最高质量（如图 1-35 所示）	从矢量转换为位图比从位图转换为矢量更容易

图 1-35　矢量图像放大后依然清晰　　图 1-36　位图图像放大后可见马赛克状的像素块

因为位图图像依赖于分辨率，所以不可能在不牺牲图像质量的情况下对其进行放大或缩小。通过软件的重采样或调整大小选项减小位图图形的大小时，必须丢弃像素。增加位图图像的大小时，软件会创建新的像素。创建像素时，软件必须根据周围像素估计新像素的颜色值，这个过程叫做插值。如果一个红色像素和一个蓝色像素并排，并且将分辨率提高了一倍，那么它们之间将添加两个像素。插值决定了那些添加的像素是什么颜色，计算机添加它认为正确的颜色。

缩放图像不会永久影响图像。换句话说，它不会改变图像中的像素数。缩放图像的作用是使图像更大。但是，如果在页面布局软件中将位图图像放大到更大的尺寸，则会看到明显的锯齿状外观。即使在屏幕上看不到它，它也会在打印的图像中显现出来。将位图图像缩小到较小的大小不会产生任何效果。当这样做的时候，增加了图像的分辨率，这样打印出来的图像就更清晰了，这是因为它的像素数相同，但面积较小。

矢量对象是由数学方程定义的，称为"贝塞尔曲线"，而不是像素。更改矢量对象的属性不会影响对象本身。可以自由更改任意数量的对象属性，而不必破坏基本对象。可以通过更改对象的属性及使用节点和控制柄进行造型和变换来修改对象。因为它们是可缩放的，因而基于矢量图像与分辨率无关。可以在任何程度上改变矢量图像的大小，并且无论是在屏幕上还是在打印中，线条都将保持清晰和锐利。

将矢量图像转换为位图图像时，可以根据需要指定最终位图的输出分辨率。在将原始矢量图像转换为位图图像之前，以原始格式保存其副本非常重要。一旦它被转换成位图图像，图像就失去了它在矢量状态下的所有品质。将矢量图像转换为位图图像最常见的原因是为了在 Web 上使用。Web 上最常见和最被接受的矢量图像格式是可缩放矢量图像（SVG）。由于矢量图像的性质，最好将其转换为 GIF 或 PNG 格式，以便在 Web 上使用。而随着技术的进步，目前多数浏览器都能够很好地支持 SVG 图形的显示。

1.5.4　最终成像特征

矢量图像和位图图像的最终成像特征区别如表 1-4 所示。矢量图像正在不断地更新和完善。今天的矢量工具将位图纹理应用于对象，使其具有照片般逼真的外观。这些工具还可以创建在矢量绘图程序中曾经很难实现的软混合、透明度和着色。

表 1-4　矢量图像和位图图像的最终成像特征区别

矢 量 图 像	位 图 图 像
图片由实心色块组成	高像素的计算结果使得其能够捕获更多细节
可呈现任何形状	通常仅限于正方形或矩形的图像显示

矢量图像的另一个优点是它们不局限于像位图图像那样的矩形形状。矢量对象可以放置在其他对象上，其下方的对象将显示出来。当在白色背景上看时，矢量圆和位图圆看起来是相同的。但是，当位图圆放置在另一种颜色上时，它周围有一个矩形框，与图像中的白色像素不同。

因此，矢量图像有许多优点，但主要缺点是它们不适合生成照片般真实感的图像。矢量图像通常由颜色或渐变的实体区域组成，但不能描绘照片的连续微妙的色调变化。这就是为什么大多数矢量图像往往有卡通般的外观。

矢量图像主要来源于软件。如果不使用特殊的转换软件，就无法扫描图像并将其保存为矢量文件。另外，矢量图像可以很容易地转换为位图图像，这个过程称为"栅格化"。

1.6　章节练习

一、思考题

1. 请简述 Animate CC 的常规工作流程。它与传统二维动画工作流程有何相同与不同之处？
2. 如何对 Animate CC 的工作界面进行自定义布局，从而满足个性化的设计和制作需求？
3. 如何对 Animate 文档进行基本属性的设置和修改？
4. 请简述矢量图像与位图图像的区别及各自的应用领域。

二、实操题

请根据本章所学内容，创建名为"基本操作"的 FLA 文档，并练习 Animate CC 程序的启动、文档的新建和打开、工作界面的设置和自定义、文档属性的修改、文档的保存和关闭等基本操作。

第 2 章

Animate CC 图形绘制

2.1 使用三种绘制模式绘制"基本几何形"

学习目的:

本节使用基本形状工具(矩形工具、基本矩形工具、椭圆工具、基本椭圆工具、多角星形工具)进行"基本几何形"绘制,使读者通过对本节内容的学习深入了解和熟练掌握 Animate CC 中的三种绘制模式,为后续的绘制操作打下基础。

制作要点:

Animate CC 提供了三种绘制模式,分别是【合并绘制】模式、【对象绘制】模式、【图元对象绘制】模式。在绘制的过程中,应当根据实际需求选择合适的绘制模式。

2.1.1 【合并绘制】模式

当启动 Animate CC 后,默认的绘制模式即为【合并绘制】模式。我们通过具体的操作来了解其特点。

步骤1 新建 Animate 文档,类型选择【角色动画】类别下的【标准 640×480】项,【平台类型】选择 ActionScript 3.0,其他设置保持默认。单击【创建】按钮,如图 2-1 所示。

步骤2 在【工具】面板上选择【矩形工具】■。

步骤3 有三种设置【填充】和【笔触】的方法,分别是:

● 在【工具】面板尾部设置矩形的【填充】和【笔触】；

● 在【颜色】面板设置【填充】和【笔触】,如图 2-2 所示；

● 在【属性】面板设置【填充】和【笔触】,如图 2-3 所示。

图 2-1　新建文档

图 2-2　在【颜色】面板设置
【填充】和【笔触】

图 2-3　在【属性】面板设置
【填充】和【笔触】

步骤 4　在舞台上通过单击并拖动鼠标，绘制一个带有填充色的矩形，如图 2-4 所示。

步骤 5　当绘制完成后，仍然可以通过【属性】面板修改对象的属性。使用【选择工具】在舞台上单击并拖动，框选整个矩形，如图 2-5 所示。

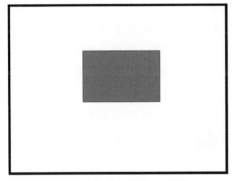

图 2-4　在舞台上绘制一个矩形

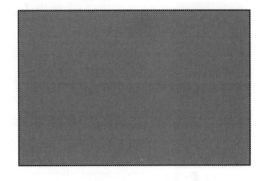

图 2-5　使用【选择工具】框选整个矩形

步骤 6　在【属性】面板中修改【填充】和【笔触】，并且把【笔触大小】修改为 10，如图 2-6 所示。

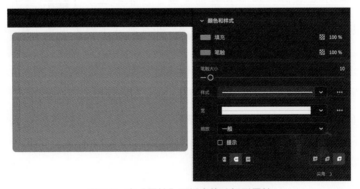

图 2-6　在【属性】面板中修改矩形属性

步骤 7　在【工具】面板上选择【椭圆工具】，修改【填充】和【笔触】，在矩形的上方绘制一个椭圆形使其覆盖住矩形的一部分，如图 2-7 所示。

步骤 8　使用【选择工具】，在椭圆形内部双击以同时选择椭圆形的填充和笔触，然后将其从矩形上移开，此时会发现在下方的矩形中，该重叠区域被切除了，如图 2-8 所示。

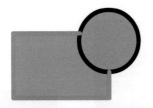

图 2-7　绘制一个椭圆使其覆盖住矩形

图 2-8　椭圆和矩形的重叠区域被切除

提示：

● 处于【合并绘制】模式下进行绘制的对象，无论是线条或填充，只要这些对象之间发生接触或遮挡，就会进行自动合并，最顶层的形状会截去在其下方与其重叠的形状部分。因此【合并绘制】模式是一种破坏性的绘制模式。

● 如果想要【合并绘制】模式下绘制的对象能进行独立移动或重叠，可以将该对象转换成【合并对象】或【组】。

图 2-9　【组合】命令

步骤9　使用【选择工具】，在椭圆内部双击以同时选择椭圆的填充和笔触，在菜单栏中选择【修改】-【组合】命令（或使用快捷键 Ctrl+G），将该椭圆对象转换为【组】对象，如图 2-9 所示。

步骤10　因为舞台上的矩形现在已经被破坏了，所以需要重新绘制一个矩形。为了使新绘制的矩形和原始的矩形具备相同的填充和笔触，我们选择工具上的【滴管工具】，在原本的矩形填充区域单击，从而复制填充；再使用【滴管工具】，在原本矩形的笔触上单击，以复制笔触和笔触大小。

提示：

当用户单击一个笔触时，该工具自动变成【墨水瓶工具】；当用户单击已填充的区域时，该工具自动变成【颜料桶工具】，并且打开【锁定填充】功能键。

步骤11　选择【矩形工具】，在舞台上单击并拖动以绘制另一个矩形，如图 2-10 所示。

提示：

此时如果新绘制的矩形和椭圆重合，矩形将会被放置在椭圆下方。因为椭圆此时是一个组对象，它不会因为图形的重叠而破坏。同时因为矩形依然是一个合并绘制对象，它将始终保持在该图层的最底层。

步骤12　使用【选择工具】框选矩形，在菜单栏中选择【修改】-【合并对象】-【联合】命令，如图 2-11 所示，此时矩形被转换为绘制对象。

步骤13　将矩形拖到椭圆上方使其重叠，此时发现矩形和椭圆的上下关系发生了变化，即矩形位于椭圆上方，如图 2-12 所示。这取决于组合对象和联合对象操作的先后顺序，即后进行操作的对象将位于先操作的对象的上方。

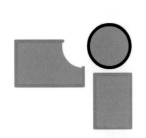 

图 2-10　绘制另一个矩形　　图 2-11　将矩形转换为绘制对象　　图 2-12　矩形和椭圆的上下重叠关系发生变化

步骤 14 右击位于上方的矩形，在弹出的快捷菜单中选择【排列】-【下移一层】命令，如图 2-13 所示，即可将矩形放置于椭圆下方。

> **提示：**
> 　　如果存在多于两个的重叠对象，可使用右键菜单的【排列】-【移至底层】命令或【排列】-【移至顶层】命令来编辑对象的重叠关系。也可以使用菜单栏【修改】-【排列】命令进行排序操作。

图 2-13　改变对象的重叠顺序

2.1.2 　【对象绘制】模式

步骤 15 选择【矩形工具】■，在工具尾部单击【对象绘制】按钮 ◎ 将其开启，并在舞台上拖动以绘制第三个矩形。

步骤 16 选择【椭圆工具】 ●，修改【填充】和【笔触】，并确保【对象绘制】模式 ◎ 开启，在第三个矩形上方绘制第二个椭圆，使其覆盖第三个矩形，如图 2-14 所示。

步骤 17 使用【选择工具】 ▷，分别选择并拖动第三个

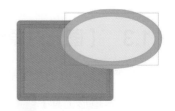

图 2-14　绘制第二个椭圆

矩形和第二个椭圆。同时使用【排列】命令修改它们的上下顺序。

提示：

使用【对象绘制】模式创建的形状是单独存在的对象，它们叠加在一起时不会自动合并，因此在分离或重新排列形状时不会改变它们的外观。Animate CC 将每个使用【对象绘制】模式绘制的形状创建为单独的对象，可以分别进行处理。

选择用【对象绘制】模式创建的形状时，Animate CC 会在形状周围添加深蓝色矩形边框来标识；组对象周围使用浅蓝色矩形框进行标识，如图 2-15 所示。

步骤18 选择【多角星形工具】■，修改【填充】和【笔触】，并确保【对象绘制】模式 ■ 开启，在舞台上通过拖动鼠标进行绘制，此时将使用【对象绘制】模式绘制正五边形，此为默认的绘制模式，如图 2-16 所示。

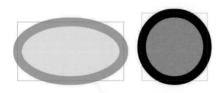

图 2-15 【对象绘制】和【组】使用不同颜色的边框进行区分　　图 2-16 绘制一个正五边形

步骤19 如果需要绘制不同边数的多边形或星形，需要在绘制之前进行属性的设置。选择【多角星形工具】■，修改【填充】和【笔触】，并确保【对象绘制】模式 ■ 开启。在【属性】面板的【工具选项】区域，设置【样式】为"星形"，【边数】为 4，【星形顶点大小】为 0.7，在舞台上拖动鼠标以绘制四角星形，如图 2-17 所示。

图 2-17 设置星形的【边数】和【星形顶点大小】

提示：

【边数】允许输入一个介于 3 到 32 之间的数字。【星形顶点大小】允许输入一个介于 0 到 1 之间的数字以指定星形顶点的深度，此数字越接近 0，创建的顶点就越深（像针一样）。如果是绘制多边形，应保持此设置不变，它不会影响多边形的形状。

绘制时按住【Shift】键并拖动鼠标，可以绘制正方向的多边形或星形。

2.1.3　【图元对象绘制】模式

步骤20 单击工具【基本形状工具组】图标右下角的箭头，当出现弹出菜单时，在其中选择【基本矩形工具】■，如图 2-18 所示，并在舞台上拖动鼠标以绘制一个基本矩形。

步骤 21　保持该基本矩形选择，切换到【选择工具】，单击基本矩形的某个顶点并拖动，以修改矩形的边角曲率。还可以通过【属性】面板的【矩形选项】调整【矩形边角半径】（统一调整 4 个边角）和【单个矩形边角半径】（单独调整某个边角），如图 2-19 所示。

图 2-18　选择【基本矩形工具】　　　　　　　图 2-19　调整基本矩形的边角半径

步骤 22　在工具的【基本形状工具组】中选择【基本椭圆工具】，在舞台上拖动鼠标以绘制一个基本椭圆。

步骤 23　保持对该基本椭圆的选择，切换到【选择工具】，单击基本椭圆右侧边框中间的点并拖动，以生成扇形并修改扇形的弧度，如图 2-20 所示。

步骤 24　单击椭圆中心的点并向外拖动，以生成圆环并调整圆环的厚度。还可以通过【属性】面板的【椭圆选项】调整【开始角度】【结束角度】【内径】【闭合路径】，如图 2-21 所示。单击【重置】按钮可返回初始状态。

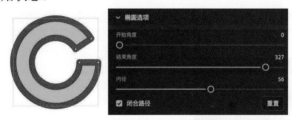

图 2-20　将基本椭圆修改为扇形　　　　图 2-21　将扇形修改为圆环及【属性】面板中的【椭圆选项】设置

提示：
　　通过【图元对象绘制】模式绘制的对象，允许在创建了形状之后，再通过【属性】面板精确地调整其大小、边角半径及其他属性，而无须重新绘制。有两种可用的图元：矩形和椭圆。
　　选择用【图元对象绘制】模式创建的形状时，Animate CC 会在形状周围添加绿色矩形边框来标识。

2.2　使用基本形状工具绘制"双马尾女孩"

学习目的：
　　本节使用基本形状工具（矩形工具、基本矩形工具、椭圆工具、基本椭圆工具、多角星形工具、直线工具等）进行卡通形象"双马尾女孩"的绘制和编辑，使读者通过对本节内容的学习深入了解和熟练掌握 Animate CC 中基本形状工具的使用方法。

制作要点：

首先使用【矩形工具】绘制"双马尾女孩"的脸部外形，并修改其圆角曲率；然后使用【基本形状工具组】中的工具在脸部上方绘制头发、五官等部件，并使用【选择工具】修改形状；用同样的方法完成身体的绘制。

步骤1 新建 Animate 文档，在开始屏幕中，选择【角色动画】类别下的【全高清（1920×1080）】项，其余设置保持默认，单击【创建】按钮。

步骤2 使用【基本矩形工具】，在【颜色】面板中，修改【填充】为 #FDB790，【笔触】为"无"。按住【Shift】键的同时在舞台上拖动鼠标，绘制一个正方形作为角色的脸，如图 2-22 所示。

> **提示：**
>
> 使用【矩形工具】和【基本矩形工具】时，按住【Shift】键可绘制正方形；
>
> 使用【椭圆工具】和【基本椭圆工具】时，按住【Shift】键可绘制正圆；
>
> 使用【直线工具】时，按住【Shift】键可沿水平方向、45°方向、垂直方向绘制直线。

步骤3 在【属性】面板中【矩形选项】一栏，选择【矩形边角半径】选项，并调整参数为 100，如图 2-23 所示。

图 2-22　在【颜色】面板中设置【填充】和
【笔触】，并绘制一个正方形

图 2-23　设置矩形边角半径

步骤4 使用【选择工具】选择脸部的圆角矩形，按住【Alt】键并向上拖动，以复制出一份，修改其填充色为 #673A29，作为角色的头发，如图 2-24 所示。

步骤5 保持对该矩形的选择，切换到【任意变形工具】（快捷键【Q】），按住【Shift】键并向外拖动该矩形外框某个角点上的手柄（鼠标变为双向的箭头），以等比例放大头发的矩形，如图 2-25 所示。

步骤6 切换到【选择工具】，双击该矩形，在弹出的转换为绘制对象提示框中单击【确定】按钮，如图 2-26 所示，并进入编辑模式。

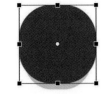

图 2-24　复制矩形并修改填充颜色　　　图 2-25　等比例放大矩形　　　图 2-26　转换为绘制对象提示框

步骤 7　将鼠标移动到矩形顶部直线边与右上角圆角边相交处，当鼠标变为带直角的箭头时，向下拖动鼠标以修改角点的位置，如图 2-27 所示。

步骤 8　将鼠标移动到角点左侧的直线边上，当鼠标变为带弧线的箭头时，向上拖动鼠标以修改线段的弧度，如图 2-28 所示。

步骤 9　在舞台空白处双击以退出编辑模式（或者单击舞台左上角的 场景1 ）。右击该矩形，在弹出的右键菜单中选择【排列】-【移至底层】命令。

步骤 10　选择【矩形工具】 ，开启【对象绘制】模式 ，在脸部上方绘制一个矩形，如图 2-29 所示，该矩形将作为额头前的流海。

图 2-27　修改角点的位置　　　图 2-28　将直线修改为弧线　　　图 2-29　绘制一个矩形作为流海

步骤 11　切换到【选择工具】 ，将鼠标移动到流海矩形的角点上，当鼠标变为带直角的箭头时，拖动鼠标以修改角点的位置；当鼠标变为带弧线的箭头时，拖动鼠标以修改线段的弧度。

步骤 12　双击该矩形进入编辑模式，长按【套索工具】 ，并选择其下的【多边形工具】 ，在矩形上单击并进行选择，双击鼠标以闭合选区，如图 2-30 所示。按【Delete】键删除所选部分，再使用【选择工具】 修改形状。完成后在舞台空白处双击退出编辑模式。

图 2-30　修改流海形状

步骤 13　选择【椭圆工具】 ，开启【对象绘制】模式 ，按住【Shift】键以绘制正圆。保持对该圆形的选择，在颜色面板中修改【填充】为 #E2947D，【笔触】为"无"。将其移动到脸部的左侧作为一边的耳朵，如图 2-31 所示。

步骤 14　按住【Alt】键的同时向右拖动圆形以复制一份，放在脸部的右侧，作为另一边的耳朵。按住【Shift】键同时选择这两个耳朵，在【对齐】面板中单击【底对齐】按钮。再按住【Shift】键加选脸部，在【对齐】面板中单击【水平居中分布】按钮，如图 2-32 所示。

步骤 15　选择两个耳朵，在右键菜单中选择【排列】-【下移一层】命令（移动两次），以将耳朵放置在脸部和背后的头发之间，如图 2-33 所示。

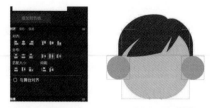

图 2-31　绘制一侧的耳朵　　　　　　　　图 2-32　复制另一侧的耳朵并设置水平居中分布

步骤 16　使用【椭圆工具】 ，开启【对象绘制】模式 ，设置【填充】为 #65433A，【笔触】为"无"。绘制椭圆作为眼睛，并放置在合适的位置，如图 2-34 所示。

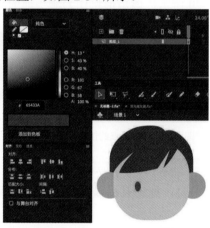

图 2-33　修改重叠顺序　　　　　　　　　图 2-34　绘制一个椭圆作为眼睛

步骤 17　使用【直线工具】 ，开启【对象绘制】模式 ，并设置【笔触】为 #65433A，【笔触大小】为 4，在眼睛上方绘制两条短直线作为睫毛。同时绘制一条长一些的直线作为眉毛。使用【选择工具】 修改眉毛的弧度，如图 2-35 所示。

步骤 18　按住【Shift】键同时选择眉毛、睫毛、眼睛，选择【修改】-【组合】命令（或按【Ctrl+G】组合键）。按住【Alt】键并向右拖动新的组合对象，选择【修改】-【变形】-【水平翻转】命令，作为另一侧的眼睛和眉毛。并使用【对齐】面板将两个组合垂直中齐，绘制完成后的另一侧眼睛如图 2-36 所示。

图 2-35　修改眉毛的弧度　　　　　　　　图 2-36　设置垂直中齐及绘制完成后的另一侧眼睛

步骤 19 使用【基本矩形工具】 ，设置【填充】为 #F39B8C，【笔触】为 "无"。在脸部上方绘制一个基本矩形作为鼻子。在【属性】面板的【矩形选项】中，设置【矩形边角半径】为 100，放置在合适的位置。同时选择鼻子和脸部，在【对齐】面板中，单击【水平中齐】按钮，使其位于脸部水平居中的位置，最终鼻子的绘制效果如图 2-37 所示。

步骤 20 使用【基本矩形工具】 ，设置【填充】为白色，【笔触】为 "无"。在鼻子下方绘制一个白色基本矩形作为嘴巴。拖动基本矩形的一个角点，使其边角形成圆弧形，如图 2-38 所示。双击嘴巴进入编辑模式，使用【选择工具】 框选矩形的上半部并将其删除，如图 2-39 所示。在舞台空白处双击退出编辑模式。

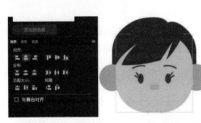  

图 2-37　单击【水平中齐】按钮及最终鼻子的绘制效果　图 2-38　修改基本矩形的边角半径　图 2-39　在编辑模式中删除矩形的上半部分

步骤 21 使用【椭圆工具】 ，开启【对象绘制】模式 ，设置【填充】为 #FB9D90，【笔触】为 "无"。按住【Shift】键绘制正圆，作为红晕。按住【Alt】键并拖动这个圆，复制出一份，放置在合适的位置，如图 2-40 所示。

步骤 22 使用【矩形工具】 ，开启【对象绘制】模式 ，设置【填充】为 #673A29，【笔触】为 "无"。绘制出一个矩形作为马尾辫。双击矩形进入编辑模式，使用【多边形工具】 进行选择，按【Delete】键删除选区。使用【选择工具】 修改形状，如图 2-41 所示。

图 2-40　绘制完成后脸部两侧的红晕　　　　图 2-41　在编辑模式中修改矩形形状

步骤 23 使用【多边形工具】 选择矩形的一个区域，将其【填充】修改为 #332223。并使用【选择工具】 将其直线边改为弧线，如图 2-42 所示。双击舞台空白处退出编辑模式。

图 2-42　选择一个区域并修改其填充颜色，再将直线修改为弧线

步骤 24 按住【Alt】键并拖动将马尾辫复制一份，右击这个新复制的马尾辫，选择【变

形】-【水平翻转】命令，将翻转后的对象放在头部的另一边。同时选择两条马尾辫，右击并选择【排列】-【移至底层】命令，如图 2-43 所示。

图 2-43　复制出另一侧的马尾辫并将其水平翻转，随后将其移至底层

步骤 25　同时选择流海和背面的头发，按【Ctrl+C】组合键复制，再按【Ctrl+Shift+V】组合键粘贴在原处。保持对两者的选择，按【Ctrl+G】组合键将两者组合。双击该组合进入编辑模式，将该组合的【填充】修改为 #954D22，【笔触】修改为黑色，如图 2-44 所示。

步骤 26　使用【直线工具】 ╱ ，开启【对象绘制】模式 ◯ ，绘制两条直线。使用【选择工具】 ▶ ，将直线修改为弧线，如图 2-45 所示。

图 2-44　复制流海和背面头发并将其粘贴在当前位置，　　　图 2-45　绘制两条直线，并将直线修改为弧线
　　　　　进入编辑模式修改填充颜色和笔触颜色

步骤 27　使用【选择工具】 ▶ 框选四个对象，在菜单栏选择【修改】-【分离】命令（或按【Ctrl+B】组合键）。选择两条曲线以外的填充区域并按【Delete】键将它们删除。在笔触上双击从而选择所有相连的具有相同属性的笔触，按【Delete】键删除笔触，如图 2-46 所示。在舞台空白区域双击退出编辑模式。

步骤 28　现在完成了"双马尾女孩"的头部绘制。以下的身体部分绘制使用上述相同的方法即可。最终完成效果如图 2-47 所示。

图 2-46　删除两条曲线以外的填充区域，同时删除所有笔触　　　图 2-47　最终完成效果

2.3　使用钢笔工具绘制"寿司店菜单"

学习目的：

本节使用钢笔工具组（包括钢笔工具、添加锚点工具、删除锚点工具、转换锚点工具）进行游戏 UI 元素"寿司店菜单"的绘制和编辑，使读者通过练习深入了解和熟练掌握 Animate CC 中钢笔工具组的使用方法。

制作要点：

首先使用【钢笔工具】进行轮廓路径的绘制；然后使用【部分选取工具】进行路径的调整；并根据需要添加或删除锚点，以及在转角点和平滑点之间进行转换；使用【颜料桶工具】进行上色；使用【渐变变形工具】调整渐变色；将对象进行组合；排列对象的上下顺序。

步骤1 新建 Animate 文档，设置【宽】和【高】为 1280 像素 ×800 像素，【平台类型】为 ActionScript3.0，单击【创建】按钮。

步骤2 选择【文件】-【保存】命令（或按【Ctrl+S】组合键）将该文档进行保存，将其命名为"寿司店菜单 .fla"，并选择合适的存储路径。

步骤3 回到舞台上，现在需要将背景图导入作为参考。在菜单栏选择【文件】-【导入】-【导入到舞台】命令。选择图像文件"寿司店菜单 BG.png"，单击【打开】按钮将其导入舞台中。因为该 PNG 文件尺寸和舞台尺寸相同（1280 像素 ×800 像素），因此它将会放置在舞台中心并铺满舞台，如图 2-48 所示。

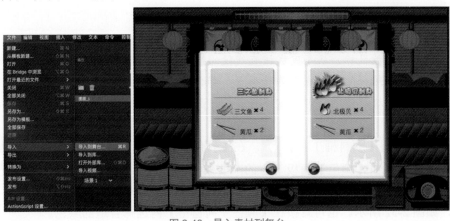

图 2-48　导入素材到舞台

步骤4 此时这个新导入的图像文件位于【时间轴】面板上"图层 1"的第 1 帧，为了避免误操作，我们需要将该图层锁定。单击该图层名称右侧的【锁定】列，将该图层锁定。双击该图层的命名，重命名为"BG"，即"背景"的缩写，如图 2-49 所示。

步骤5 单击图层名称左上角【新建图层】按钮，在当前图层的上方创建一个新的图层，它将按照顺序进行命名，即"图层 2"。双击该图层的名称，重命名为"绘制"，如图 2-50 所示。

图 2-49　锁定图层并重命名图层

图 2-50　新建图层并重命名

提示：

图层可以帮助用户在文档中组织插图。可以在一个图层上绘制和编辑对象，而不会影响其他图层上的对象。在图层上没有内容的舞台区域中，可以透过该图层看到下面的图层。

要对图层或文件夹进行绘制、涂色或修改，请在【时间轴】面板中选择该图层以将其激活。【时间轴】面板中图层或文件夹名称旁边的铅笔图标指示该图层或文件夹处于活动状态。一次只能有一个图层处于活动状态（尽管一次可以选择多个图层）。

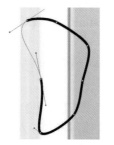

图 2-51　使用【钢笔工具】绘制路径

步骤6　选择【钢笔工具】📝，开启【对象绘制】模式 ⬛。通过单击和拖动，在舞台上绘制路径。因为需要绘制的形状是曲线形状，因此在路径开始处单击鼠标并拖动，此时在鼠标单击处将出现锚点和贝塞尔手柄，释放鼠标并移动到下一处需要设置锚点的地方，单击鼠标并拖动以生成第二个带有贝塞尔手柄的锚点。按此方法继续绘制。当鼠标回到路径开始处时，钢笔工具的右下角变为空心圆，此时可以闭合路径。如果需要闭合路径处的锚点也为平滑点，那么同样需要单击并拖动鼠标以生成带贝塞尔手柄的锚点，如图 2-51 所示。

提示：

如果需要绘制直线段，那么可通过在直线段的起点处单击并释放鼠标，然后在直线段的结束处单击并释放鼠标，从而完成该直线段的绘制。

如果需要闭合路径处的锚点也为转角点，那么在闭合路径处单击鼠标并释放即可。

在路径绘制的过程中的任何地方双击鼠标，可立即完成路径的绘制，并生成开放路径。

步骤7　切换到【颜料桶工具】🪣，在【颜色】面板的【颜色类型】下拉列表中选择【线性渐变】选项，在【颜色】面板下方的渐变条上，单击左侧的渐变滑块，在上方的色号值输入框内输入色号 #EF8165，单击右侧的渐变滑块，在上方的色号值输入框内输入色号 #DD2222，如图 2-52 所示。也可直接在【颜色空间窗格】内选择合适的颜色。

步骤8　使用【颜料桶工具】🪣在绘制的对象填充部分单击，以应用渐变填充，如图 2-53 所示。

步骤9　使用【选择工具】▷框选该对象，在【颜色】面板上设置其【笔触】为"无"，从而删除笔触，如图 2-54 所示。

步骤10　保持该对象处于选中状态，切换到【渐变变形工具】▦（快捷键【F】），该工具位于【任意变形工具】组内，按住【任意变形工具】即可在弹出的菜单中选择【渐变变形工具】。

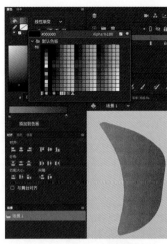

图 2-52　设置线性渐变	图 2-53　应用渐变填充	图 2-54　设置【笔触】为"无"

步骤 11 此时对象上出现蓝色的带编辑手柄的边框。将鼠标移至右侧边框顶端的空心圆处，即可旋转渐变填充，将其顺时针旋转到合适的角度，如图 2-55 所示。

步骤 12 拖动底部边框中心的图标，即可缩放渐变填充，将其向下放大到正好覆盖住填充对象为止。拖动渐变中心点可以整体移动渐变填充的位置。

步骤 13 使用【选择工具】在对象上双击，进入编辑模式。

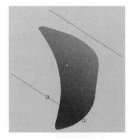

图 2-55　旋转渐变角度

切换到【部分选取工具】，在对象的笔触上单击以显示路径，如图 2-56 所示。使用【部分选取工具】调整锚点和贝塞尔手柄。如果需要添加锚点，那么可使用【钢笔工具组】内的【添加锚点工具】在笔触上单击；如果需要删除锚点，那么可使用【钢笔工具组】内的【删除锚点工具】在需要删除的锚点上单击；使用【钢笔工具组】内的【转换锚点工具】在转角点上单击，可将转角点转换为平滑点；使用【钢笔工具组】内的【转换锚点工具】在平滑点上单击并拖动，可将平滑点转换为转角点。编辑完成后，在舞台的空白区域双击以退出编辑模式，并回到【场景 1】中。

> 提示：
>
> 　对于组对象、绘制对象和元件，可通过双击该对象进入编辑模式。
>
> 　要退出编辑模式，可以在舞台空白处双击；也可以单击舞台左上角的【场景】按钮回到主场景中；或单击舞台左上角的左箭头回到上一个编辑状态中。

步骤 14 选择刚绘制的对象，按【Ctrl+C】组合键复制，再按【Ctrl+Shift+V】组合键粘贴到当前位置，新复制的对象将放置在最顶端，与原始的对象重合。双击最顶端的新复制对象，进入该对象的编辑模式。

步骤 15 选择【钢笔工具】，关闭【对象绘制】模式，在对象上绘制一条路径，并确保路径末尾与下方图形对象的边缘相连接。在路径末尾处按键盘上的【Esc】键以结束路径绘制，形成一条开放路径，如图 2-57 所示。

步骤 16 使用【选择工具】 ▷ ，选这条路径分割开的左侧填充，按【Delete】键将其删除，如图 2-58 所示。

图 2-56　显示路径和锚点　　　图 2-57　绘制一条开放路径　　　图 2-58　删除左侧的填充部分

步骤 17 使用【选择工具】 ▷ ，在这条路径的笔触上双击，选择整条笔触，按【Delete】键将其删除，如图 2-59 所示。

步骤 18 选择剩下的填充部分，设置其【填充】为黑色，【Alpha】为 20%，生成半透明的黑色，作为暗部，如图 2-60 所示。在舞台的空白区域双击以退出编辑模式。

图 2-59　删除所有笔触　　　　　　　图 2-60　修改填充颜色

步骤 19 选择舞台最底层原始绘制的对象，按【Ctrl+C】组合键复制，再按【Ctrl+Shift+V】组合键粘贴到当前位置，新复制的对象将放置在最顶端，与原始的对象重合。双击最顶端的新复制对象，进入该对象的编辑模式。

步骤 20 选择【传统画笔工具】 ✏，确保关闭了【对象绘制】模式，设置【填充】为 #F8A48F，在【工具】面板末尾【画笔模式】组中，选择【颜料选择】模式，如图 2-61 所示。

图 2-61　选择【颜料选择】
　　　　　画笔模式

步骤 21 在保持选择【传统画笔工具】 ✏ 的同时，按住【Ctrl】键可即时切换到【选择工具】 ▷ ，单击填充对象将其选择。释放【Ctrl】键以切换回【传统画笔工具】 ✏。

步骤 22 使用【传统画笔工具】 ✏ 在填充对象上进行绘制，如图 2-62 所示。此时绘制的内容只会出现在所选择的笔触内部。如果绘制过程出错，那么可通过【Ctrl+Z】组合键来进行撤销操作。

提示：

当选择【传统画笔工具】的时候，可在【属性】面板的【传统画笔选项】区域设置【画笔类型】【画笔大小】及【平滑】等选项。

还可以通过键盘的左右方括号（[]）键来调节画笔的大小。

步骤 23 在舞台空白区域双击以退出编辑模式，回到【场景 1】。现在需要对新绘制的两个对象重新排序。右击最上方的对象，选择【排列】-【下移一层】命令，将其放置在阴影下方，如图 2-63 所示。

步骤 24 继续绘制高光部分。选择【钢笔工具】，确保开启【对象绘制】模式，绘制一条闭合的路径，并使用前文所述方法对路径进行修改，如图 2-64 所示。

图 2-62 在填充对象上进行绘制

图 2-63 修改重叠顺序

图 2-64 绘制路径并修改路径

步骤 25 选择该路径，在【颜色】面板中设置其【笔触】为"无"，【填充类型】为【线性渐变】，并在下方的渐变条中设置左侧的滑块为白色，【Alpha】为 76%，右侧的滑块为白色，【Alpha】为 16%，使用【颜料桶工具】单击该对象内部以应用渐变，并使用【渐变变形工具】调整渐变的形态，如图 2-65 所示。

步骤 26 选择最底端的对象，按【Alt】键并拖动鼠标，将其复制出一份。双击该对象进入编辑模式。在【颜色】面板中设置【填充】为黑色，【Alpha】为 60%，【笔触】为"无"。使用【颜料桶工具】将所有部分填充为半透明黑色。双击舞台的空白区域退出编辑模式。右击

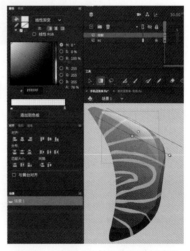
图 2-65 使用【线性渐变】进行填充

该对象，选择【排列】-【移至底层】命令，将其放置在最底层作为三文鱼的投影，如图 2-66 所示。

步骤 27 现在三文鱼部分全部绘制完成。使用【选择工具】框选所有的三文鱼对象，按【Ctrl+G】组合键进行组合。按住【Alt】键的同时拖动组合对象两次，将其复制出两份。使用【任意变形工具】选择需要变形的对象，该对象上出现框和变形指针。将鼠标移动到某一角点上，当鼠标变为带圆形箭头的图标时，拖动鼠标旋转对象，如图 2-67 所示。

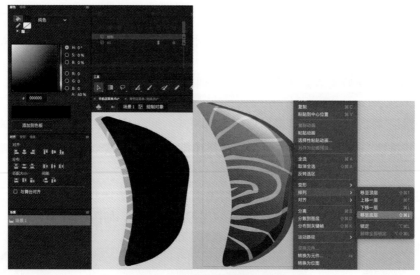

图 2-66　修改填充颜色并重新调整对象重叠顺序

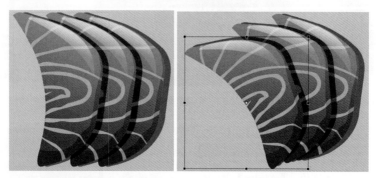

图 2-67　复制出另外两份对象并选择对象角度

步骤 28 使用【选择工具】框选所有对象，在【对齐】面板中，确保【与舞台对齐】复选框未勾选，并单击【水平居中分布】按钮。

提示：

【对齐】面板能够沿水平或垂直轴对齐所选对象。可以沿选定对象的右边缘、中心或左边缘垂直对齐对象，或者沿选定对象的上边缘、中心或下边缘水平对齐对象。

若要相对于舞台尺寸应用对齐方式，请在【对齐】面板中勾选【与舞台对齐】复选框。

步骤 29 现在就已完成了三片三文鱼的绘制。用上述方法继续完成装饰叶和黄瓜条的绘制，最终完成效果如图 2-68 所示。

图 2-68　最终完成效果

2.4　使用宽度工具绘制"快乐企鹅"

学习目的：

本节使用【宽度工具】完成卡通插画"快乐企鹅"的绘制和编辑，使读者通过练习深入了解和熟练掌握 Animate CC 中直线工具和宽度工具的使用方法。

制作要点：

首先使用【直线工具】进行轮廓笔触的绘制；使用【选择工具】修改笔触的形状；使用【宽度工具】进行笔触宽度变化的调整；使用【颜料桶工具】进行填色；将图形转换为合并对象；排列对象的上下顺序。

宽度工具允许通过变化粗细度来修饰笔触，并且可将可变宽度另存为宽度配置文件，以便应用到其他笔触。

步骤1 打开 Animate 文档"快乐企鹅.fla"，该文档包含一个"BG"背景图层，我们将使用【宽度工具】  绘制企鹅角色。

图 2-69　新建图层并重命名图层

步骤2 单击【时间轴】面板左侧的【新建图层】按钮 ，在当前图层上方新建一个图层。双击新建的图层的名字，将其修改为"企鹅"，如图 2-69 所示。

步骤3 为了避免误操作，请将"BG"图层锁定，方法是单击【时间轴】面板上"BG"图层名称右侧的【锁定或解除锁定图层】按钮，被锁定的图层将不能被选择和编辑。

图 2-70　调整素材大小并放置在合适的位置

步骤4 使用【选择工具】 选择"企鹅"图层的第 1 帧，选择【文件】-【导入】-【导入到舞台】命令。选择图片文件"企鹅.jpg"将其导入到舞台上，并使用【任意变形工具】 将其缩放到合适的大小，放置于合适的位置，如图 2-70 所示。

步骤5 使用【选择工具】 ，在【时间轴】面板上选择"企鹅"图层 1 的第 2 帧，选择【插入】-【时间轴】-【空白关键帧】命令，它在【时间轴】面板上以空心圆表示，如图 2-71 所示。

提示：

Animate 文档将时长划分为类似于胶片的帧。帧是任何动画的核心，指定每一段的时间和运动。影片中帧的总数和播放速度共同决定了影片的总长度。

帧：用来在【时间轴】面板中组织和控制文档的内容。【时间轴】面板中放置帧的顺序将决定帧内对象在最终内容中的显示顺序。通过【插入】-【时间轴】-【帧】命令或按【F5】键可插入帧。

关键帧：是用于在舞台上放置新内容的帧。关键帧也可以是包含 ActionScript 代码以控制文档的某些方面的帧。通过选择【插入】-【时间轴】-【关键帧】命令或按【F6】键可插入关键帧。

空白关键帧：可作为计划稍后添加到舞台内容上的占位符添加到【时间轴】面板中，或者将该帧处的物体内容保留为空。通过选择【插入】-【时间轴】-【空白关键帧】命令或按【F7】键可插入空白关键帧。

步骤6 在【时间轴】面板上方单击【绘图纸外观】按钮将其开启，确保其起始范围覆盖第 1 帧。可通过拖动【起始绘图纸外观】和【结束绘图纸外观】来调节起始和结束的覆盖范围。

提示：

通常情况下，在某个时间舞台上仅显示动画序列的一个帧。为便于定位和编辑动画，可以通过单击【绘图纸外观】按钮在舞台上一次查看两个或更多的帧。时间轴播放头下面的帧以全彩色显示，并采用不同的颜色和 Alpha 来区分过去和未来的帧。

步骤7 在【工具】面板选择【直线工具】，确保【对象绘制】模式关闭。在【属性】面板中设置【笔触】为黑色，【笔触大小】为 4。沿着企鹅草图的轮廓绘制直线，如图 2-72 所示。按住【Ctrl】键使当前所用工具快速切换为【选择工具】，将鼠标移至直线中间，直到鼠标变为带直角的箭头时，单击并拖动直线使其变为曲线，直到曲线与草图吻合。

图 2-71　插入空白关键帧

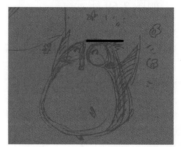
图 2-72　沿着草图轮廓绘制直线

提示：

无论当前使用何种工具，按住【Ctrl】键都可以快速切换为【选择工具】。

步骤8 从曲线末端开始绘制第二条直线，两条线段在接触点处将自动吸附在一起。用同样的方法将其修改为曲线。如果两条直线的端点没有自动吸附在一起,请确保菜单栏的【视图】-【贴紧】-【贴紧至对象】选项处于勾选状态。

步骤9 如果需要将一条线段划分为 2 条或多条，可在切换为【选择工具】的同时，按住【Alt】键，并在线条上拖动鼠标，其作用相当于为路径添加锚点，因此可通过【部分选取工具】查看锚点并编辑锚点和手柄，如图 2-73 所示。

步骤10 用上述方法,使用【直线工具】完成企鹅身体轮廓的绘制，并使用【选择工具】编辑笔触外观，如图 2-74 所示。

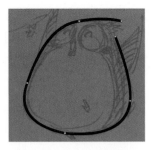
图 2-73　查看锚点并编辑

图 2-74　完成身体轮廓的绘制

步骤 11 使用【宽度工具】 （如果【工具】面板没有显示【宽度工具】 ，叫单击【更多选项】按钮 ，找到【宽度工具】 并将其拖动到【工具】面板上，如图 2-75 所示）。将鼠标悬停在某条笔触上，会显示带有手柄（宽度手柄）的点（宽度点数）。通过拖动鼠标调整笔触粗细，向外拖动可增加宽度，向内拖动可减少宽度。同时还可以通过移动宽度点数来修改宽度变形的位置，如图 2-76 所示。

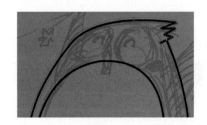

图 2-75　找到【宽度工具】

图 2-76　使用【宽度工具】修改笔触宽度

步骤 12 可以在同一条笔触上多次使用【宽度工具】 ，生成多个宽度点，并通过拖动来调整宽度。

步骤 13 选择【宽度工具】 ，将鼠标悬停在笔触上，将显示已有的宽度点。按住【Alt】键并拖动这个宽度点，可以复制该宽度点。

步骤 14 选择【宽度工具】 ，将鼠标悬停在笔触上，将显示已有的宽度点和宽度手柄。按住【Alt】键并拖动需要单独修改宽度的一侧手柄，可以单独修改该侧的笔触宽度。

步骤 15 选择【宽度工具】 ，将鼠标悬停在笔触上，将显示已有的宽度点。按【Delete】键以删除该宽度点。

步骤 16 重复以上步骤完成企鹅身体的绘制，最终绘制效果如图 2-77 所示。

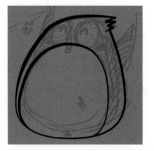
图 2-77　企鹅身体轮廓最终绘制效果

步骤17 继续使用【直线工具】 ，在【属性】面板的【颜色和样式】区域，设置【笔触】为黑色，【笔触大小】为1，【样式】为"实线"，【宽】为"均匀"。使用该设置绘制两条直线并使用【选择工具】 修改直线曲率，作为明暗分界线，如图2-78所示。（为了便于查看，可随时关闭/显示【绘图纸外观】按钮 。）

步骤18 使用【颜料桶工具】 为企鹅上色。其中受光区域的蓝色值为#477FAE，阴影部分的蓝色值为#40627F，肚皮受光区域为白色，阴影部分的灰色值为#E5E5E5。完成后删除明暗分界线的两条曲线，如图2-79所示。

图2-78 绘制直线并修改曲率　　　　图2-79 为企鹅身体填充颜色

步骤19 使用【选择工具】 框选整个身体，选择【修改】-【合并对象】-【联合】命令，将其转换为绘制对象。

步骤20 用上述同样的方法完成企鹅翅膀的绘制。因为使用【颜料桶工具】 填色需闭合路径，因此可以先使用【直线工具】 绘制一条直线将翅膀闭合，然后使用【颜料桶工具】 进行填色，最后删除靠近身体一侧的直线。在翅膀内部双击以同时选择笔触和填充，选择【修改】-【合并对象】-【联合】命令，将其转换为【绘制对象】。左侧的翅膀使用右键菜单的【排列】-【移至底层】命令放置在身体下方，如图2-80所示。

提示：

当选择【颜料桶工具】 后，单击显示在【工具】面板底部的【间隙大小】修改键并选择一个间隙大小的选项，如图2-81所示。

默认为【不封闭空隙】处于选中状态，即要求笔触必须为完全闭合状态才可以填色。

用户可以根据需要选择【封闭小空隙】【封闭中等空隙】【封闭大空隙】，即可针对笔触空隙的大小来填色。

对于复杂的图形，手动封闭空隙会更快一些。同时如果空隙过大，用户可能必须手动封闭它们才能填色。

步骤21 用同样的方法绘制企鹅的脚，其填充色为#E3B053，并将其转换为绘制对象，如图2-82所示。

步骤22 按住【Alt】键拖动企鹅的脚，复制出另一只脚，右击新复制的对象，并在弹出的菜单中选择【变形】-【垂直翻转】命令。再使用【任意变形工具】 旋转到合适的角度，并将其移至底层，如图2-83所示。

步骤23 使用【椭圆工具】 ，开启【对象绘制】模式 ，绘制企鹅的眼白，填充色为白色，如图2-84所示。

图 2-80　用同样的方法绘制企鹅的翅膀

图 2-81　修改填充的间隙大小

图 2-82　用同样的方法绘制企鹅的脚

步骤 24 使用【宽度工具】 修改其笔触的宽度，如图 2-85 所示。

图 2-83　企鹅的脚的摆放位置

图 2-84　绘制企鹅的眼白部分

图 2-85　使用【宽度工具】修改笔触宽度

步骤 25 双击眼白的对象，进入编辑模式。选择【直线工具】 ，在【属性】面板的【颜色和样式】区域，设置【笔触】为黑色，【笔触大小】为 1，【样式】为"实线"，【宽】为"均匀"，使用该设置绘制一条直线并使用【选择工具】 修改直线曲率，作为眼白区域的明暗分界线，并将暗部区域的【填充】修改为 #E5E5E5。最后删除这条分界线，如图 2-86 所示。

步骤 26 双击舞台的空白区域退出编辑模式，返回【场景 1】。按住【Alt】键并拖动眼白，复制出另一个眼白。使用【任意变形工具】 调整其大小、旋转角度、倾斜角度，如图 2-87 所示。

步骤 27 使用【直线工具】 ，开启【对象绘制】模式 ，绘制出一条水平线，作为企鹅的眼球，如图 2-88 所示。

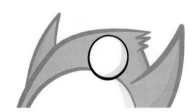
图 2-86　在隔离模式中编辑企鹅的眼白

图 2-87　调整另一侧的眼白大小、旋转角度和倾斜角度

图 2-88　绘制企鹅的眼球

步骤 28 使用【选择工具】 调整这条直线的曲率，并使用【宽度工具】 调整这条线宽度，如图 2-89 所示。

步骤 29 按住【Alt】键并向左拖动复制一份。选择复制的形状右击，在弹出的菜单中选择【变形】-【水平翻转】命令。

步骤 30 使用【任意变形工具】 ，将鼠标放置在垂直边框的中间的手柄上，向内拖动鼠标使其水平缩小。再将鼠标放置在上下边框外，当鼠标变为左右箭头时，向右拖动以倾斜形状，如图 2-90 所示。

步骤 31 重复上述步骤，绘制企鹅的喙，并调整其笔触宽度。设置喙的【填充】为 # E3B053，喙内部的【填充】为 # AD5151，如图 2-91 所示。

图 2-89　调整直线的曲率和宽度　　　　图 2-90　倾斜形状　　　　图 2-91　绘制企鹅的喙

步骤 32 最后，选择"企鹅"图层的第 2 帧，向左移动到该图的第 1 帧的位置，使其覆盖原本的第 1 帧草图内容。如图 2-92 所示右击该图层的第 2 帧，并选择【删除帧】命令，最终画面效果如图 2-93 所示。

图 2-92　移动并删除帧　　　　　　　图 2-93　最终的完成效果

2.5　使用矢量艺术笔刷绘制场景"戈壁"

学习目的：

本节使用画笔工具及画笔库完成卡通插画"戈壁"的绘制和编辑，使读者通过练习深入了解和熟练掌握 Animate CC 中画笔工具的使用方法，以及画笔库中艺术笔刷的使用方法。

制作要点：

首先使用【选择工具】旋转已绘制好的笔触；然后在【属性】面板中打开【画笔库】选项，将艺术画笔应用于所选笔触上；使用【画笔工具】进行笔触的绘制；使用【编辑笔触样式】来对艺术画笔的形态进行自定义编辑。

Animate CC 中引入了我们在 Adobe Illustrator 中所熟知的艺术画笔和图案画笔。与传统画笔工具的不同之处在于，这种画笔工具是基于笔触而不是填充的，即它的属性是笔触，可以像修改笔触的参数一样对其进行编辑操作。

步骤 1 打开 Animate 文档"戈壁 .fla"，该文档是一个包含简单动画的场景。在图层

"草 2"中有一些使用直线工具绘制的笔触，如图 2-94 所示。

步骤2 确保除了图层"草 2"，其余图层处于锁定状态。使用【选择工具】 ![] 框选这层所有的笔触，在【属性】面板的【颜色和样式】区域，单击【样式】右侧的【样式选项】按钮，选择【画笔库】选项。在打开的【画笔库】面板中，依次选择【Artistic（艺术画笔）】-【Ink（墨水）】-【Calligraphy2（书法）】命令，并双击该选项使其应用于所选笔触，如图 2-95 所示。

图 2-94　打开的素材文件界面

图 2-95　在【画笔库】面板中选择所需的笔触样式

步骤3 保持对笔触的选择，在【属性】面板中调整【笔触大小】和【笔触】。还可以尝试【画笔库】面板中的其他选项并应用于所选笔触上。

步骤4 图层"草 3"是一个不包含任何内容的空白图层，选择该图层，选择【画笔工具】 ![]，在舞台上拖动以使用当前样式绘制一些笔触作为草，如图 2-96 所示。

步骤5 切换到【选择工具】 ![]，选择某些笔触，在【属性】面板的【颜色和样式】区域，单击【样式】右侧的

图 2-96　使用【画笔工具】绘制一些草

【样式选项】按钮，选择【编辑笔触样式】选项。在打开的【画笔选项】对话框中，可对艺术画笔样式进行编辑操作，如图 2-97 所示。各项操作的功能如下。

- 【名称】：指定所选艺术画笔的名称。
- 【按比例缩放】：艺术画笔根据笔触长度进行缩放。
- 【拉伸以适合笔触长度】：拉伸艺术画笔以适合笔触长度。
- 【在辅助线之间拉伸】：只拉伸位于辅助线之间的艺术画笔区域。艺术画笔的头尾部分适用于所有笔触，不会被拉伸。
- 【应用至现有笔触并更新画笔】：当不勾选时，使用指定设置创建一个新的画笔（更改将只适用于以后绘制的新笔触）；当勾选时，将这些设置应用于以前绘制的所有笔触。

图 2-97　【画笔选项】对话框

步骤6 选择"Gobi"图层的矩形框，在【属性】面板的【颜色和样式】区域，单击【样式】右侧的【样式选项】按钮，选择【画笔库】选项，打开【画笔库】面板，然后依次选择【Pattern Brushes（图案画笔）】-【Borders（边界）】-【Geometric 1.5（几何）】命令，并双击该选项使其应用于所选笔触，如图 2-98 所示。在【属性】面板修改笔触大小。

步骤7 保持对该笔触的选择，在【属性】面板的【颜色和样式】区域，单击【样式】右侧的【样式选项】按钮，选择【编辑笔触样式】选项，在打开的【画笔选项】对话框中，可对画笔样式进行编辑操作，如图 2-99 所示。各项操作的功能如下。

- 【名称】：指定所选画笔的名称。
- 【伸展以适合】【添加间距以适合】和【近似路径】：这些选项指定如何沿笔触应用图案拼块。
- 【翻转图稿】：水平或垂直翻转所选图案。
- 【间距】：在不同片段的图案之间设置间距，默认值为 0。
- 【角部】：根据所选设置自动生成角部拼块——中间、侧面、切片和重叠。默认选项是"侧面"。
- 【应用至现有笔触并更新画笔】：当不勾选时，使用指定设置创建一个新的画笔（更改将只适用于以后绘制的新笔触）；当勾选时，将这些设置应用于以前绘制的所有笔触。

> **提示：**
>
> 当选择【画笔工具】 时，可在【属性】面板通过单击【绘制为填充色】按钮，实现绘制对象在笔触和填充之间转换，如图 2-100 所示。
>
> 画笔工具默认的绘制模式为绘制笔触。

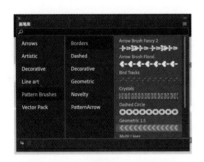

图 2-98　在【画笔库】面板中选择 　　图 2-99　在【画笔选项】对话框中 　　图 2-100　【绘制为填充色】按钮
　　　　　所需画笔样式 　　　　　　　　　　编辑笔触样式

2.6　使用传统画笔工具绘制卡通插画"波比和苹果"

学习目的：

本节使用传统画笔工具及颜料桶工具完成卡通插画"波比和苹果"的绘制和编辑，使读者通过练习深入了解和熟练掌握 Animate CC 中传统画笔工具的使用方法，以及对传统画笔工具进行自定义设置的方法。

制作要点：

　　首先使用【选择工具】旋转已绘制好的笔触；然后在【属性】面板中打开【画笔库】选项，将艺术画笔应用于所选笔触上；使用【画笔工具】进行笔触的绘制；使用【编辑笔触样式】对艺术画笔的形态进行自定义编辑。

　　利用 Animate CC 中的【传统画笔工具】 ![笔刷图标] （快捷键【B】），可通过设置笔刷的形状和角度等参数来自定义画笔。通过定制画笔工具来满足绘图需要，可以在项目中创建更为自然的作品。选中【工具】面板中的【传统画笔工具】 ![笔刷图标] 后，便可通过【属性】面板选择、编辑及创建一个自定义画笔。

> **提示：**
> 为了使传统画笔工具更好地发挥作用，建议使用手绘板进行绘制。

　　步骤 1 新建一个 Animate 文档，【宽】【高】【帧速率】可自定义。

　　步骤 2 在【工具】面板选择【传统画笔工具】 ![笔刷图标] ，因为传统画笔工具所绘制的对象为填充，因此需要在【填充】中为其设置颜色，这里选择黑色，同时设置【Alpha】为 50%。下面将从草图绘制开始。

　　步骤 3 在【属性】面板的【画笔类型】下拉列表中选择一种类型，这里使用默认的圆形，如图 2-101 所示。使用【画笔大小】滑块或输入数值来设置画笔的大小。还可通过键盘上的左右方括号（[ ]）键来快速改变画笔的大小。

　　步骤 4 在【属性】面板中，【随舞台缩放大小】选项可以使画笔大小随舞台缩放进行同步更改；【将设定与橡皮擦同步】选项可以将当前的画笔设定同步给【橡皮擦工具】。默认情况下这两个选项都为勾选状态，如图 2-102 所示。

图 2-101　选择画笔类型　　　　　　图 2-102　【随舞台缩放大小】选项和【将设定与橡皮擦同步】选项

　　步骤 5 如果将手绘板连接到计算机，可以选择【压力】 ![压力图标] 功能键、【斜度】 ![斜度图标] 功能键或两者的组合来修改刷子笔触。选择【压力】功能键时，可通过改变握笔的压力来改变画笔笔触的宽度。选择【斜度】功能键时，可通过改变握笔的角度来改变画笔的倾斜角度。

　　步骤 6 确保关闭【对象绘制】模式，同时【工具】面板尾部的【画笔模式】为默认的【标准绘画】模式。在当前图层的第 1 帧通过拖动画笔进行草图的绘制，如果需要擦除所绘制的内容，可以使用【橡皮擦工具】 ![橡皮擦图标] 。绘制的草图如图 2-103 所示。

图 2-103　绘制的草图

步骤 7　完成草图绘制后，即可以开始绘制正稿。选择当前图层的第 2 帧，按【F7】键插入空白关键帧。

步骤 8　保持第 2 帧处于选中状态，在【时间轴】面板上，开启【绘图纸外观】按钮，同时拖动【起始绘图纸外观】使其范围覆盖第 1 帧。此时可在第 2 帧的位置看见第 1 帧的内容，它以半透明的蓝色显示，如图 2-104 所示。

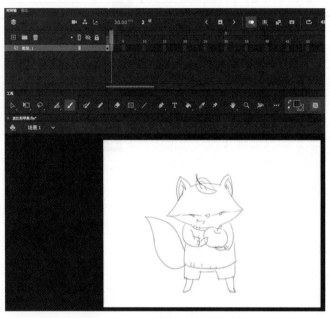

图 2-104　开启【绘图纸外观】按钮

步骤 9　继续使用【传统画笔工具】，将【填充】设置为黑色，【Alpha】为 100%。

步骤 10　在【属性】面板设置【画笔大小】，设置完成后，单击下方的【另存为预设】按钮，即可将当前设置的画笔大小以预设的形式保存下来，同时以按键的形式显示在【画笔大小】下方，如图 2-105 所示。

步骤 11　继续设置几个常用的画笔大小预设，它们将以按键的形式进行排列，以方便选择。可通过右侧的【删除预设】按钮将自定义预设进行删除。

步骤 12　确保【工具】面板尾部的【画笔模式】为默认的【标准绘画】模式，然后在第 2 帧的位置根据草图进行绘制，如图 2-106 所示。在绘制过程中根据需要调节【画笔大小】和【画笔类型】。

图 2-105　将画笔大小【另存为预设】

图 2-106　根据草图进行绘制

步骤 13 通过单击【属性】面板【画笔类型】右侧的【添加自定义画笔形状】按钮（如图 2-107 所示），可在弹出的【笔尖选项】对话框中设置自定义画笔形状，如图 2-108 所示。可选择圆头画笔或方头画笔，并设置画笔的倾斜角度和平度。设置完成后单击【确定】按钮，即可将自定义画笔形状添加到【画笔类型】菜单中，同时自动选择该画笔类型。右侧的两个按钮为【删除自定义画笔形状】和【编辑自定义画笔形状】，可删除或编辑自定义画笔，如图 2-109 所示。

图 2-107　【添加自定义画笔形状】按钮　　图 2-108　自定义画笔形状　　图 2-109　删除或编辑自定义画笔形状

步骤 14 小狐狸的轮廓绘制完成后，我们将对其上色。仍然使用【传统画笔工具】 ，选择一种【填充】，在【工具】面板的尾部设置【画笔模式】为【后面绘画】，这样新绘制的内容将位于舞台现有内容的后面，不影响现在已经绘制好的轮廓。修改【画笔大小】，然后在舞台上绘制小狐狸的红色部分，如图 2-110 所示。

步骤 15 在【颜色】面板降低当前红色的明度和纯度，然后修改【画笔模式】为【内部绘画】。这将在笔触首先接触到的颜色内部进行绘画。修改【画笔大小】，然后在红色区域内部绘制暗部区域，如图 2-111 所示。

图 2-110　绘制小狐狸的红色部分　　　　　图 2-111　在红色区域内部绘制暗部区域

步骤 16 在【颜色】面板提高红色的明度，保持【画笔模式】为【内部绘画】，修改【画笔大小】，然后在红色区域内部绘制暗部高光部分，如图 2-112 所示。

步骤 17 重复上述步骤，完成小狐狸衣服和树叶的绘制，如图 2-113 所示。

图 2-112　在红色区域内部绘制暗部高光部分　　图 2-113　完成小狐狸衣服和树叶的绘制

图 2-114　绘制毛衣的褶皱

步骤 18 使用【选择工具】，单击小狐狸的绿色衣服以选择它，切换到【传统画笔工具】，设置【画笔模式】为【颜料选择】，这将只在所选择的填充色上绘画。修改【填充】为深绿色，然后在所选择的颜色上绘制毛衣的褶皱，如图 2-114 所示。

步骤 19 重复上述步骤，完成小狐狸插画的绘制。

2.7 章节练习

一、思考题

1. 请说明【合并绘制】模式、【对象绘制】模式、【图元对象绘制】模式这三种绘制模式的区别及其用法。

2. 请说明颜料桶工具和墨水瓶工具的区别及其用法。

3. 如何将复制的对象粘贴在当前位置？

4. 如何绘制正方形、正圆、45°直线及 90°直线？

二、实操题

请根据所提供的参考图，综合使用本章所学习的绘图方法进行矢量插图"美味鲜橙"的绘制。

参考制作要点：

步骤1 新建一个 Animate 文档。

步骤2 选择【椭圆工具】，按住【Shift】键绘制一个正圆。设置圆形的【填充】为"无"，【笔触】为黑色，根据需要设置【笔触大小】，如图 2-115 所示。

步骤3 使用【宽度工具】，在圆形的笔触上单击并拖动，从而调整笔触的宽度，如图 2-116 所示。

步骤4 按住【Alt】键单击并拖动这个圆形，将其复制出一份。修改复制出的圆形的【笔触大小】为1，【笔触宽】为"均匀"，并换一种笔触，如图 2-117 所示。

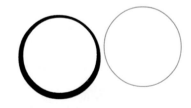

图 2-115　绘制一个正圆　　图 2-116　调整笔触的宽度　　图 2-117　将圆形复制出一份并调整笔触的宽度

步骤5 使用【任意变形工具】选择这个新复制的圆形，按住【Shift】键将其适当缩小，放置在合适的位置，如图 2-118 所示。

步骤 6 使用【颜料桶工具】 🖐 ，设置【填充】为 #FD7001，为橙子的受光面进行填充，如图 2-119 所示。

步骤 7 使用【颜料桶工具】 🖐 ，设置【填充】为 #FAAF07，为橙子的反光面进行填充，如图 2-120 所示。

图 2-118 调整复制的圆形的大小
并放置在合适的位置

图 2-119 填充受光面

图 2-120 填充反光面

步骤 8 使用【选择工具】 ▶ 双击内部的圆形笔触将其全部选择，并移动到合适的位置，作为明暗分割线，如图 2-121 所示。

步骤 9 使用【颜料桶工具】 🖐 ，设置【填充】为 #BF5400，为橙子的暗部进行填充，如图 2-122 所示。

步骤 10 使用【选择工具】 ▶ 双击内部的圆形笔触将其全部选择，选择【修改】-【合并形状】-【联合】命令，将其转换为【对象绘制】模式，如图 2-123 所示。

图 2-121 将圆形移动到新的位置

图 2-122 对暗部进行填充

图 2-123 转换为【对象绘制】模式

步骤 11 双击该对象，进入编辑模式进行编辑。使用【套索工具】 ♥ 选择需要删除的部分，按【Delete】键将其删除，如图 2-124 所示。

步骤 12 使用【宽度工具】 ✎ 调整剩余部分笔触的宽度，并将【笔触】修改为 #FAAF07，如图 2-125 所示。

步骤 13 双击舞台的空白区域退出编辑模式。使用【椭圆

图 2-124 进入编辑模式并删
除相应的区域

工具】 ◯ 按住【Shift】键绘制一大一小两个正圆，并调整位置关系，如图 2-126 所示。

图 2-125 调整笔触的宽度并修改笔触颜色

图 2-126 绘制两个正圆

步骤 14 使用【颜料桶工具】 🖐 对这个形状进行填充，外部的月牙形颜色为 #FD7001，

图 2-127 填充颜色并转换为【对象绘制】模式

内部的圆形颜色为 #BF5400，并删除其笔触，选择【修改】-【合并形状】-【联合】命令，将其转换为【对象绘制】模式，如图 2-127 所示。

步骤 15 按住【Alt】键并单击和拖动整个橙子对象，将其复制出多份。在【变形】面板中，打开【约束】按钮，从而等比例修改每一份的变形尺寸，使它们大小不同，并放置在合适的位置，如图 2-128 所示。

步骤 16 复制一份橙子对象，修改其外部月牙形的【填充】为 #FAAF07，内部圆形的【填充】为 #FD7001。并复制多份后使用【变形】面板修改它们的大小，放置在合适的位置，如图 2-129 所示。

图 2-128 将对象复制多份，修改大小后放置在合适的位置

图 2-129 修改对象的填充色，复制多份放置在合适的位置

步骤 17 现在完成了橙子果实部分的绘制，使用【选择工具】 ▷ 框选所有部分，按【Ctrl+G】组合键将其进行组合。

步骤 18 使用【线条工具】 ✁ 绘制直线笔触，按住【Ctrl】键的同时可快速切换到【选择工具】 ▷ ，并通过单击和拖动将直线调整为曲线，同时调整曲线的曲率，从而绘制出一片叶子的笔触。在【属性】面板中，设置【笔触】为黑色，并根据需要设置【笔触大小】，笔触的连接方式为旋转尖角连接，如图 2-130 所示。

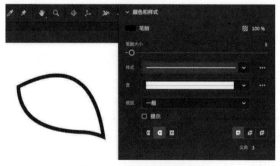

图 2-130 设置笔触的属性

步骤 19 使用【宽度工具】 ✍ 在笔触上单击并拖动，从而调整笔触的宽度，如图 2-131 所示。

步骤 20 继续使用【线条工具】 ✁ 在树叶内部进行笔触的绘制，如图 2-132 所示。

步骤 21 使用【颜料桶工具】 ✎ 进行树叶的填充，其中深绿色号为 #015801，浅绿色号为 #00B002，其余部分为黑色和白色。填充完成后删除笔触，如图 2-133 所示。

步骤 22 使用【选择工具】 ▷ 框选这个树叶，按【Ctrl+G】组合键将其进行组合，并

将其放置在合适的位置，如图 2-134 所示。

图 2-131　调整笔触的宽度

图 2-132　绘制笔触

图 2-133　为树叶填充颜色

图 2-134　将树叶组合并放置在合适的位置

步骤 23 重复以上步骤，完成其他几个树叶的绘制。

第3章

Animate CC 元件和库的使用

3.1 使用元件和库绘制场景"瓢虫"

学习目的:

本节使用第 2 章所学习的各种绘图方法进行瓢虫的绘制;随后将绘制好的瓢虫对象根据需要转换为不同的元件(图形、影片剪辑),从而完成场景"瓢虫"的制作。使读者通过对本节内容的学习深入了解和熟练掌握 Animate CC 中的【图形】元件、【影片剪辑】元件及【库】面板的使用,为后续的动画制作打下基础。

制作要点:

Animate CC 中的元件包括图形、影片剪辑、按钮。当元件创建完成后,可在整个文档或其他文档中重复使用该元件。

Animate CC 中的元件可以包含从其他应用程序中导入的插图。并且创建的任何元件都会自动存放进当前文档的【库】面板中。

实例是指位于舞台上或嵌套在另一个元件内的元件副本。实例可以与其父元件在颜色、大小和功能方面有差别。编辑元件会更新它的所有实例,但对元件的一个实例应用效果则只更新该实例。

3.1.1 转换为元件

步骤1 打开 Animate 文档"瓢虫 .fla",该文档已经包含当前案例所需的背景,即图层"BG",我们需要在其中绘制瓢虫形象,并将其按需要转换为不同的元件。

步骤2 在【时间轴】面板上单击【新建图层】按钮⊞,在当前图层上新建一个图层,双击该图层的名称，重命名为"瓢虫"。我们将在这个图层上绘制瓢虫。

步骤3 为了避免误操作，请确保"BG"图层处于锁定状态。选择"瓢虫"图层的第 1 帧。设置【填充】为白色，【笔触】为"无"。选择【椭圆工具】 ⬭，开启【对象绘制】模式 ▣，按住【Shift】键，在舞台上绘制一个白色的正圆，如图 3-1 所示。

步骤4 选择【基本椭圆工具】 ⬭，设置【填充】为 #FF1D1E，【笔触】为"无"，按住【Shift】键绘制第二个正圆，使其稍微大于第一个正圆，如图 3-2 所示。

步骤5 保持对第二个圆形的选择，在【属性】面板的【椭圆选项】中，设置【开始角度】为 90，【结束角度】为 270，从而生成一个半圆，如图 3-3 所示。

图 3-1　绘制一个白色的正圆　　图 3-2　绘制一个红色的正圆　　图 3-3　在【属性】面板中设置椭圆选项

步骤6 双击该半圆进入编辑模式，在弹出的转换为绘制对象提示框中单击【确定】按钮，如图 3-4 所示，从而将其转换为绘制对象。

步骤7 选择【直线工具】 ／，关闭【对象绘制】模式，在半圆上方绘制三条相连接的短直线，从而将半圆分割开来，如图 3-5 所示。

步骤8 选择直线上部的填充部分，按【Delete】键将其删除，如图 3-6 所示。

图 3-4　转换为绘制对象提示框　　图 3-5　绘制三条相连接的短直线　　图 3-6　删除部分填充

步骤9 双击直线笔触将其全部选择，按【Delete】键将其删除，删除后效果如图 3-7 所示。

提示：
双击笔触可以选择和该笔触相连接的相同属性的所有笔触。

步骤10 使用【转换锚点工具】 ⌐ 将切割剩下半圆的上边缘锚点转换为平滑点，并使用【部分选取工具】 ▶ 调整锚点和贝塞尔手柄，最后调整完成的形状如图 3-8 所示。

图 3-7　删除所有笔触　　　　　　图 3-8　调整完成的形状

步骤 11 使用【椭圆工具】 ◯ ，关闭【对象绘制】模式，设置【填充】为"无"，【笔触】为黑色（【笔触】可以为任意，只要与半圆的填充色不同，能方便区分即可）。按住【Shift】键绘制一个小一点的正圆，并将其拖动到红色圆形上方合适的位置，如图 3-9 所示。

步骤 12 使用【选择工具】 ▶ 单击被分割的红色圆形的下部分，修改其【填充】为 #E50000，作为暗部。然后双击黑色圆形笔触，按【Delete】键将其删除，如图 3-10 所示。

步骤 13 使用【椭圆工具】 ◯ ，关闭【对象绘制】模式，设置【填充】为"无"，【笔触】为黑色，按住【Shift】键绘制一些大小不同的正圆笔触，如图 3-11 所示。

图 3-9　绘制一个无填充的正圆　　图 3-10　修改填充颜色　　图 3-11　绘制一些大小不同的正圆笔触

步骤 14 删除黑色正圆笔触超过红色正圆的部分。使用【颜料桶工具】 ◇ ，设置【填充】为黑色，为刚才所绘制的黑色圆形笔触进行填色。填色完成后删除这些圆形的笔触，如图 3-12 所示。

步骤 15 双击舞台的空白区域以退出编辑模式，返回【场景 1】。现在完成了瓢虫左侧壳的绘制。选择这个对象，在【变形】面板中，设置【旋转】为 10°，即顺时针旋转 10°，如图 3-13 所示。

图 3-12　使用黑色进行填充　　　图 3-13　在【变形】面板中设置对象的旋转角度

提示：

如果工作界面中没有所需要的面板，只需要通过【窗口】命令将其调出，并根据需要放置在合适的位置。

步骤 16 按住【Alt】键向右拖动这个壳，复制一份。选择新复制的对象右击，在弹出的菜单中选择【变形】-【水平翻转】命令，如图 3-14 所示。

步骤 17 使用【选择工具】 ▶ 框选左右两个壳，在【对齐】面板中，不勾选【与舞台对齐】复选框，单击【顶对齐】按钮。然后使用【选择工具】框选这三个对象，在【对齐】面板中单击【水平居中分布】按钮，如图 3-15 所示。

步骤 18 双击白色圆形进入该对象的编辑模式进行编辑。使用【直线工具】 ／ ，关闭【对象绘制】模式，按住【Shift】键并拖动鼠标，在白色圆形的上半部分绘制一条横穿白色圆形的水平直线，如图 3-16 所示。

图 3-14　水平翻转对象　　　　　　　　　　图 3-15　设置对象水平居中分布

步骤 19 使用【颜料桶工具】 ，设置【填充】为 #333333，填充白色圆形的下半部分。然后使用【选择工具】 双击直线将其全部选择，按【Delete】键将其删除，如图 3-17 所示。

步骤 20 选择【墨水瓶工具】 ，设置【笔触】为任意，只要能和上一步骤中所使用的【填充】相区别即可。单击灰色半圆为其添加笔触，如图 3-18 所示。

图 3-16　绘制一条直线　　图 3-17　填充圆形的下半部分，并删除笔触　　图 3-18　为半圆添加笔触

步骤 21 使用【选择工具】 双击灰色半圆的笔触，将其全部选择。按住【Shift】键的同时向上拖动笔触，如图 3-19 所示。

步骤 22 使用【颜料桶工具】 ，设置【填充】为黑色，单击灰色半圆的下部分，将其填充色修改为黑色。使用【选择工具】 双击笔触将其全部选择，按【Delete】键将其删除，如图 3-20 所示。在舞台的空白区域双击退出编辑模式，回到【场景 1】。

步骤 23 选择【椭圆工具】 ，开启【对象绘制】模式 ，设置【填充】为黑色，【笔触】为"无"。按住【Shift】键拖动绘制一个黑色正圆作为头部，如图 3-21 所示。

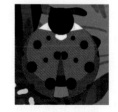

图 3-19　将笔触向上拖动　　　　图 3-20　删除所有笔触　　　　图 3-21　绘制一个黑色正圆

步骤 24 选择这个黑色圆形，按【Ctrl+C】组合键复制，再按【Ctrl+Shift+V】组合键粘贴到当前位置。在【颜色】面板中修改其【填充】为 #3A2C2B，如图 3-22 所示。

步骤 25 保持对新复制圆形的选择，切换到【任意变形工具】 ，将其缩小。再切换为【选择工具】 ，将鼠标放置在圆形下边缘，当鼠标变为带弧线的箭头时，单击鼠标并向上拖动，将圆形修改为如图 3-23 所示。

步骤 26 选择这两个圆形，按【Ctrl+G】组合键将其组合。右击这个组合对象，选择【排列】-【移至底层】命令。选择【椭圆工具】 ⬭ ，关闭【对象绘制】模式，设置【填充】为黑色，【笔触】为"无"。按住【Shift】键拖动绘制一个黑色正圆作为触角顶端的小点，如图 3-24 所示。

图 3-22 复制圆形并修改填充颜色

图 3-23 修改圆形的大小和路径

图 3-24 绘制一个黑色正圆

步骤 27 选择【直线工具】 ╱ ，开启【对象绘制】模式 ⬡ ，设置【笔触】为黑色，从黑色圆形的尾端拖动鼠标绘制一条直线。选择这条直线，在【属性】面板中，根据需要修改【笔触大小】，这里设置为 4 作为参考值，并将其设置为【矩形端点】，如图 3-25 所示。

步骤 28 使用【选择工具】 ⬈ ，修改直线的曲率，如图 3-26 所示，从而完成一侧触角的绘制。

图 3-25 修改笔触大小和端点样式

图 3-26 绘制一条直线并修改其曲率

步骤 29 选择这条直线和黑色圆形，按【Ctrl+G】组合键将其组合。按住【Alt】键向另一侧拖动这个触角，复制一份。选择新复制的对象右击，从弹出的菜单中选择【变形】-【水平翻转】命令。选择这两个触角右击，从弹出的菜单中选择【排列】-【移至底层】命令。

步骤 30 使用【直线工具】 ╱ ，开启【对象绘制】模式 ⬡ ，设置【笔触】为黑色，绘制一条直线作为一条腿。在【属性】面板修改其【笔触大小】，这里为 10，设置其为【圆头端点】，如图 3-27 所示。

步骤 31 按住【Alt】键将这条直线拖动两次，从而复制两份。使用【选择工具】调整三条直线的曲率和端点的位置，如图 3-28 所示。

提示：
使用【选择工具】，当把鼠标放置在笔触端点时，鼠标变为带直角的箭头，此时单击并拖动鼠标可移动端点的位置。

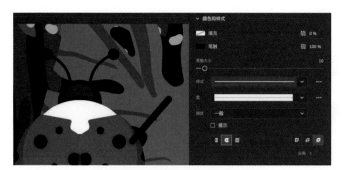

图 3-27　修改笔触大小和端点样式　　　　图 3-28　复制并调整直线的曲率作为瓢虫的三条腿

步骤 32　选择这三条腿，按住【Alt】键向另一侧拖动，复制出另外三条腿。选择新复制的对象右击，从弹出的菜单中选择【变形】-【水平翻转】命令。选择这 6 条腿，在右键菜单中选择【排列】-【移至底层】命令。

步骤 33　现在瓢虫已经全部绘制完成，如图 3-29 所示。我们需要将其转换为元件。使用【选择工具】 框选瓢虫的所有部分，选择【修改】-【转换为元件】命令，在弹出的对话框中，设置【名称】可为元件命名，这里命名为"瓢虫"；【类型】下拉列表中可选择元件的类型，这里选择【图形】；【文件夹】可选择元件存放的文件夹，默认为存放在【库根目录】，也可以将其移至新的文件夹内，或将其存放在库面板中已有的文件夹内，这里保持默认；【对齐】的锚点选择中心点，如图 3-30 所示。单击【确定】按钮即完成元件的转换操作。

> 提示：
> 三种将对象转换为元件的方法如下。
> - 选择要转换的对象，通过【修改】-【转换为元件】命令操作。
> - 选择要转换的对象，通过右击【转换为元件】命令操作。
> - 选择要转换的对象，按【F8】键操作。

图 3-29　完成后的瓢虫效果图　　　　图 3-30　【转换为元件】对话框

步骤 34　现在打开【库】面板，可见新转换的图形元件"瓢虫"已放置在【库】面板中，其名称左侧的符号是【图形】元件的符号。单击【库】面板的元件名称，可在【库】面板上方的预览窗口查看元件，如图 3-31 所示。

步骤 35　此时舞台上的"瓢虫"即"瓢虫"图形元件的一个【实例】。选择舞台上的"瓢虫"实例，按【Delete】键将其删除。此时再查看【库】面板，"瓢虫"元件依然存在。从【库】面板中将"瓢虫"拖动到舞台上，此时即拖动出一个"瓢虫"的实例。

步骤 36　继续从【库】面板中将多个"瓢虫"实例拖动到舞台上，也可以直接对舞台上的实例使用【Alt】键拖动进行克隆，或按【Ctrl+C】组合键和【Ctrl+V】组合键进行复制，所得到的均为"瓢虫"元件的实例。

步骤 37 使用【任意变形工具】 ▣ 对舞台上的这些实例进行缩放、旋转、倾斜等操作，如图 3-32 所示。

图 3-31　在【库】面板中查看【图形】元件　　图 3-32　对元件实例进行缩放、旋转、倾斜等操作

步骤 38 选择舞台上的任意一个实例，在【属性】面板的【色彩效果】区域中，修改其【亮度】为 30%，如图 3-33 所示；再选择另外一个实例，在【属性】面板的【色彩效果】区域中，修改其【Alpha】为 50%，如图 3-34 所示；还可以继续为别的实例修改【色调】，或使用【高级】选项同时修改 Alpha 和色调。修改完成后，查看【库】面板，可见"瓢虫"元件本身并未发生改变。

> **提示：**
> 　　每个元件实例都各有独立于该元件的属性。可以更改实例的色调、透明度和亮度，重新定义实例的行为（如把图形更改为影片剪辑）；并可以设置动画在图形实例内的播放形式；也可以倾斜、旋转或缩放实例，这并不会影响元件。

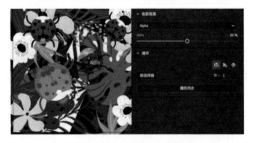

图 3-33　在【属性】面板中修改元件实例的【亮度】　　图 3-34　在【属性】面板中修改元件实例的【Alpha】

3.1.2　编辑元件

步骤1 选择舞台上的某一"瓢虫"实例，双击该实例进入编辑模式，在这里可对其进行编辑操作。这里我们选择瓢虫的 6 条腿，将其【笔触】修改为黄色，如图 3-35 所示。

步骤2 完成编辑操作后，双击舞台上的空白区域退出编辑模式，返回【场景1】。此时发现舞台上所有"瓢虫"实例的腿均被修改为黄色。同时【库】面板中的"瓢虫"元件的腿也被修改为了黄色。因为此时舞台上的实例与【库】面板中的元件是处于关联状态的，所以无论是直

图 3-35　将瓢虫腿的笔触颜色修改为黄色

接编辑舞台上的实例，还是编辑【库】面板中的元件，其实都是对元件的编辑修改操作，所有应用该元件的实例会一起更新。按【Ctrl+Z】组合键几次撤销修改颜色的操作。

> 提示：
> 有以下几种方式可以进入元件编辑窗口。
> ● 双击舞台上的实例直接进入编辑模式操作。
> ● 选择舞台上的实例，通过【编辑】-【编辑元件】命令操作。
> ● 选择舞台上的实例，通过右击并选择【编辑元件】命令或选择【在当前位置编辑】命令操作。
> ● 选择【库】面板中的元件，在名称处右击并选择【编辑】命令。

步骤3 如果希望修改舞台上的某一实例而不影响别的实例和元件，可以将该实例和元件进行分离。选择舞台上的某一"瓢虫"实例，按【Ctrl+B】组合键对其进行分离。分离后的对象恢复到转换为元件之前的多组件的形式，此时查看【属性】面板，可见该对象的属性不再是【图形】元件，如图 3-36 所示。

步骤4 对这个分离后的对象组进行编辑操作，修改其触角为黄色。然后全选这个分离后的对象，按【F8】键将其转换为元件。在弹出的对话框中，将【名称】设置为"瓢虫2"，【类型】设置为【影片剪辑】元件，单击【确定】按钮。

步骤5 此时查看【库】面板，新增了一个叫做"瓢虫2"的影片剪辑元件，该元件名称前的符号为影片剪辑符号，如图 3-37 所示。

图 3-36　在【属性】面板中查看对象的属性　　　图 3-37　【库】面板中所显示的【图形】元件和【影片剪辑】元件

步骤6 除了将实例进行分离操作，还可以通过复制元件的方法将其与原始的元件进行断开链接。在舞台上选择一个"瓢虫"实例，右击该实例，选择【直接复制元件】命令，在弹出的对话框中，设置一个新的名称，这里命名为"瓢虫3"，如图 3-38 所示，单击【确定】按钮。

图 3-38 对复制的元件进行重命名

步骤7 此时查看【库】面板，可见名为"瓢虫3"的新的图形元件已存放进【库】面板中。因为该元件是直接复制"瓢虫"元件而来的，所以它们在外形上是一样的。

步骤8 修改舞台上的"瓢虫3"实例，将其红色的壳修改为绿色。此时舞台上的"瓢虫"和"瓢虫2"实例均不受影响。同时【库】面板中的"瓢虫"和"瓢虫2"元件也不受影响，说明"瓢虫3"已经和"瓢虫"元件切断了链接关系。

步骤9 元件和实例的类型可以互相转换。打开【库】面板，目前"瓢虫2"是【影片剪辑】元件，右击"瓢虫2"的名称，选择【属性】命令。在弹出的【元件属性】对话框中，将【类型】修改为【图形】元件，如图 3-39 所示，单击【确定】按钮。此时【库】面板中"瓢虫2"名称前的元件符号变成图形元件的符号，如图 3-40 所示。

步骤10 选择舞台上应用了"瓢虫2"的实例，在【属性】面板中查看其属性，可见其属性依然是【影片剪辑】元件。如果需要将其更改为图形元件，只需在【属性】中的下拉列表中选择【图形】选项即可，如图 3-41 所示。

图 3-39 修改元件的属性　　　　图 3-40　【库】面板中元件的符号发生了变化　　　图 3-41 在【属性】面板中修改元件的属性

3.1.3 新建元件

步骤1 除了上文所述的将绘制对象转换为元件的方法，还可以通过新建元件的方法来创建元件。选择【插入】-【新建元件】命令。在弹出的【创建新元件】对话框中，设置新元件的名称为"星星"，【类型】为【影片剪辑】元件，单击【确定】按钮。此时自动进入新元件编辑窗口，在舞台左上角可见新元件的名称。

步骤2 选择【多角星形工具】，在【属性】面板设置【样式】为"星形"，【边数】为4。并设置【填充】为浅黄色，【笔触】为"无"，如图 3-42 所示。

步骤3 按住【Shift】键在舞台中心绘制一个四角星形，如图 3-43 所示。

步骤4 选择该星形，在【对齐】面板中，勾选【与舞台对齐】复选框，并单击【水平中齐】按钮和【垂直中齐】按钮。

步骤5 单击舞台左上角的左箭头，返回【场景1】，此时舞台上并没有刚刚绘制的星形。

打开【库】面板，可见这个"星星"影片剪辑元件已存放进了【库】面板中，如图 3-44 所示。

图 3-42　设置多角星形属性　　　图 3-43　绘制一个四角星形　　　图 3-44　【库】面板中所显示的
影片剪辑元件

步骤6　在【时间轴】面板上新建一个图层，命名为"星星"，保持该图层位于最顶层。选择该图层的第 1 帧，将"星星"影片剪辑元件从【库】面板中拖动出来，放置于舞台上，如图 3-45 所示。

图 3-45　将影片剪辑元件从【库】面板中拖动到舞台上

3.1.4　图形元件动画

现在我们为已有的元件制作一些动画，来说明图形元件和影片剪辑元件的区别。

步骤1　选择删除"瓢虫"图层上的所有对象，按【Delete】键将它们删除。

步骤2　选择"瓢虫"图层的第 1 帧，从【库】面板中将"瓢虫"图形元件拖到舞台上。

步骤3　双击舞台上的"瓢虫"实例，进入元件编辑模式。现在需要把准备制作动画的部分转变为元件。因为这个瓢虫是左右对称的设计，因此我们不需要将左右两侧都转变为不同的元件，我们只需要一侧的元件，另一侧可使用复制的方式。删除瓢虫右侧的触角和红色的壳，如图 3-46 所示。

步骤 4 选择瓢虫左侧的壳，按【F8】键将其转换为元件，【名称】为"瓢虫壳"，类型为【图形】元件。使用【任意变形工具】将其中心移至右上角，如图 3-47 所示。

图 3-46 删除瓢虫右侧的壳和触角　　　　图 3-47 将元件的中心移至右上角

步骤 5 选择瓢虫左侧的触角，按【F8】键将其转换为元件，【名称】为"瓢虫触角"，类型为【图形】元件。并使用【任意变形工具】将其中心移至右下角，如图 3-48 所示。

步骤 6 选择左侧的"瓢虫触角"和"瓢虫壳"两个新元件，按【Alt】键向右拖动将它们复制一份。保持对复制的这两个对象的选择，右击并选择【变形】-【水平翻转】命令，将它们放置在合适的位置，如图 3-49 所示。

图 3-48 将触角的中心移至右下角　　　　图 3-49 复制对象并将其水平翻转

步骤 7 使用右键菜单的【排列】命令，将瓢虫的各部分按正确的重叠顺序放置。

步骤 8 使用【选择工具】，框选瓢虫的所有部分，右击并选择【分散到图层】命令，从而将瓢虫的各部分按顺序放置到不同的图层。

> 提示：
> 我们并没有将瓢虫的 6 条腿转换为元件，因为我们准备为其制作形变动画，而形变动画无法应用于元件上。
> 关于形变动画的更多内容，请查看第 8 章。

步骤 9 此时"图层 1"为空白图层，选择"图层 1"，单击【时间轴】面板上的【删除】按钮将其删除。

步骤 10 在时间轴上的第 20 帧处从上往下拖动鼠标，以选择所有图层的第 20 帧。按【F5】键插入帧，使所有图层的内容延伸到第 20 帧，如图 3-50 所示。

步骤 11 选择左侧的"瓢虫触角"图层的第 20 帧，按【F6】键插入关键帧，如图 3-51 所示。

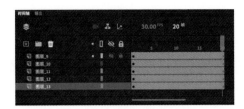

图 3-50　将所有图层延伸到第 20 帧

图 3-51　在第 20 帧插入关键帧

步骤 12　在这个"瓢虫"图层的两个关键帧之间右击，选择【创建传统补间】命令，从而生成一个带箭头的紫色补间条，如图 3-52 所示。

步骤 13　选择该图层的第 10 帧，按【F6】键插入关键帧。保持对该帧的选择，此时舞台上的"瓢虫触角"实例被选中。在【变形】面板中，设置【旋转】为 10°，如图 3-53 所示。

图 3-52　传统补间为紫色带箭头的补间条

图 3-53　在【变形】面板中设置对象的旋转角度

步骤 14　现在拖动时间轴的播放头，可见"瓢虫触角"实例在第 1 帧到第 10 帧顺时针旋转 10°，在第 10 帧到第 20 帧逆时针旋转 10°，即返回原始状态。

提示：
　　因为第 20 帧插入关键帧之后，并没有修改该帧的内容，所以第 20 帧的内容和第 1 帧的内容是一样的，从而实现了动画的循环播放效果。

步骤 15　用同样的方法为右侧的触角制作旋转动画。选择右侧的"瓢虫触角"图层的第 20 帧，按【F6】键插入关键帧，如图 3-54 所示。

步骤 16　在这个"瓢虫图层"的两个关键帧之间右击，选择【创建传统补间】命令，从而生成一个带箭头的紫色补间条。

步骤 17　选择该图层的第 10 帧，按【F6】键插入关键帧，如图 3-55 所示。保持对该帧的选择，此时舞台上的"瓢虫触角"实例被选中。因为右侧的触角已经进行过一次变形操作（水平翻转），所以在【变形】面板中此时无法正确设置【旋转】值，可通过【修改】-【变形】-【缩放和旋转】命令，设置【旋转】为 -10°，如图 3-56 所示。

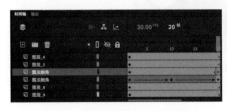

图 3-54　在第 20 帧处插入关键帧

图 3-55　在第 10 帧处插入关键帧

图 3-56　【缩放和旋转】对话框

步骤18 现在拖动时间轴的播放头，可见右侧的"瓢虫触角"实例在第1帧到第10帧逆时针旋转10°，在第10帧到第20帧顺时针旋转10°，即返回原始状态。

步骤19 现在给6条腿制作形变动画，确保6条腿均为【合并绘制】模式，如果不是，请按【Ctrl+B】组合键将其分离。选择左侧的第一条腿的图层，在该图层的第20帧按【F6】键插入关键帧。

步骤20 在这个图层的两个关键帧之间右击，选择【创建补间形状】命令，从而生成一个带箭头的橙色补间条，如图3-57所示。

步骤21 选择该图层的第10帧，按【F6】键插入关键帧。保持对该帧的选择，使用【选择工具】在舞台上修改笔触的弯曲方向和端点位置，如图3-58所示。

图3-57 补间形状为橙色带箭头的补间条　　　　　图3-58 修改笔触的形态

步骤22 现在拖动时间轴的播放头，可见这条腿上下摆动的动画效果。用同样的方法为其他5条腿制作动画，如图3-59所示。

图3-59 为其他5条腿制作补间形状动画

步骤23 现在为左右两边的壳制作动画。选择左侧的"瓢虫壳"图层，在该图层的第20帧按【F6】键插入关键帧。

步骤 24 在这个"瓢虫壳"图层的两个关键帧之间右击，选择【创建传统补间】命令，从而生成一个带箭头的紫色补间条，如图 3-60 所示。

步骤 25 选择该图层的第 10 帧，按【F6】键插入关键帧。保持对该帧的选择,此时舞台上的"瓢虫壳"实例被选中。在【变形】面板中，设置【旋转】为 -10°。

图 3-60　在两个关键帧之间创建补间形状

步骤 26 用同样的方法制作右侧"瓢虫壳"的动画。选择右侧的"瓢虫壳"图层，在该图层的第 20 帧按【F6】键插入关键帧。

步骤 27 在这个"瓢虫壳"图层的两个关键帧之间右击，选择【创建传统补间】命令，从而生成一个带箭头的紫色补间条。

图 3-61　【库】面板预览窗口右上角的
【播放】和【停止】按钮

步骤 28 选择该图层的第 10 帧，按【F6】键插入关键帧。保持对该帧的选择，此时舞台上的"瓢虫壳"实例被选中。在菜单栏选择【修改】-【变形】-【缩放和旋转】命令,设置【旋转】为 10°。

步骤 29 现在就完成了"瓢虫"图形元件的动画的制作。该动画是使用存在于"瓢虫"图形元件内部的各个图形元件制作而成的，这就是元件的嵌套关系。此时查看【库】面板，当选择"瓢虫"图形元件的时候，可见【库】面板的浏览窗口右上角出现了【停止】和【播放】按钮，证明该元件包含动画，如图 3-61 所示。单击【播放】按钮即可预览该元件的嵌套动画。

步骤 30 双击舞台的空白处退出元件编辑模式,返回【场景 1】。此时包含动画的"瓢虫"图形元件放置在主时间轴上的"瓢虫"图层中，该图层只有 1 帧，且整个【场景 1】的时间轴都只有 1 帧，我们看不到动画效果。

步骤 31 使用【控制】-【测试】命令，将导出一个以当前文件命名的 SWF 文件，此时该文件中依然不可见"瓢虫"元件的动画效果。

3.1.5　影片剪辑元件动画

现在为影片剪辑元件"星星"制作动画。

步骤 1 双击"星星"影片剪辑元件，进入元件编辑模式。

步骤 2 选择当前图层的第 20 帧，按【F6】键插入关键帧。

步骤 3 在这个图层的两个关键帧之间右击，选择【创建补间形状】命令，从而生成一个带箭头的橙色补间条，如图 3-62 所示。

图 3-62　在两个关键帧之间创建补间形状

步骤4 选择该图层的第 10 帧,按【F6】键插入关键帧。

步骤5 保持对该帧的选择,在【属性】面板的【色彩效果】区域设置【Alpha】为 0。

> 提示:
>
> 【Alpha】即调节实例的透明度,调节范围是从透明(0%)到完全不透明(100%)。

图 3-63 为帧添加【发光】滤镜

步骤6 选择第 1 帧,在【属性】面板中的【滤镜】区域,单击右侧的【添加滤镜】按钮➕添加【发光】滤镜,并单击 X 模糊和 Y 模糊的【链接】按钮,同时修改它们的值,这里设置值为 20。设置【颜色】为淡黄色,【强度】为 100,如图 3-63 所示。此时可见舞台上的黄色星星已有发光效果。

步骤7 单击【滤镜】右上角的【选项】按钮,选择【复制所有滤镜】命令,如图 3-64 所示。

步骤8 选择第 20 帧,在【属性】面板的【滤镜】区域右上角,单击【选项】按钮,选择【粘贴滤镜】命令,如图 3-65 所示,从而将发光效果粘贴到第 20 帧处。

图 3-64 【复制所有滤镜】命令

图 3-65 【粘贴滤镜】命令

步骤9 现在拖动时间轴的播放头,可见星星的发光动画和 Alpha 动画,而这些动画是嵌套在"星星"影片剪辑元件内部的。

步骤10 现在就完成了"星星"影片剪辑元件的动画制作。此时查看【库】面板,当选择"星星"影片剪辑元件的时候,可见【库】面板的浏览窗口右上角出现了【停止】和【播放】按钮,证明该元件包含动画。单击【播放】按钮即可预览该元件的嵌套动画。

步骤11 双击舞台上的空白区域,退出元件编辑模式,并返回【场景 1】。此时主场景即【场景 1】中仍然只有 1 帧的时长。使用【控制】-【测试】命令,将导出一个以当前文件命名的 SWF 文件,此时该文件中可见"星星"影片剪辑元件的动画效果,同时对比"瓢虫"元件的动画效果是不可见的。这是因为图形元件和影片剪辑元件具有不同的时间轴属性。图形元件是一组在动画中或单一帧模式中使用的帧。动画图形元件是与放置该元件的文档的时间轴联系在一起的,而此时我们放置"瓢虫"图形元件的时间轴,即【场景 1】的时间轴只有 1 帧,因此它只能显示"瓢虫"图形元件内 1 帧的动画内容,所以我们看不到动画效果。相比之下,影片剪辑元件拥有自己独立的时间轴,它们独立于影片的主时间轴。

> **提示：**
>
> 　　图形元件可用于静态图像，并可用来创建连接到主时间轴的可重用动画片段。交互式控件和声音在图形元件的动画序列中不起作用。由于没有时间轴，因此图形元件在 Animate 文档中的尺寸小于按钮元件或影片剪辑元件。
>
> 　　影片剪辑元件可以包含交互式控件、声音甚至其他影片剪辑实例，也可以将影片剪辑实例放在按钮元件的时间轴内，以创建动画按钮。此外，可以使用 ActionScript 对影片剪辑元件进行改编。

步骤 12 现在关闭这个 SWF 文件，回到 Animate 文档中。为了让"瓢虫"图形元件的动画能够进行播放，需要给放置"瓢虫"实例的时间轴以足够的时长。在【时间轴】面板上，使用【选择工具】，从上至下拖动选择三个图层的第 60 帧，然后按【F5】键插入帧。此时三个图层的时长均延长至第 60 帧。

步骤 13 现在通过拖动时间轴的播放头，或按【Enter】键，或单击【时间轴】面板上的【播放】按钮，即可在 Animate 文档中预览动画效果。可见目前"瓢虫"图形元件的动画已经可以播放，因为"瓢虫"图形元件内部包含一个时长 20 帧的动画，而当前该元件所在的时间轴，即【场景 1】的"瓢虫"图层时间轴为 60 帧时长，所以该元件的动画效果将播放 3 次。而由于"瓢虫"元件内部的动画设置为第 1 帧和最后 1 帧（第 20 帧）相同，因此可以实现前后连贯的循环动画效果。

步骤 14 选择"瓢虫"图形元件，在【属性】面板的【循环】区域，我们可以设置该图形元件的动画循环播放的方式，如图 3-66 所示。默认为【循环播放图形】，即按照当前实例占用的帧数来循环包含在该实例内的所有动画序列。下方的【第一】文本框可指定循环时首先显示的图形元件的帧。【播放图形一次】从指定帧开始播放动画序列直到动画结束，然后停止，在下方【第一】文本框中输入指定显示的帧数。【图形播放单个帧】只显示动画序列的一帧，在下方【第一】文本框中输入指定要显示的帧。

> **提示：**
>
> 　　【循环】设置只对【图形】元件有效。对于【影片剪辑】元件，该选项不存在。

步骤 15 此时在 Animate 文档中预览动画，发现"星星"影片剪辑元件的动画并不会随着它所在的时间轴而播放。按【Ctrl+Enter】组合键导出 SWF 文档预览，"星星"影片剪辑元件的动画依然可见。如果希望在【时间轴】面板上控制实例的循环效果，需要将该实例转换为【图形】元件。选择该实例，在【属性】面板的【实例行为】下拉列表中选择【图形】选项，如图 3-67 所示，此时该实例即转换为【图形】元件。拖动时间轴的播放头，可见该实例的动画效果。

图 3-66　设置动画循环播放的方式

图 3-67　修改元件实例的属性

步骤 16 按【Alt】键同时拖动"星星"实例，在舞台上复制出几份，放置在不同的位置。使用【任意变形工具】 ▣▢ 缩放它们的大小，使它们大小不一。

步骤 17 选择某个"星星"实例，在【属性】面板中设置【循环】为【循环播放图形】，同时修改【第一】文本框的值，使该实例从不同的帧开始播放。

步骤 18 重复上述步骤，将这些"星星"实例的【循环】开始帧数设置为不同，形成此起彼伏的动画交错效果。

步骤 19 按【Enter】键在 Animate CC 中预览动画效果。按【Ctrl+Enter】组合键导出为 SWF，查看动画效果。

3.2 制作影片剪辑元件 3D 动画"蝶恋花"

学习目的：

本节使用前文所介绍的方法将绘制好的"蝴蝶"对象转换为【影片剪辑】元件，同时为影片剪辑元件制作 3D 动画，使读者通过对本节内容的学习深入了解和熟练掌握 Animate CC 中的影片剪辑元件的特殊用法。

制作要点：

Animate CC 允许通过在舞台的 3D 空间中移动和旋转影片剪辑元件来创建 3D 效果。Animate CC 通过为影片剪辑实例赋予 Z 轴的各属性来表示 3D 空间。可以通过使用【3D 平移工具】或【3D 旋转工具】向影片剪辑实例添加 3D 透视效果。

步骤 1 打开 Animate 文档"蝶恋花 .fla"，该文档包含场景的影片剪辑元件动画，以及绘制好的蝴蝶图形，如图 3-68 所示。可通过按【Ctrl+Enter】组合键预览动画效果。

图 3-68　打开素材文件

步骤 2 确保除"蝴蝶"图层外，其余图层全部锁定，以免误操作。

步骤 3　我们将使用 Animate CC 中的 3D 工具来制作蝴蝶煽动翅膀的动画。选择蝴蝶左侧的翅膀对象，按【F8】键将其转换为元件，在弹出的【转换为元件】对话框中，设置【名称】为"翅膀 1"，【类型】为【影片剪辑】元件，单击【确定】按钮。

步骤 4　用同样的方法，将右侧的翅膀也转换为【影片剪辑】元件，名称为"翅膀 2"。

提示：

Animate CC 中的 3D 工具只能应用于影片剪辑元件上。

步骤 5　使用右键菜单的【排列】命令，重新调整这三个对象的重叠关系。

步骤 6　选择两个翅膀元件，按【Alt】键将其向左侧拖动，复制一份。

步骤 7　选择这两个新复制的元件，在【属性】面板的【色彩效果】区域设置【亮度】为 -20%，将其亮度降低，如图 3-69 所示。

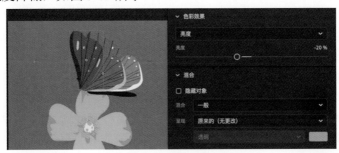

图 3-69　设置元件的亮度

步骤 8　选择这两个新复制的元件，使用右键菜单的【排列】-【移至底层】命令，将其放置在最底层，同时调整它们的位置，并使用【任意变形工具】 适当逆时针旋转这两个对象，如图 3-70 所示。

图 3-70　旋转对象

步骤 9　选择蝴蝶的所有部分，按【F8】键转换为元件，在弹出的【转换为元件】对话框中，设置【名称】为"蝴蝶动画"，【类型】为【影片剪辑】元件。这样就形成了元件的嵌套关系，即"蝴蝶动画"影片剪辑元件中嵌套了 4 个翅膀影片剪辑元件和 1 个身体对象。

步骤 10　双击"蝴蝶动画"影片剪辑元件，进入元件编辑模式。

步骤 11　选择蝴蝶的所有部分，在右键菜单中选择【分散到图层】命令，即可单独为每个对象制作动画。"图层 1"为空白图层，将其删除。

步骤 12　选择 4 个翅膀元件，在右键菜单中选择【创建补间动画】命令，将以当前的帧速率创建 1 秒时长的动画，该文件的帧速率为 30 帧 / 秒，即自动为这 4 个对象创建了 30 秒的补间动画，分别放置在 4 个图层中，如图 3-71 所示。

步骤 13　选择身体图层的第 30 帧，按【F5】键将其时长也延长至第 30 帧，并将该图层锁定，如图 3-72 所示。

图 3-71　创建补间动画

图 3-72　将图层延长至第 30 帧并锁定图层

步骤 14 将时间轴的播放头定位到第 15 帧处。选择【3D 旋转工具】 ◆，在舞台选择前面的"翅膀 1"元件，此时将出现用不同颜色标识的旋转控件，其中红色控件代表 X 轴、绿色控件代表 Y 轴、蓝色控件代表 Z 轴。使用橙色的自由旋转控件可同时绕 X 轴和 Y 轴旋转，如图 3-73 所示。

步骤 15 移动 3D 旋转控件的中心，使其位于"翅膀 1"的底部，即旋转的中心点处，如图 3-74 所示。

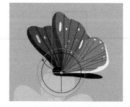

图 3-73　为影片剪辑元件应用 3D 旋转工具　　　图 3-74　将旋转中心移动到下方

步骤 16 将鼠标移动到红色控件上方，当鼠标右下角出现 X 时，拖动鼠标即可旋转影片剪辑元件的 X 轴。

步骤 17 为了更精确地控制旋转角度，请打开【变形】面板，在【3D 旋转】中设置【X】为 50°，如图 3-75 所示。

步骤 18 此时"翅膀 1"图层的第 15 帧处自动插入属性关键帧，用来记录元件属性的变化，如图 3-76 所示。拖动播放头预览动画效果，此时翅膀的 X 轴旋转动画已有了透视效果。

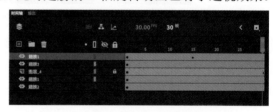

图 3-75　在【变形】面板中设置 3D 旋转角度（1）　　　图 3-76　在第 15 帧处自动生成属性关键帧

步骤 19 重复上述步骤，在前面的"翅膀 2"图层的第 15 帧处，使用【3D 旋转工具】，将旋转中心放置在翅膀下方，然后使用【变形】面板旋转 X 轴 40°，如图 3-77 所示。

步骤 20 重复上述步骤，在后面的"翅膀 1"图层的第 15 帧处，使用【3D 旋转工具】，将旋转中心放置在翅膀下方，然后使用【变形】面板旋转 X 轴 -50°，如图 3-78 所示。

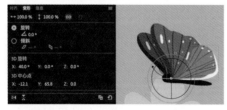
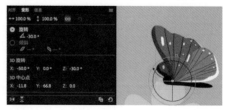

图 3-77　在【变形】面板中设置 3D 旋转角度（2）　　　图 3-78　在【变形】面板中设置 3D 旋转角度（3）

步骤 21 重复上述步骤，在后面的"翅膀 2"图层的第 15 帧处，使用【3D 旋转工具】，将旋转中心放置在翅膀下方，然后使用【变形】面板旋转 X 轴 -40°，如图 3-79 所示。

提示：

【3D 平移工具】和【3D 旋转工具】都允许在全局 3D 空间或局部 3D 空间中操作对象。全局 3D 空间即为舞台空间。全局变形和平移与舞台相关。局部 3D 空间即为影片剪辑空间。局部变形和平移与影片剪辑空间相关。【3D 平移工具】和【3D 旋转工具】的默认模式

是全局。若要在局部模式中使用这些工具，请单击【工具】面板的尾端选项部分中的【全局转换】按钮。

步骤 22　还可以通过透视角度来控制 3D 影片剪辑视图在舞台上的外观视角。选择某个应用了 3D 旋转的"翅膀"影片剪辑元件，在【属性】面板的【3D 定位和视图】区域，显示当前默认的【透视角度】为 55°，如图 3-80 所示。增大或减小透视角度将影响 3D 影片剪辑元件的外观尺寸及其相对于舞台边缘的位置。增大透视角度可使 3D 对象看起来更接近查看者。减小透视角度属性可使 3D 对象看起来更远。此效果与通过镜头更改视角的照相机镜头缩放类似。这里可根据需要进行【透视角度】的调节，如果希望获得令张的透视角度，可将该值调大。透视角度属性会影响应用了 3D 平移或旋转的所有影片剪辑元件。透视角度不会影响其他影片剪辑元件。默认透视角度为 55°视角，类似于普通照相机的镜头，值的范围为 1°～180°。

图 3-79　在【变形】面板中设置 3D 旋转角度（4）

图 3-80　修改【透视角度】

步骤 23　还可以通过消失点来控制 3D 影片剪辑视图在舞台上的外观视角。选择某个应用了 3D 旋转的"翅膀"影片剪辑元件，在【属性】面板的【消失点】区域，设置消失点的 X 轴和 Y 轴坐标，并通过拖动时间轴的播放头查看修改了消失点后的 3D 旋转效果。若要将消失点移回舞台中心，请单击【属性】面板中的【重置】按钮，如图 3-81 所示。

提示：

Animate CC 的消失点属性控制舞台上 3D 影片剪辑元件的 Z 轴方向。Animate 文档中所有 3D 影片剪辑元件的 Z 轴都朝着消失点后退。通过重新定位消失点，可以更改沿 Z 轴平移对象时对象的移动方向。通过调整消失点的位置，可以精确控制舞台上 3D 对象的外观和动画。

因为消失点影响所有 3D 影片剪辑元件，所以更改消失点也会更改应用了 Z 轴平移的所有影片剪辑元件的位置。

消失点是一个文档属性，它会影响应用了 Z 轴平移或旋转的所有影片剪辑元件。消失点不会影响其他影片剪辑元件。消失点的默认位置是舞台中心。

若要在属性检查器中查看或设置消失点，则必须在舞台上选择一个 3D 影片剪辑元件。对消失点进行的更改在舞台上立即可见。

步骤 24　选择这 4 个补间动画图层的第 1 帧，按【Alt】键将它们向后拖动到补间的最后一帧处，即将第 1 帧复制给最后一帧，从而形成动画的循环，如图 3-82 所示。

图 3-81　【重置】按钮

图 3-82　复制和粘贴帧

步骤 25 双击舞台的空白区域退出元件编辑模式，返回【场景 1】。按【Ctrl+Enter】组合键预览动画效果。

步骤 26 关闭 SWF 文件，回到 Animate CC 中，此时在【库】面板中可见"蝴蝶动画"影片剪辑元件。从【库】中再拖出几份该元件，并使用【任意变形工具】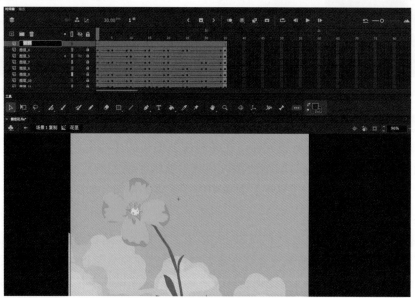修改它们的大小，使用右键菜单的【变形】-【水平翻转】命令将其中一些水平翻转，在【属性】面板的【色彩效果】区域中为其中一些应用【亮度】【色调】等色彩效果，还可以按需要添加【滤镜】效果，从而生成不同外观的蝴蝶动画。

步骤 27 为了让蝴蝶可以在煽动翅膀的同时随着花朵发生位移变化，我们可以将该动画修改一下。在【场景 1】中，删除"蝴蝶"图层，这将同时删除舞台上的所有蝴蝶动画实例。但是不会删除【库】面板中的"蝴蝶动画"元件。

步骤 28 给"花朵"图层解锁。双击"花朵"图层进入元件编辑模式。新建一个图层，命名为"蝴蝶"，如图 3-83 所示。

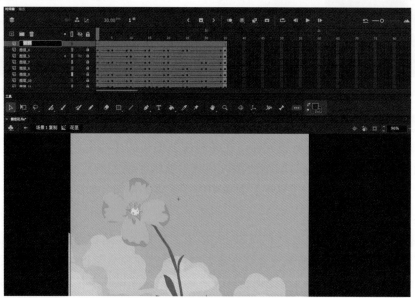

图 3-83　新建图层并重命名

步骤 29 在【库】面板中，将"蝴蝶动画"元件拖动到舞台上，并使用【任意变形工具】，按住【Shift】键缩放其大小到合适的尺寸，并根据需要旋转到合适的角度。

步骤 30 右击"蝴蝶动画"元件，选择【创建补间动画】命令，从而以当前图层的时间轴长度创建一个补间动画。

提示：

三种创建补间动画的方法如下。

● 选择要创建补间动画的元件实例，在右键菜单中选择【创建补间动画】命令。
● 选择要创建补间动画的元件实例，在菜单栏中选择【插入】-【创建补间动画】命令。
● 在该元件实例所在的时间轴区域内右击，选择【创建补间动画】命令。

步骤 31 分别将时间轴的播放头拖动到要调节蝴蝶位置的帧处，然后在舞台上通过拖动调节蝴蝶的位置，或通过【任意变形工具】 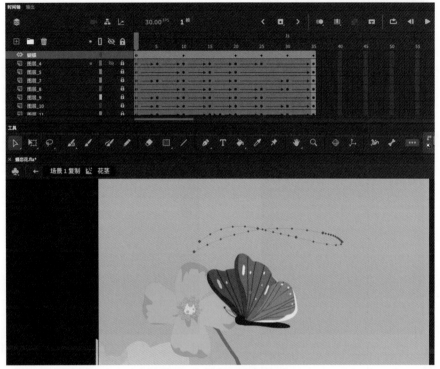 调节蝴蝶的旋转角度，此时该帧处将会自动插入属性关键帧，用于记录该帧处的属性变化，如图 3-84 所示。

图 3-84　自动生成属性关键帧

步骤 32 动画完成后退出元件编辑模式，按【Ctrl+Enter】组合键预览动画效果。

3.3　制作影片剪辑元件 3D 动画 "立体贺卡"

学习目的：

本节使用前文所介绍的方法将绘制好的场景对象依次转换为【影片剪辑】元件，同时为影片剪辑元件制作 3D 动画。使读者通过本节内容的学习深入了解和熟练掌握 Animate CC 中的影片剪辑元件的特殊用法。

制作要点：

首先需要将文档中的各对象转换为【影片剪辑】元件；随后使用【3D 旋转工具】和【3D 平移工具】调整各影片剪辑元件的角度，并按需要配合调整【消失点】和【透视角度】，布置好贺卡翻开的效果；为每个影片剪辑元件创建补间动画；调整各影片剪辑元件的折叠和展开效果并完成动画。

步骤 1 打开 Animate 文档 "立体贺卡 .fla"，该文档包含绘制好的场景对象，我们将使用这些场景对象制作贺卡翻折的立体动画效果。

步骤 2 依次选择每个对象，按【F8】键将其转换为【影片剪辑】元件，各元件的命名如图 3-85 所示。

步骤3 按正确的叠放顺序放置每个影片剪辑元件，其中"地面"影片剪辑放置在最底层，如图 3-86 所示。

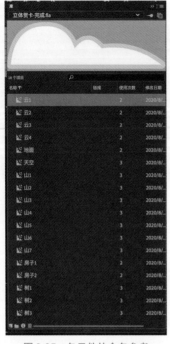

图 3-85　各元件的命名参考

图 3-86　按正确的叠放顺序放置每个影片剪辑元件

步骤4 选择所有元件，在右键菜单中选择【分散到图层】命令。现在"图层 1"为空白图层，将其删除。

步骤5 选择【3D 旋转工具】 ，确保【工具】面板的选项区域【全局转换】按钮 开启，即打开全局模式。

步骤6 选择"地面"影片剪辑元件，将 3D 旋转的中心点拖到上边缘中心，在【变形】面板的【3D 旋转】区域，设置 X 轴旋转为 $-90°$，使其平放在地面上，如图 3-87 所示。

图 3-87　设置影片剪辑元件的 3D 旋转角度

步骤7 在【属性】面板中，根据需要设置【透视角度】和【消失点】，如图 3-88 所示。

步骤8 选择【3D 旋转工具】 ，将所有的"山"和"树"影片剪辑元件的 3D 旋转中心放置在下边缘中部，将"天空"影片剪辑元件的 3D 旋转中心放置在下边缘中心。并使用【3D 平移工具】 调节 X、Y、Z 轴

图3-88　根据需要设置【透视角度】和【消失点】

到合适的位置。

步骤 9　我们使用【滤镜】添加一些投影效果。选择所有影片剪辑元件，在【属性】面板的【滤镜】区域，单击右上角的【添加滤镜】 + ，并选择【投影】选项，其中【模糊 X】和【模糊 Y】为 0，【强度】为 50%，【距离】为 20，【角度】为 0°，如图 3-89 所示。

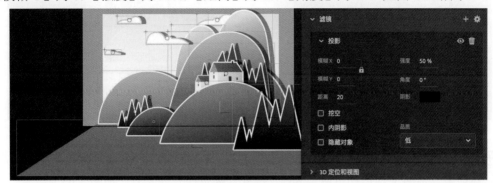

图 3-89　添加投影滤镜

步骤 10　选择所有影片剪辑元件，在右键菜单中选择【创建补间动画】命令，将在【时间轴】面板上为每个图层的影片剪辑元件创建 1 秒时长的补间动画，如图 3-90 所示。

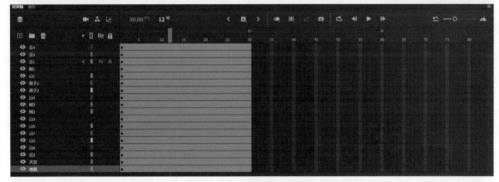

图 3-90　为所有影片剪辑元件创建补间动画

步骤 11　选择除 2 个房子图层和 4 个云图层以外的所有图层的第 12 帧，按【F6】键插入关键帧，如图 3-91 所示。

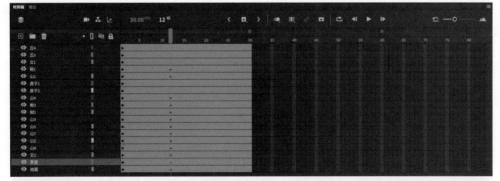

图 3-91　插入关键帧

步骤 12　返回第 1 帧，使用【3D 旋转工具】选择"树 1"影片剪辑元件，在【变形】面板中，设置其 X 轴旋转为 90°，即平放在地面上，如图 3-92 所示。

图 3-92　设置 3D 旋转角度

步骤 13 重复步骤 9 和步骤 10,在第 1 帧处将所有的"树"和"山"影片剪辑元件,以及"天空"影片剪辑元件的 X 轴旋转设置为 $90°$,将其全部平放在地面上,如图 3-93 所示。

图 3-93　设置 3D 旋转角度使影片剪辑元件平放在地面上

步骤 14 选择"树 1"影片剪辑元件,在第 10 帧处,将【变形】面板的 X 轴旋转设置为 $-20°$,如图 3-94 所示。这样在"树 1"从折叠到完全展开之前有一个缓冲运动的效果,可拖动播放头查看动画效果。

图 3-94　设置影片剪辑元件的 3D 旋转角度

步骤 15 重复上一步骤，在第 10 帧处将所有的"树"和"山"影片剪辑元件，以及"天空"影片剪辑元件的 X 轴旋转设置为 −20°，从而形成运动缓冲效果，如图 3-95 所示。

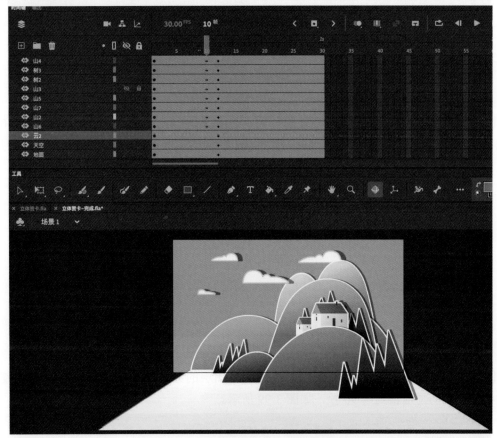

图 3-95　在第 10 帧处设置 X 轴旋转为 −20°

步骤 16 选择"天空"图层，右击图层名称，选择【复制图层】命令，将复制的"天空_复制"图层放置在最顶层，如图 3-96 所示。

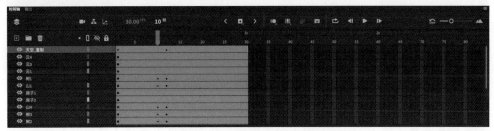

图 3-96　复制图层并放置在最顶层

步骤 17 选择"天空_复制"图层的第 2 帧，按【F6】键插入关键帧。然后选择该图层的第 3 帧及后面的所有补间，在右键菜单中选择【删除帧】命令，从而使该图层持续 2 帧，如图 3-97 所示。

步骤 18 现在调节动画的出现时间，让每个图层的出现时间不同，从而形成错落有致的效果。选择"山 7"图层的补间，将其向后拖动 2 帧。

图 3-97　插入关键帧和删除帧

步骤 19　选择"山 6"图层的补间,将其向后拖动 4 帧;"山 5"图层向后拖动 6 帧,以此类推,使位于后面的图层的动画先开始,位于前面的图层的动画后开始,如图 3-98 所示。

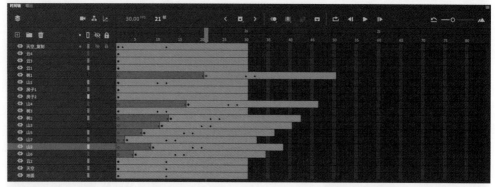

图 3-98　调整每个图层的补间动画在【时间轴】面板上的不同位置

步骤 20　选择除"天空_复制"图层外所有图层的第 90 帧,按【F5】键插入关键帧,使这些图层的动画延长到第 90 帧,如图 3-99 所示。

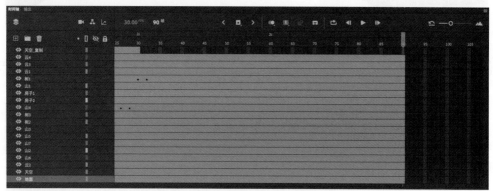

图 3-99　延长补间动画到第 90 帧

步骤 21　选择"树 1"图层的第 1 个关键帧,在右键菜单选择【复制帧】命令。然后选择该图层的第 1 帧,在右键菜单中选择【粘贴并覆盖帧】命令,以保持该图层在第 1 帧可见。

步骤 22　重复上述步骤,将所有"树"和"山"图层的第 1 个关键帧复制并使用【粘贴并覆盖帧】命令粘贴到每个图层的第 1 帧处,如图 3-100 所示。

步骤 23　现在制作两个房子图层的动画。选择"房子 1"和"房子 2"图层的补间,将其向后拖动到第 40 帧处开始,并选择 90 帧之后的补间,右击并选择【删除帧】命令,如图 3-101 所示。

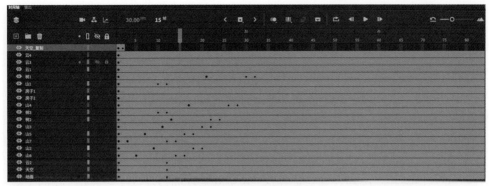

图 3-100　粘贴并覆盖帧

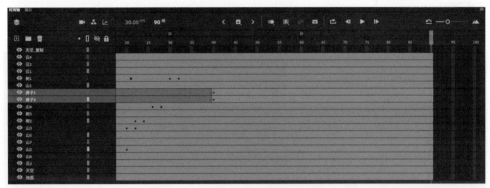

图 3-101　删除帧

步骤 24 选择"房子 1"和"房子 2"图层的第 50 帧，按【F6】键插入关键帧，如图 3-102 所示。

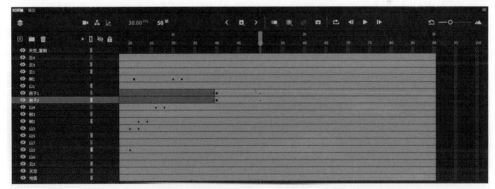

图 3-102　插入关键帧

步骤 25 选择第 40 帧处的"房子 1"和"房子 2"，按住【Shift】键将其垂直向下移动直到被前面的山完全遮挡。

步骤 26 选择第 47 帧处的"房子 1"和"房子 2"，按住【Shift】键将它们垂直向上移动，直到超出第 50 帧的高度。

步骤 27 选择"房子 2"的补间，将其向后拖动 4 帧，然后使用【删除帧】命令删除第 90 帧后面的补间，如图 3-103 所示。

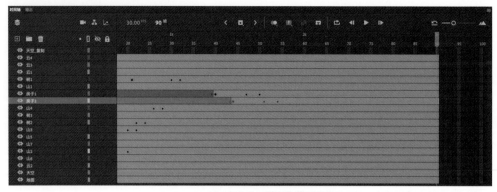

图 3-103　删除第 90 帧后面的补间动画

步骤 28　现在为 4 个云图层制作动画。选择 4 个云图层的补间，将其向后拖动到第 35 帧开始，如图 3-104 所示。

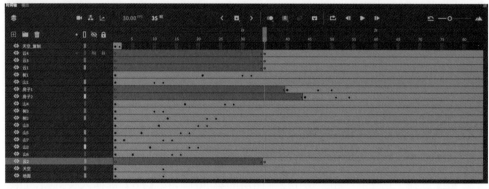

图 3-104　向后拖动补间动画到第 35 帧开始

步骤 29　选择 4 个"云"影片剪辑元件的第 45 帧，按【F6】键插入关键帧。

步骤 30　将播放头定位到第 35 帧，然后按住【Shift】键将舞台上的 4 个"云"影片剪辑元件向上拖出舞台，如图 3-105 所示。

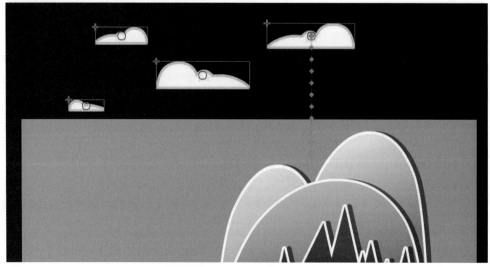

图 3-105　向上移动影片剪辑元件

步骤 31 将播放头定位到第 43 帧，然后按住【Shift】键将舞台上的 4 个 "云" 影片剪辑元件向下移动，直到低于第 45 帧处的位置，如图 3-106 所示。

图 3-106　向下移动影片剪辑元件

步骤 32 现在将 4 个 "云" 图层的动画开始时间错开。选择 "云 2" 图层的补间，将其向后拖动 2 帧，将 "云 3" 图层的补间向后拖动 4 帧，将 "云 4" 图层的补间向后拖动 6 帧，如图 3-107 所示。

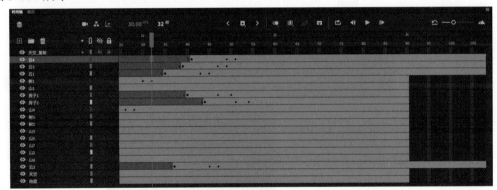

图 3-107　调整 4 个 "云" 影片剪辑元件补间动画的开始和结束时间

步骤 33 选择 4 个 "云" 图层的 90 帧之后的所有帧，在右键菜单中选择【删除帧】命令。现在就完成了贺卡各部分展开的动画。按【Ctrl+Enter】组合键预览动画效果。

3.4 制作按钮元件 "按钮设置"

学习目的：

本节使用前文所介绍的方法绘制按钮元件所需的图形；将绘制的图形对象转换为【按钮】元件；设置按钮元件的弹起、指针经过、按下三个状态及点击范围。使读者通过本节内容的学习深入了解和熟练掌握 Animate CC 中的按钮元件的特殊用法。

制作要点：

按钮元件是 Animate CC 中一种特殊的四帧交互式影片剪辑元件。在创建元件选择按钮类型时，Animate CC 会创建一个具有 4 个帧的时间轴。前三帧显示按钮的三种可能状态：弹起、指针经过和按下；第 4 帧定义按钮的活动区域。

步骤 1 新建一个 Animate 文档，【宽】和【高】为 640 像素 ×480 像素，【帧速率】为任意，【平台类型】为 ActionScript 3.0。

步骤 2 选择【基本矩形工具】 并在舞台上拖动鼠标绘制一个基本矩形，如图 3-108 所示。

步骤 3 拖动基本矩形的顶点以增加其圆角值，也可以直接在【属性】面板的【矩形选项】调节【矩形边角半径】，如图 3-109 所示。

图 3-108　在舞台上绘制一个基本矩形　　　　图 3-109　修改基本矩形的【矩形边角半径】

图 3-110　线性渐变填充效果

步骤 4 选择基本矩形，在【颜色】面板中，设置基本矩形的【颜色类型】为【线性渐变】，并调节左侧的渐变滑块为 #038F9E，右侧的渐变滑块为 #50EBFC。并使用【渐变变形工具】 调整填充的方向，使填充方向为垂直，且上方为深色，下方为浅色，如图 3-110 所示。

步骤 5 设置【笔触】为 #89E3ED，【笔触大小】为 2，如图 3-111 所示。

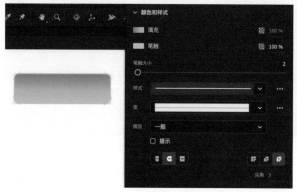

图 3-111　修改笔触颜色和笔触大小

步骤 6 选择基本矩形，按【Ctrl+C】组合键复制它，再按【Ctrl+Shift+V】组合键粘贴在当前位置。

步骤 7 双击新复制的基本矩形，弹出转换为绘制对象提示框，单击【确定】按钮，进入绘制对象编辑模式。双击笔触将其全部选择，在菜单栏中选择【修改】-【形状】-【将线条转换为填充】命令，即可将笔触属性转换为填充属性。

步骤 8 使用【选择工具】 框选所有填充对象，设置其【填充】为 #147A85。

步骤 9 选择【墨水瓶工具】 ，设置【笔触】为 #147A85，【笔触大小】为 4，单击这个填充形状以应用笔触效果。

步骤 10 在舞台空白处双击退出编辑模式，返回【场景 1】。右击上方的对象，选择【排列】-【下移一层】命令，将其放置在下一层，如图 3-112 所示。

步骤 11 现在制作按钮的高光。选择最顶层的基本矩形，按【Ctrl+C】组合键复制它，再按【Ctrl+Shift+V】组合键粘贴在当前位置。

步骤12 双击新复制的基本矩形，弹出转换为绘制对象提示框，单击【确定】按钮，进入绘制对象编辑模式编辑。双击笔触将其全部选择，按【Delete】键将其删除，如图 3-113 所示。

图 3-112　将对象下移一层

图 3-113　删除所有笔触

步骤13 切换到【任意变形工具】并选择填充，按【Shift】键将其等比例缩小一些，并使用下箭头键向下移动一些，如图 3-114 所示。

步骤14 使用【选择工具】框选填充形状的下半部分，按【Delete】键将其删除，如图 3-115 所示。

图 3-114　缩小并移动对象

图 3-115　删除填充形状的下半部分

步骤15 选择剩下的填充形状，在【颜色】面板中设置其【填充】的【填充类型】为【线性渐变】，设置左侧的渐变滑块为白色，【Alpha】为 80%；右侧的渐变滑块为白色，【Alpha】为 0%。使用【渐变变形工具】将渐变方向设置为垂直，并将渐变的宽度缩小，使其刚好覆盖住填充形状，如图 3-116 所示。

步骤16 双击舞台的空白处退出编辑模式，返回【场景 1】。选择最底层的矩形，按【Alt】键将其向下拖动，以复制一份，如图 3-117 所示。双击这个复制的矩形，进入编辑模式。

图 3-116　【线性渐变】填充效果

图 3-117　将对象进行复制和粘贴

步骤17 双击该矩形的笔触将其全部选择，在菜单栏中选择【修改】-【形状】-【将线条转换为填充】命令，即可将笔触属性转换为填充属性。

步骤18 选择这个矩形的所有部分，将其【填充】设置为黑色，【Alpha】设置为 40%，如图 3-118 所示。

步骤19 双击舞台的空白处退出编辑模式，返回【场景 1】。右击这个半透明的矩形，选择【排列】-【移至底层】命令，将其放置最底层作为投影，如图 3-119所示。

图 3-118　重新设置对象的填充颜色

步骤 20 选择【文本工具】 **T** 在舞台上单击,出现文本输入符,在其中输入文本"确定",如图 3-120 所示。

图 3-119　将对象移至底层

图 3-120　插入文本

步骤 21 切换到【选择工具】 ，选择该文本,在【属性】面板的【字符】区域设置字符的属性,包括【字体】【大小】【字距】【文本(填充)颜色】等。这里将【文本(填充)颜色】设置为白色,如图 3-121 所示。

步骤 22 保持字符选定,在【属性】面板的【滤镜】区域,单击右上角的【添加滤镜】按钮 **+** ,选择【投影】选项,并设置投影滤镜的参数:【模糊 X】和【模糊 Y】为 0,【强度】50%,【角度】为 90°,【距离】为 4,【阴影颜色】为黑色,如图 3-122 所示。

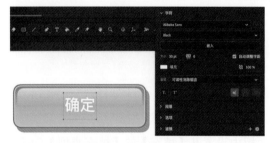

图 3-121　设置文本属性

图 3-122　为文本添加投影滤镜

图 3-123　【库】面板中的按钮元件

步骤 23 按住【Shift】键同时选择字符和下方的渐变矩形,在【对齐】面板上,确保未勾选【与舞台对齐】复选框,然后单击【水平中齐】按钮和【垂直中齐】按钮。

步骤 24 现在按钮外观制作完毕,我们需要将其转换为【按钮】元件。使用【选择工具】 框选这个按钮的所有部分,按【F8】键将其转换为元件。在弹出的【转换为元件】对话框中,设置【名称】为"确定",【类型】为"按钮",单击【确定】按钮。

步骤 25 此时查看【库】面板,可见这个新的按钮元件已存放于【库】面板中,同时其名称前用按钮元件的符号进行区分,如图 3-123 所示。

步骤 26 双击"确定"按钮元件,进入元件编辑模式。这里时间轴发生了变化,以显示 4 个标签,分别为【弹起】【指针经过】【按下】【点击】,如图 3-124 所示。4 个标签含义如下。

- 【弹起】:指用户没有与按钮进行交互时按钮显示的外观。
- 【指针经过】:用户要选择按钮时按钮显示的外观。
- 【按下】:用户选中按钮时按钮显示的外观。

● 【点击】：对用户的点击有响应的区域。定义此【点击】帧是可选的。如果按钮比较小，或者其图形区域不是连续的，定义此帧会非常有用。

图 3-124　按钮元件的时间轴设置

步骤 27　我们将当前绘制的按钮形状作为【弹起】帧的状态，按【F6】键插入关键帧，并自动进入下一帧即【指针经过】帧，如图 3-125 所示。我们将稍作修改以确定鼠标指针经过时按钮的状态。

图 3-125　添加【指针经过】帧

步骤 28　选择蓝色渐变矩形，在【颜色】面板修改其渐变填充色，将左侧的滑块值改为 #9E6003，右侧的滑块值改为 #FCD850，修改【笔触】为 #EDDC89，如图 3-126 所示。

步骤 29　选择下一层的深蓝色矩形，修改其【填充】和【笔触】为 #854514，如图 3-127 所示。

图 3-126　修改渐变填充颜色和笔触颜色

图 3-127　修改填充颜色和笔触颜色

步骤 30　选择该帧的所有对象，在【变形】面板中，打开【约束】按钮，同时缩放宽度和高度为 120%，如图 3-128 所示。

步骤 31　右击第 1 帧，选择【复制帧】命令。右击第 3 帧，即【按下】帧，选择【粘贴帧】命令，将第 1 帧的状态复制给第 3 帧。现在继续编辑第 3 帧，即鼠标按下的按钮状态。

步骤 32　选择蓝色渐变矩形，在【颜色】面板修改其渐变填充色，将左侧的滑块值改为 #00383E，右侧的滑块值改为 #2C8790，修改【笔触】为 #579096，如图 3-129 所示。

图 3-128　等比例放大对象

步骤 33　选择下一层的深蓝色矩形，修改其【填充】和【笔触】为 #579096，如图 3-130 所示。

步骤 34　第 4 帧时【点击】帧，即确定按钮的有效单击区域。【点击】帧是可选的，如果没有指定【点击】帧，则使用【弹起】帧状态的图像。这里不指定【点击】帧。

图 3-129　修改渐变填充颜色和笔触颜色　　　图 3-130　修改【填充】颜色和【笔触】颜色

> **提示：**
>
> 在播放期间，【点击】帧的内容在舞台上不可见。【点击】帧的图形是一个实心区域，它的大小应足以包含【弹起】【指针经过】和【按下】帧的所有图形元素。

步骤 35 现在完成了按钮元件的设置，双击舞台空白区域返回【场景 1】。按【Ctrl+Enter】组合键预览按钮效果。在 SWF 文件中，将鼠标移动到按钮上查看指针经过状态，单击按钮查看按下状态。

步骤 36 关闭 SWF 文件，返回 Animate CC 中。我们现在为按钮添加一些动态效果。双击按钮元件进入元件编辑状态。

步骤 37 选择第 2 帧，即【指针经过】帧，全选该帧的所有对象。按【F8】键将其转换为元件，在弹出的【转换为元件】对话框中，设置【名称】为"确定 - 经过"，【类型】为【影片剪辑】元件，单击【确定】按钮。

步骤 38 双击舞台上的这个新建的影片剪辑元件，进入元件编辑模式。将当前图层，即"图层 1"锁定。新建一个图层即"图层 2"。

图 3-131　设置多角星形的属性

步骤 39 在"图层 2"上，选择【多角星形工具】，在【属性】面板设置【样式】为"星形"，【边数】为 8，【星形顶点大小】为 0.2，如图 3-131 所示。

步骤 40 在【工具】面板设置【填充】为白色，【笔触】为"无"，并开启【对象绘制】模式，然后在舞台上拖动绘制一个 8 角星形，如图 3-132 所示。

步骤 41 选择【椭圆工具】，设置【填充】为白色，【笔触】为"无"，开启【对象绘制】模式，按【Shift】键在舞台上拖动鼠标绘制一个正圆形，如图 3-133 所示。

步骤 42 同时选择 8 角星形和圆形，在【对齐】面板中，不勾选【与舞台对齐】复选框，并单击【水平中齐】按钮和【垂直中齐】按钮，如图 3-134 所示。

图 3-132　绘制一个 8 角星形　　　图 3-133　绘制一个正圆形　　　图 3-134　将 8 角星形和圆形进行对齐

步骤 43 保持对这两个对象的选择，按【F8】键将其转换为元件，名称为"8 角星"，类型为【影片剪辑】元件，单击【确定】按钮。

步骤 44 选择"8 角星"影片剪辑元件,在【属性】面板的【滤镜】区域,单击【添加滤镜】➕,并选择【发光】滤镜。设置滤镜参数:【模糊 X】和【模糊 Y】为 20,【强度】为 200%,【颜色】为 #B3F4FF, 如图 3-135 所示。

步骤 45 按住【Alt】键并拖动"8 角星"影片剪辑元件三次,复制三份。同时选择这 4 个"8 角星"实例, 使用【对齐】面板, 确保未勾选【与舞台对齐】复选框, 并单击【水平中齐】按钮和【垂直中齐】按钮, 将 4 个实例重叠放置, 并位于按钮的中心, 如图 3-136 所示。

图 3-135　添加发光滤镜

图 3-136　将 4 个影片剪辑元件进行对齐

步骤 46 选择这 4 个"8 角星"实例,在右键菜单中选择【分散到图层】命令,并删除空白的"图层 2"。

步骤 47 保持对这 4 个"8 角星"实例的选择,在右键菜单中选择【创建补间动画】命令,如图 3-137 所示。

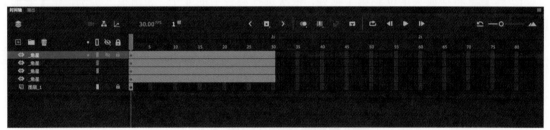
图 3-137　创建补间动画

步骤 48 选择这 4 个"8 角星"图层的 13 帧及其后面的帧,在右键菜单中选择【删除帧】命令。

步骤 49 选择"图层 1"的第 12 帧,按【F5】键插入帧。现在所有图层的帧都为 12 帧,如图 3-138 所示。

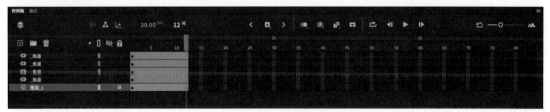
图 3-138　插入帧

步骤 50 将播放头定位到第 12 帧处, 在舞台上调整 4 个"8 角星"实例的位置, 使其发散开来, 此时这 4 个图层的第 12 帧自动插入属性关键帧, 如图 3-139 所示。

步骤 51 切换到【选择工具】 ▶, 依次选择每个"8 角星"实例, 并调整它们的运动轨迹为曲线, 如图 3-140 所示。

步骤 52 选择 4 个"8 角星"图层的第 5 帧,按【F6】键插入关键帧。依次选择该帧处舞台上的 4 个"8 角星"实例,在【属性】面板的【色彩效果】区域设置【Alpha】为 100%,并在【变形】面板设置【缩放宽度】和【缩放高度】为 120%。

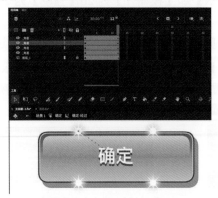

图 3-139　自动生成属性关键帧　　　　图 3-140　调整补间动画的运动轨迹

步骤 53　将播放头定位到第 12 帧处,依次选择舞台上的 4 个"8 角星"实例,在【属性】面板的【色彩效果】区域,设置【Alpha】为 0%,并在【变形】面板设置【缩放宽度】和【缩放高度】为 80%。

步骤 54　将播放头定位到第 1 帧处,依次选择舞台上的 4 个"8 角星"实例,在【变形】面板设置【缩放宽度】和【缩放高度】为 0%。

步骤 55　双击舞台空白区域退出元件编辑模式,返回【场景 1】。按【Ctrl+Enter】组合键预览按钮效果。此时当鼠标经过按钮时,可见动画效果。

3.5 章节练习

一、思考题

1. 请简述如何新建元件,以及如何将现有对象转换为元件?
2. 请简述图形元件动画和影片剪辑元件动画的区别和用途。
3. 如何创建和编辑按钮元件?

二、实操题

根据所提供的范例效果,制作元件嵌套动画"小星星"。

参考制作要点:

步骤 1　新建 Animate 文档,【宽】和【高】为 1280 像素 ×720 像素,【帧速率】为 24FPS。

图 3-141　绘制一个五角星

步骤 2　在【属性】面板中设置舞台的【背景颜色】为深蓝色。

步骤 3　选择【多角星形工具】，在【属性】面板的【工具选项】区域设置【样式】为"星形",【边数】为 5。

步骤 4　在舞台上绘制一个五角星,并设置该五角星的【笔触】为"无",【填充】为浅黄色,如图 3-141 所示。

步骤 5　使用【选择工具】选择该五角星,按【F8】键将其转换为元件,设置【名称】为"星星动画",【类型】为【图形】元件,【对齐】点选择中心点。

步骤 6　双击该图形元件进入元件编辑模式。使用【选择工具】 选择该五角星,按【F8】键将其转换为元件,设置【名称】为"星星",【类型】为【图形】元件。

步骤 7　在时间轴上选择第 30 帧,按【F6】键插入关键帧。在前后两个关键帧之间的任意位置右击并选择【创建传统补间】命令,如图 3-142 所示。

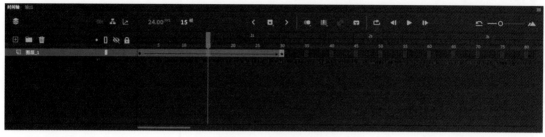

图 3-142　创建传统补间

步骤 8　选择该补间区域的任意一帧,在【属性】面板的【补间】区域,设置【旋转】为"顺时针",【旋转次数】为 1,如图 3-143 所示。

步骤 9　选择时间轴上的第 15 帧,按【F6】键插入关键帧。同时选择该帧处的"星星"图形元件对象,在【变形】面板中,开启【约束】按钮,然后将缩放比例设置为 120%。

步骤 10　分别选择第 1 帧和第 30 帧处的"星星"图形元件,在【属性】面板的【色彩效果】区域,设置其【Alpha】为 0。

步骤 11　双击舞台的空白区域退出元件编辑模式,返回【场景 1】。选择时间轴的第 1 帧,在【属性】面板的【滤镜】区域,为其添加【发光】滤镜,并设置【模糊 Y】和【模糊 Y】均为 30,【强度】为 100%,【颜色】为浅黄色,【品质】为高,如图 3-144 所示。

步骤 12　按住【Alt】键并多次拖动"星星动画"图形元件,在舞台上复制多份元件实例,并修改各自的大小。同时在【属性】面板的【循环】区域中,单击【循环播放图形】按钮,并为它们设置不同的起始帧号,如图 3-145 所示。

图 3-143　设置补间的旋转次数

图 3-144　为关键帧添加发光滤镜

图 3-145　设置动画的循环方式

步骤 13　在时间轴上选择第 100 帧,按【F5】键插入帧,使得动画持续 100 帧时长。按【Ctrl+Enter】组合键预览动画效果。

第 4 章

Animate CC 逐帧动画制作

学习目的：

本节使用所学的各种绘图方法及基本动画原理进行小狐狸角色关键姿势的绘制；随后利用绘图纸外观功能进行中间画的插入；根据动画运动规律调节动作的流畅性；再进行修型和上色；最后输出 GIF 格式的表情包动图。读者通过本节内容的学习深入了解和熟练掌握 Animate CC 中的帧、关键帧、空白关键帧等帧的类别及其使用方法，以及绘图纸外观等辅助动画工具的使用。

制作要点：

Animate CC 中逐帧动画的本质是使用电脑绘制的传统二维动画。在逐帧动画中，关键帧之间的过渡姿势不是通过电脑自动插值的补间完成的，而是通过手动绘制完成的。它最适于图像在每一帧中都发生变化而不只是跨舞台移动的复杂动画。因为在逐帧动画中，Animate CC 会为每个完整的帧存储相应的值，所以逐帧动画增加文件大小的速度比补间动画快得多。

创建逐帧动画，需要将每个具备动态变化的帧都定义为关键帧，然后为每个关键帧创建不同的图像。

4.1.1 二维动画制作基础知识

在利用逐帧动画方式进行动画制作之前，有必要了解一些传统二维动画的制作原理。

1）一气呵成法（Straight Ahead）和姿势对应法（Pose to Pose）

传统二维动画有两种主要的绘制手法，即一气呵成法和姿势对应法。

一气呵成法是指动画师按照从前到后，从第 1 帧到最后 1 帧的顺序进行动画的绘制，因为这个过程中动画师的绘制流程与动作的实际发生流程一致，因此动画师的绘制过程不会被打断，灵感也能得到很好的延续，所以称之为"一气呵成"。但其弊端也非常明显，即整个动作绘制过程缺乏宏观的规划和把握，特别是对于持续时间较长的动态绘制，往往在绘制完成后，发现动作对象在前后发生较大变化，无法保持固定的形象特征，比如，人物角色越画越小或越画越大，或者前后出现严重形变。而一旦出现这些问题，往往就需要全部推倒重来，这对于动画人力物力的成本压力无疑是巨大的。

为了解决一气呵成法所带来的问题，传统二维动画的绘制通常采用姿势对应法。在这个方法中，动画师首先对动作进行整体的规划和设计，挑选其中对于姿势变化具有重要意义的关键动作，并将其放置在合适的时间帧上，我们称这些动作为"原画"。接着按照运动规律和运动节奏，在这些关键帧之间插入中间画，即"加动画"。姿势对应法不仅可以整体把握动画的时间和节奏，还能准确定位整套动作要表达的关键姿势，而且对于动画的修改来说也更加省时省力。

2）动画的拍数（"一拍一""一拍二"和"一拍三"）

要理解动画的拍数，首先需要明白动画的基本形成原理。物体在快速运动时，当人眼所看到的影像消失后，人眼仍能继续保留其影像 0.1 ~ 0.4 秒左右的图像，这种现象称为视觉暂留现象。动画利用了人眼这 1/24 秒的视觉残留时间，每秒填充 24 张画面，每个画面之间有微小的变化，这样我们所感受到的就不再是一张张静止的画面，而是连续的动态。因此，根据人眼的视觉暂留特性，为保证看到流畅的动画效果，每秒至少需要有 24 帧或 25 帧画面，这就是我们所说的"一拍一"，即 1 秒 24 帧或 25 帧的容量内，每 1 帧都有不同的画面填充，1 帧就需要画一张图，若帧速率为每秒 24 帧，则 1 秒需要画 24 张图。"一拍二"就是一张画面停留 2 帧，则 1 秒需要画 12 张图。以此类推，"一拍三"就是一张画面停留 3 帧，则 1 秒只需要画 8 张图。

在动漫业发达的日本，使用最多的是"一拍二"和"一拍三"，并主要运用在有限动画中。根据人眼的视觉暂留特性，静止图像在人眼上所能连贯成像的最大跨度就是 1/8 秒，所以"一拍三"基本上是动画视觉的极限。正因为"一拍三"的动作连贯性比"一拍一"和"一拍二"差，所以日本动画通过在人设、情节、动作设计、镜头等方面下功夫，以此来弥补动作流畅度的不足。实际上一拍几并不是一成不变的，根据效果、氛围等因素，这些拍摄手法也可以灵活选择，就算是迪斯尼的动画电影有时也穿插着"一拍二"的手法。

"一拍一""一拍二""一拍三"在 Animate CC 的时间轴设置如图 4-1 所示。

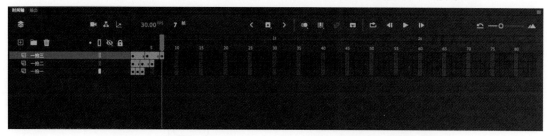

图 4-1　"一拍一""一拍二""一拍三"在 Animate CC 的时间轴设置

4.1.2 具体操作步骤

步骤1 新建 Animate 文档，【宽】和【高】均为 240 像素，【帧速率】为 30，【平台类型】为 ActionScript 3.0。我们将使用"一拍二"来绘制小狐狸的表情动画。

步骤2 首先进行草图的绘制。选择【铅笔工具】 ✐，在舞台上绘制草图，如图 4-2 所示。此时自动在第 1 帧处生成一个关键帧。

图 4-2　草图绘制

提示：
为了使草图绘制更易操作，请使用手绘板进行草图绘制。

步骤3 选择第 9 帧，按【F7】键插入空白关键帧，此时将生成一个空白关键帧，并删除该帧处舞台上的内容。

步骤4 通常情况下，在某个时间舞台上仅显示动画序列的一个帧。 为便于定位和编辑逐帧动画，可以通过绘图纸外观在舞台上一次查看两个或更多的帧。单击【时间轴】面板上的【绘图纸外观】 ◉ 按钮以将其开启。此时播放头左右各出现一条蓝色和绿色的竖线，如图 4-3 所示。左侧的蓝色竖线代表【起始绘图纸外观】，即往前需要查看到的帧的位置；右侧的绿色竖线代表【结束绘图纸外观】，即往后需要查看到的帧的位置。这里我们需要往前查看第 1 帧，因此将蓝色竖线向前拖动到第 1 帧处。

图 4-3　绘图纸外观的起止范围标示

步骤5 此时第 1 帧的内容将显示在舞台上，同时以降低透明度的蓝色显示，如图 4-4 所示。继续使用【铅笔工具】 ✐，在第 9 帧的位置绘制新的姿势，如图 4-5 所示。

提示：
绘图纸外观颜色标记能帮助用户区分过去、当前和未来的帧。不与活动帧相邻的绘图纸外观帧的透明度会逐渐降低。

图 4-4　降低透明度显示　　　　图 4-5　绘制新的姿势

步骤6 现在我们已经为小狐狸绘制了转头的两个关键帧，即"原画"。为了使动画更加流畅，需要在两个关键帧之间插入更多的中间画。在第 5 帧处按【F7】键插入空白关键帧，然后调节起始和结束处的绘图纸外观，以在第 5 帧处能同时查看第 1 帧和第 9 帧的内容。调节完成后，前面的帧会以蓝色显示，后面的帧以绿色显示，同时前后帧的透明度降低，如图 4-6 所示。

> **提示：**
>
> 　用户也可以自定义绘图纸外观的颜色，方法是在【时间轴】面板中右击【绘图纸外观】按钮 ▢，选择【高级设置】选项，这将打开【绘图纸外观设置】对话框。该对话框中，【范围】指包含用于绘图纸外观的指定帧范围，当前的数值代表目前在时间轴上所调节的起始和结束的绘图纸外观数值，可以在右侧输入需要查看的帧数。默认上下分别用蓝色和绿色显示，可以通过单击【颜色】按钮打开色板，以修改显示颜色。【起始不透明度】为 70%，【减少】为 20%，即前后第 1 个关键帧以 70% 的不透明度显示，并按照 20% 的幅度向左右递减。如果要恢复到默认设置，可单击右下角的【重置】按钮。

　步骤 7　将绘图纸外观的起始和结束分别拖动至第 1 帧和第 9 帧处。使用【铅笔工具】✏，根据前后关键帧的姿势，在第 5 帧处绘制中间的过渡姿势，如图 4-7 所示。

图 4-6　前后帧的显示状态　　　图 4-7　第 5 帧处的过渡姿势

　步骤 8　现在通过拖动时间轴的播放头可以查看这 3 个关键帧的动画效果。目前中间画太少，动作仍不流畅，需要添加更多的中间画。

　步骤 9　用同样的方法，在第 3 帧和第 7 帧分别按【F7】键插入空白关键帧，并调节绘图纸外观的起始和结束位置为前后各 2 帧，然后在第 3 帧和第 7 帧处绘制中间画，如图 4-8 和图 4-9 所示。

图 4-8　第 3 帧的姿势　　　图 4-9　第 7 帧的姿势

　步骤 10　按【Ctrl+Enter】组合键预览动画效果，目前完成了小狐狸从左向右转头的动作，现在需要从右向左转回去，可以通过复制帧的方式简化绘制流程。再次单击【绘图纸外观】按钮 ▢ 将其关闭。使用【选择工具】▶，从第 1 帧开始单击并向后拖动，直到第 7 帧结束，以全选第 1 帧至第 7 帧。

　步骤 11　保持对第 1 帧至第 7 帧的选择，右击选择【复制帧】命令。选择第 11 帧，右击选择【粘贴帧】命令。这样就把第 1 帧至第 7 帧的关键帧及其内容复制到了第 11 帧至第

17 帧处，如图 4-10 所示。

图 4-10　关键帧分布情况

步骤 12　目前第 11 帧至第 17 帧的动画是从左向右转头，我们需要小狐狸从右向左转头，选择第 11 帧至第 17 帧，右击选择【翻转帧】命令，从而完成帧顺序的翻转。调节帧的间隔，确保每个关键帧之间间隔 1 帧，即"一拍二"。

步骤 13　用同样的方法，复制第 3 帧至第 5 帧，然后粘贴到第 19 帧至第 21 帧处。

步骤 14　用同样的方法，复制第 1 帧至第 3 帧，然后粘贴到第 23 帧至第 25 帧处，同时将第 23 帧至第 25 帧进行翻转。调节帧的间隔，确保每个关键帧之间间隔 1 帧，即"一拍二"，并将该图层重命名为"身体"，如图 4-11 所示。

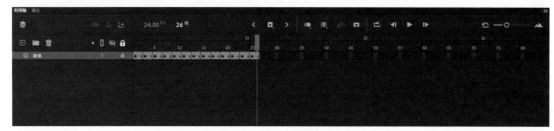

图 4-11　关键帧的分布情况

步骤 15　按【Ctrl+Enter】组合键预览动画效果，目前完成了小狐狸转头的草图绘制。锁定该图层。

步骤 16　新建一个图层，在该图层上完成小狐狸尾巴摆动的草图绘制，所有关键帧的姿势如图 4-12 所示。

图 4-12　所有关键帧的姿势

步骤 17　现在所有草图已经完成，需要对动画进行勾线和上色处理。单击这两个草图层的【锁定或解除锁定】按钮 🔒 ，将两个草图层锁定。再单击这两个草图层的【显示为轮廓】

按钮 █，开启这两个草图层的轮廓显示模式，如图 4-13 所示。

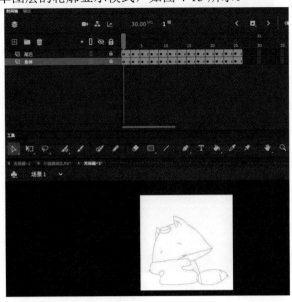

图 4-13　显示为轮廓后的舞台效果

步骤 18 新建一个图层进行轮廓的勾线和整理。为了使轮廓更流畅，请使用【直线工具】█ 或【钢笔工具】█，用塑形的方式进行绘制。这里使用【直线工具】█，【笔触】为黑色，【大小】为 3。在对应的帧处插入关键帧或空白关键帧，并根据草图内容进行绘制。

步骤 19 完成后可以删除两个草图层。并使用【颜料桶工具】█ 给小狐狸上色，如图 4-14 所示。

图 4-14　所有关键帧姿势的上色效果

步骤 20 如果需要同时修改多个帧的内容，可以使用【编辑多个帧】按钮 █。绘图纸外观通常只允许编辑当前帧。若要编辑绘图纸外观标记之间的所有帧，请单击【编辑多个帧】按钮 █，然后调节起始和结束的帧范围，这里我们将起始范围放置在第 1 帧，并将结束范围放置在最右一帧，如图 4-15 所示。使用【选择工具】█ 框选舞台上的所有对象，然后将其移动到合适的位置。也可以切换到【任意变形工具】█ 来进行多个帧内容的整体缩放和旋转等操作。

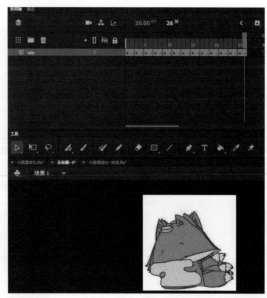

图 4-15　编辑多个帧

步骤 21　最后是表情包的导出。选择【文件】-【导出】-【导出动画 GIF】命令。选择优化选项和预览经过优化的图稿。在弹出的【导出图像】对话框中，中间部分显示动画预览，包括三种显示方式：原来、优化后、2 栏式。三种显示方式如下。

【原来】：显示没有优化的图像。

【优化后】：显示应用了当前优化设置的图像。

【2 栏式】：并排显示图像的两个版本。

这里我们切换到【2 栏式】，如图 4-16 所示。左侧为原始的动画，右侧显示优化后的效果，左下角显示文档大小。

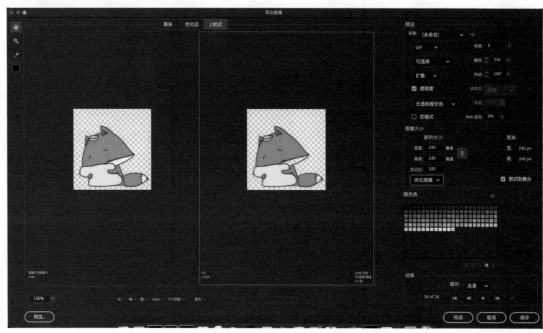

图 4-16　切换到【2 栏式】显示

步骤 22 对话框右侧为优化菜单，可以从预设菜单中选择一个预设优化设置，或设置各个优化选项。可用选项随所选择的文件格式不同而有所不同。在【预设】区域的格式下拉列表中选择【GIF】选项，勾选【透明度】复选框以保留背景的 Alpha 通道。

步骤 23 在【图像大小】区域，选择【优化图稿】选项。

步骤 24 在【动画】预览区域的【循环】下拉列表中选择【总是】选项，同时可使用下方的播放按钮查看动画效果。

步骤 25 要确保在优化图像中看到的颜色能够在不同的浏览器中看起来相同，可单击【名称】下拉列表右侧的菜单按钮，并选择将图像颜色【转换为 sRGB】选项，如图 4-17 所示。

步骤 26 如果希望将 GIF 文件压缩到特定大小，那么可单击【名称】下拉列表右侧的菜单按钮，并选择【优化文件大小】选项，如图 4-18 所示。在弹出的对话框中，输入所需的文件大小，如图 4-19 所示。起始设置包含以下两个选项。

【当前设置】：使用当前文件格式。

【自动选择 GIF/JPEG】：根据图像内容自动选择最佳格式。

图 4-17　转换为 sRGB　　　　图 4-18　优化文件大小　　　图 4-19　【优化文件大小】对话框

步骤 27 单击右下角的【保存】按钮，以设置 GIF 文件的存储路径并导出为 GIF。也可以直接单击【完成】按钮，从而以当前的存储路径进行 GIF 文件的导出。

"小狐狸波比"表情包可以通过图 4-20 的二维码查看。

图 4-20　"小狐狸波比"表情包二维码预览

4.2　使用逐帧动画制作抖动风格动画"月夜"

学习目的：

读者通过本节内容的学习深入了解和熟练掌握 Animate CC 中的流畅画笔工具、帧、关键帧、空白关键帧等帧的类别及其使用方法，以及绘图纸外观等辅助动画工具的使用。

制作要点：

首先使用【流畅画笔工具】配合手绘板进行动画场景的绘制；随后将需要制作动画的部分转换为图形元件并将其放置于不同的图层中；再进入各个图形元件中，利用绘图纸外观功能制作元件嵌套的逐帧动画；对于"树干"图形元件，则使用【骨骼工具】进行 IK 反向运动姿势动画的制作；最后使用【摄像头工具】，配合图层深度的调节，模拟拉镜头的场景动画效果。

步骤 1 新建一个 Animate 文档，设置其【宽】和【高】为 1920 像素 ×1080 像素，【帧速率】为 24FPS，【平台类型】为 ActionScript 3.0。

步骤2 选择【流畅画笔工具】 ，设置【填充】为黑色，【Alpha】为40%，在"图层1"上绘制场景草图，同时配合使用【橡皮擦工具】 ，如图4-21所示。

提示：

在使用【流畅画笔工具】时，为了获得更好的绘制效果，请使用手绘板进行绘制，同时开启【工具】面板选项上的【压力】 和【斜度】 功能键。

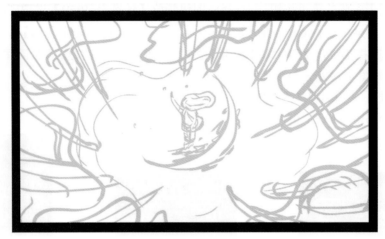

图 4-21　绘制草图

步骤3 草图绘制完成后，请锁定"图层1"。

步骤4 新建"图层2"，并将该图层放置于"图层1"下方。

步骤5 使用【矩形工具】 ，开启【对象绘制】模式 ，设置【填充】为#277A67，【笔触】为"无"，在舞台上绘制一个矩形，矩形大小需超出舞台尺寸，如图4-22所示。

步骤6 使用【流畅画笔工具】 ，开启【对象绘制】模式 ，设置【填充】为#105562，【笔触】为"无"，在舞台上绘制水波轮廓。在【属性】面板中根据需要调节流畅画笔的各项参数。使用键盘上的左右方括号（[ ]）键可快速调节画笔的大小。

步骤7 使用【颜料桶工具】 单击水波轮廓进行填充，如图4-23所示。

图 4-22　绘制一个矩形

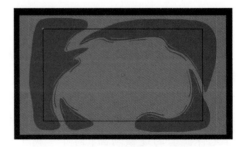

图 4-23　使用【颜料桶工具】进行填充

步骤8 双击水波对象，进入绘制对象的编辑模式进行编辑。使用【橡皮擦工具】 ，在需要的地方进行擦除操作，如图4-24所示。【属性】面板中可调节橡皮擦的各项参数。使用键盘上的左右方括号（[ ]）键可快速调节橡皮擦的大小。

步骤 9 继续使用【流畅画笔工具】，关闭【对象绘制】模式，在轮廓外部沿着轮廓的走势绘制一些笔触，如图 4-25 所示。绘制完成后，双击舞台的空白区域退出编辑模式，返回【场景 1】。

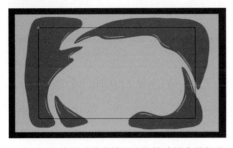

图 4-24　使用【橡皮擦工具】擦除镂空的部分

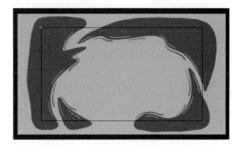

图 4-25　在轮廓外部绘制一些笔触

步骤 10 重复步骤 6～步骤 9，完成第二个小的水波的绘制，【填充】为 # 43B260，如图 4-26 所示。

步骤 11 重复步骤 6～步骤 9，绘制月亮倒影，【填充】为 # EDDD6B，如图 4-27 所示。

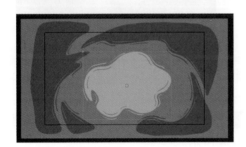

图 4-26　完成第二个水波的绘制

图 4-27　完成月亮倒影的绘制

步骤 12 重复步骤 6～步骤 9，绘制第二层月亮倒影，【填充】为 # EDDD6B，【Alpha】为 50%，如图 4-28 所示。

步骤 13 重复步骤 6～步骤 9，绘制第三层月亮倒影，【填充】为 # EDDD6B，【Alpha】为 20%，如图 4-29 所示。

图 4-28　绘制第二层月亮倒影

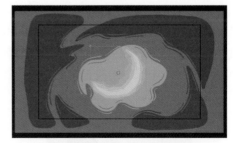

图 4-29　绘制第三层月亮倒影

步骤 14 重复步骤 6～步骤 9，绘制头发，【填充】为 # 402121，如图 4-30 所示。

步骤 15 重复步骤 6～步骤 9，绘制裙子，【填充】为白色，如图 4-31 所示。

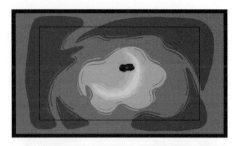

图 4-30　绘制人物的头发

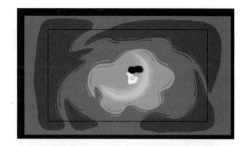

图 4-31　绘制人物的裙子

步骤 16　重复步骤 6 ～步骤 9，绘制手臂和腿，【填充】为 # 714F49，如图 4-32 所示。

步骤 17　重复步骤 6 ～步骤 9，绘制树叶，【填充】为 # 1E2848。总共绘制 6 个不同形状和大小的树叶对象，如图 4-33 所示。

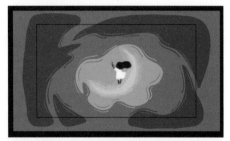

图 4-32　绘制人物的手臂和腿

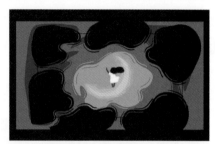

图 4-33　绘制树叶部分

步骤 18　使用【流畅画笔工具】，开启【对象绘制】模式，设置【填充】为 # 0C1A25，绘制树干的轮廓。

图 4-34　绘制树干并填充

步骤 19　使用【颜料桶工具】对树干对象进行填充，如图 4-34 所示。

步骤 20　双击树干对象进入绘制对象的编辑模式。使用【流畅画笔工具】，关闭【对象绘制】模式，设置【填充】为 # 0C1A25，【画笔模式】为【颜料选择】，并选择树干的填充，然后在树干上绘制两条横穿树干的曲线，该曲线将只出现在树干填充的范围内，如图 4-35 所示。完成后，双击舞台的空白区域退出编辑模式，返回【场景 1】。

步骤 21　重复步骤 18 ～步骤 20，绘制其他的树干对象，这里围绕场景一圈总共绘制了 14 个树干对象，完成后的树干绘制效果如图 4-36 所示。

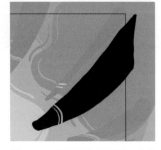

图 4-35　在树干上绘制两条曲线

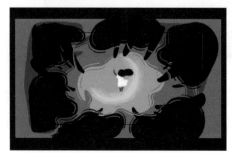

图 4-36　完成后的树干绘制效果

步骤 22　场景绘制完成后，我们将进入动画的制作。选择一个树叶对象，按【F8】键将其转换为元件，在弹出的【转换为元件】对话框中，设置【名称】为"树叶 1"，【类型】为【图形】元件，单击【确定】按钮，此时该对象被转换为图形元件。

步骤 23　双击"树叶 1"图形元件，进入元件编辑模式。此时该元件中的对象为绘制对象，我们选择它，按【Ctrl+B】组合键将其分离为【合并绘制】模式。

步骤 24　在时间轴的第 3 帧按【F7】键插入空白关键帧，单击【时间轴】面板上的【绘图纸外观】按钮 ，并使【起始绘图纸外观】覆盖第 1 帧。此时在第 3 帧处可看见蓝色半透明显示的第 1 帧内容，如图 4-37 所示。

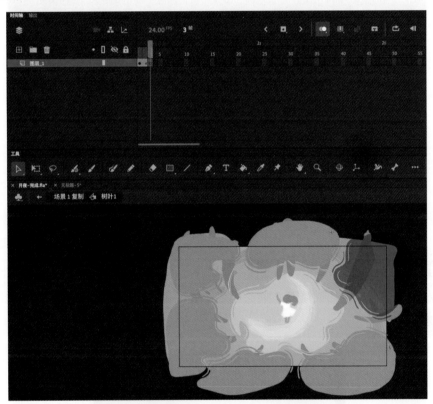

图 4-37　开启绘制图外观功能

步骤 25　使用【流畅画笔工具】 ，关闭【对象绘制】模式。根据绘图纸外观所显示的第 1 帧内容，在第 3 帧处描摹第 1 帧的内容。并使用【橡皮擦工具】 擦除相应的笔触区域，如图 4-38 所示。

步骤 26　在时间轴的第 5 帧按【F7】键插入空白关键帧，确保绘图纸外观的起始范围正好覆盖到第 3 帧。此时在第 5 帧处可看见蓝色半透明显示的第 3 帧内容，如图 4-39 所示。

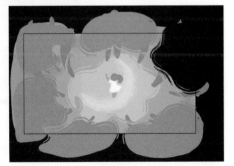

图 4-38　绘制第 3 帧的内容

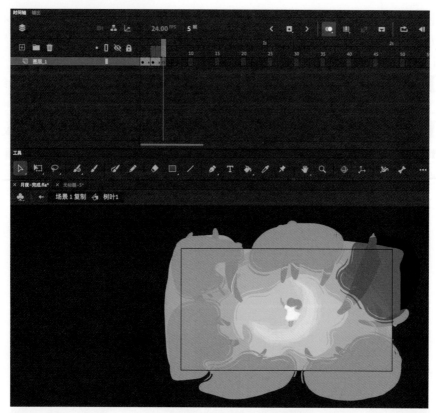

图 4-39　在第 3 帧处所看见的绘制效果

步骤 27　使用【流畅画笔工具】 ，关闭【对象绘制】模式。根据绘图纸外观所显示的第 3 的内容，在第 5 帧处描摹第 3 帧的内容。并使用【橡皮擦工具】 擦除相应的笔触区域，如图 4-40 所示。

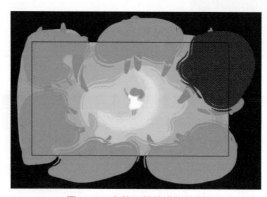

图 4-40　在第 5 帧处进行绘制

步骤 28　在时间轴的第 7 帧按【F7】键插入空白关键帧，确保绘图纸外观的起始范围正好覆盖到第 5 帧。此时在第 7 帧处可看见蓝色半透明显示的第 5 帧内容，如图 4-41 所示。

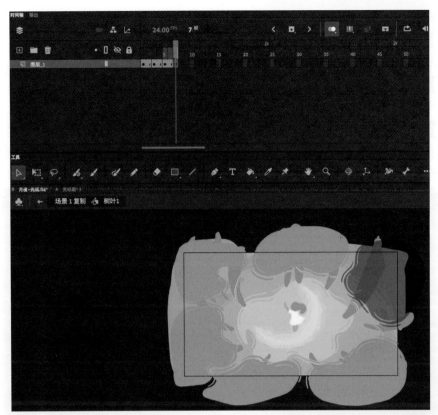

图 4-41　第 7 帧处所见画面效果

步骤 29 使用【流畅画笔工具】 ，关闭【对象绘制】模式。根据绘图纸外观所显示的第 5 帧内容，在第 7 帧处描摹第 5 帧的内容。并使用【橡皮擦工具】 擦除相应的笔触区域，如图 4-42 所示。

步骤 30 选择第 8 帧，按【F5】键插入帧，使动画持续到第 8 帧。

步骤 31 将时间轴的播放头定位到第 1 帧处，单击【时间轴】面板预览区域上的【循环】按钮 ，

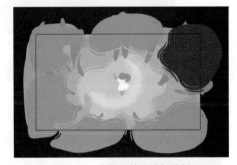

图 4-42　在第 7 帧处进行绘制

并设置循环帧的范围为第 1 帧到第 8 帧，如图 4-43 所示。然后单击【播放】按钮，反复查看这段动画。这样我们就是使用了 4 个关键帧和"一拍二"的方法创建出抖动动画的效果。

图 4-43　设置循环帧的范围

步骤 32 关闭【循环】按钮和【播放】按钮，双击舞台的空白区域退出元件编辑模式，

返回【场景 1】。

步骤 33 重复步骤 22～步骤 32，将其他 6 个树叶分别转换为【图形】元件，并进入元件编辑模式进行逐帧动画的绘制。

步骤 34 将大小两层水波分别转换为【图形】元件，命名为"水 1"和"水 2"。重复步骤 23～步骤 32，为"水 1"和"水 2"图形元件制作 4 个关键帧的抖动动画效果。

步骤 35 分别选择 3 个月亮倒影对象，并分别将其转换为【图形】元件，命名为"月 1""月 2""月 3"。重复步骤 23～步骤 32，为"月 1""月 2""月 3"图形元件制作 5 个关键帧的抖动动画效果，即帧 1、3、5、7、9 为关键帧，动画持续 10 帧，如图 4-44 所示。

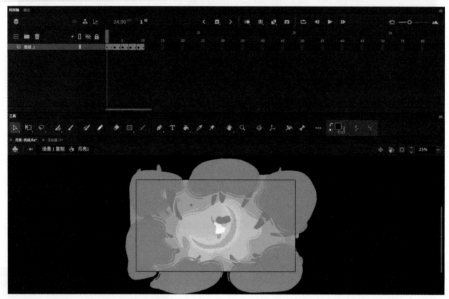

图 4-44 "月 1""月 2""月 3"三个图形元件动画的帧设置

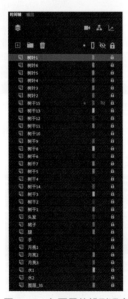

图 4-45 各图层的排列顺序

步骤 36 选择人物的手和腿，将其转换为【图形】元件，命名为"手腿"。重复步骤 23～步骤 32，为"手腿"图形元件制作 4 个关键帧的抖动动画效果。

步骤 37 选择人物的裙子，将其转换为【图形】元件，命名为"裙子"。重复步骤 23～步骤 32，为"裙子"图形元件制作 8 个关键帧的抖动动画效果。

步骤 38 选择人物的头发，将其转换为【图形】元件，命名为"头发"。重复步骤 23～步骤 32，为"头发"图形元件制作 8 个关键帧的抖动动画效果。

步骤 39 现在我们完成了逐帧动画的制作，选择舞台上的所有对象，在右键菜单中选择【分散到图层】命令，并检查图层的上下顺序是否正确，图层的正确顺序应为：从上至下依次为 6 个"树叶"图层、14 个"树干"图层、"头发"图层、"裙子"图层、"手"图层、"腿"图层 3 个"月亮"图层、2 个"水"图层，以及最底层的矩形，如图 4-45 所示。

步骤 40 选择所有图层的第 120 帧，按【F5】键插入帧，使动画持续到第 120 帧。

步骤 41　接下来将使用【骨骼工具】 🦴 制作树干的动画。单击【时间轴】面板上的【显示或隐藏所有图层】按钮 👁，关闭所有图层的显示。再依次单击 14 个"树干"图层的【显示或隐藏】按钮，将这 14 个"树干"图层显示出来。

步骤 42　分别选择这 14 个树干对象并按【F8】键将其转换为元件，【名称】为"树干 1""树干 2""树干 3"……以此类推，来给 14 个树干元件命名，【类型】设置为【图形】元件。

步骤 43　选择其中的一个"树干"元件，双击进入元件编辑模式。保持对该对象的选择，按【Ctrl+B】组合键将其分离为【合并绘制】模式。

步骤 44　保持对该树干的所有部分的选择，选择【骨骼工具】 🦴，在树干底部单击并向树干上方拖动，直到覆盖下方 1/3 处的位置释放鼠标，生成第一条骨骼。此时在"图层 1"上方自动创建了一个名为"骨架"的图层，树干图形被转移到"骨架"图层上，"图层 1"则成为空白图层，如图 4-46 所示。同时"骨架"图层自动生成浅绿色的 IK 反向姿势补间，补间时长等于该图层原本的帧时长，即 120 帧。

图 4-46　生成的第一条骨骼和自动生成的"骨架"图层

步骤 45　继续使用【骨骼工具】 🦴，在第一条骨骼结束的地方单击并向树干上方拖动，直到覆盖树干下方的 2/3 处位置释放鼠标，生成第二条骨骼，如图 4-47 所示。

步骤 46　在第二条骨骼结束的地方单击并向树干上方拖动到树干顶部位置，释放鼠标，生成第三条骨骼，如图 4-48 所示。

步骤 47　切换到【选择工具】 ▶，拖动第三条骨骼的尾部，可见三条相连接的骨骼同时联动，如图 4-49 所示，这就是 IK 反向运动。

图 4-47　生成第二条骨骼　　　图 4-48　生成第三条骨骼　　　图 4-49　使用【选择工具】改变骨骼的位置

步骤 48　选择"骨骼"图层的第 120 帧，按【F5】键插入帧。

步骤 49　选择"骨骼"图层的第 30 帧，按【F6】键插入关键帧。

步骤 50　将播放头定位到第 20 帧处，使用【选择工具】 ▶ 拖动骨骼的关键点，调整骨骼的摆动方向和姿势。此时该帧处自动插入属性关键帧。

步骤 51　将播放头定位到第 1 帧处，使用【选择工具】 ▶ 拖动骨骼的关键点，调整骨骼向相反的方向摆动。

步骤 52　此时拖动播放头可见树干的摆动效果。为了使动画效果更加生动，我们将为动画添加缓动。选择第 1 个关键帧和第 2 个关键帧之间的某一帧，在【属性】面板的【缓动】

区域，设置【强度】为 -100，【类型】为"简单（最快）"，如图 4-50 所示。

步骤 53 选择第 2 个关键帧和第 3 个关键帧之间的某一帧，在【属性】面板的【缓动】区域，设置【强度】为 100，【类型】为"简单（中）"，如图 4-51 所示。此时按【Enter】键预览 IK 动画效果，可见树干的摆动由慢到快，再由快到慢。完成后双击舞台空白区域退出元件编辑模式，返回【场景 1】。

> **提示：**
>
> IK 反向运动是一种使用骨骼对对象进行动画处理的方式，这些骨骼按父子级关系连接成线性或枝状的骨架。当一个骨骼移动时，与其连接的骨骼也发生相应的移动。
>
> 使用反向运动可以方便地创建自然运动。若要使用反向运动进行动画处理，则只需在时间轴上指定骨骼的开始和结束位置。Animate CC 会自动在起始帧和结束帧之间对骨架中骨骼的位置进行内插处理。
>
> 可使用 IK 动画的对象包括：形状和元件实例。
>
> 更多关于 IK 反向运动的内容，请查阅第 9 章。

图 4-50 设置第 1 个和第 2 个关键帧之间的缓动效果　　图 4-51 设置第 2 个和第 3 个关键帧之间的缓动效果

步骤 54 重复步骤 43～步骤 52，使用【骨骼工具】 为其他的树干进行骨骼绑定，并制作 IK 反向运动动画和调节缓动效果。

步骤 55 为了让动画不完全同步，将每个树干"骨骼"图层补间的第 2 个和第 3 个属性关键帧稍微错开一些。

步骤 56 现在所有图层的动画制作完毕，我们将使用摄像头工具制作拉镜头的景深动画。选择【工具】面板上的【摄像头工具】（【C】） ，或单击【时间轴】面板上的【添加 / 删除摄像头】按钮，为当前场景启用摄像头。此时时间轴最上层自动新建了一个名为"Camera"的摄像头图层，如图 4-52 所示。

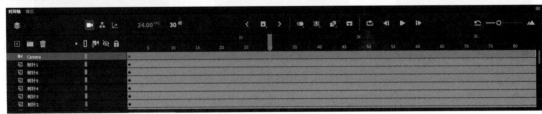

图 4-52 添加摄像头图层

步骤 57 选择【窗口】-【图层深度】命令，打开【图层深度】面板，我们将在其中为每个图层设置图层深度，以更加逼真地模拟拉镜头的透视效果。

步骤 58 在【图层深度】面板中，由上至下依次设置"Camera"图层和所有"树叶"图层的深度为 0，所有"树干"图层的深度为 600，所有人物图层的深度为 500，3 个"月亮倒影"图层的深度依次为 600、650、700，两个"水"图层的深度依次为 800、900，最底层的矩形的深度为 1000，如图 4-53 所示。

步骤 59 当重新设置图层深度后，相当于所有图层
在 Z 轴上的位置发生了改变，因此会影响图层在舞台上的
大小。选择【任意变形工具】，按住【Shift】键，重
新对这些图层进行缩放，以符合原本的舞台尺寸。

步骤 60 在【时间轴】面板上，选择"Camera"图
层的第 30 帧，按【F6】键插入关键帧。在这两个关键帧
之间的帧范围处右击，选择【创建传统补间】命令。

步骤 61 将时间轴的播放头定位到第 1 帧处，在【图
层深度】面板中，修改"Camera"图层的深度为 662。此
时拖动时间轴的播放头，可见摄像机拉镜头的效果。

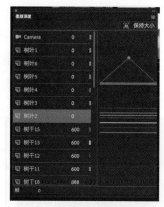

图 4-53　在【图层深度】面板中设置
各图层的深度

步骤 62 选择"Camera"图层的第 20 帧，按【F6】键插入关键帧，然后在【图层深度】
面板中设置"Camera"图层的深度为 -30。

步骤 63 选择所有"树叶"图层的第 30 帧，按【F6】键插入关键帧。在每个图层的前
后两个关键帧之间的帧范围处右击，选择【创建传统补间】命令。

步骤 64 选择所有"树叶"图层的第 20 帧，按【F6】键插入关键帧。

步骤 65 将时间轴的播放头定位到第 20 帧，使用【任意变形工具】，依次选择每个
树叶并按【Shift】键的同时对其等比例放大，并将其向舞台中间移动一些。

步骤 66 现在为"Camera"图层和所有"树叶"图层的补间设置缓动效果。选择"Camera"
图层和所有"树叶"图层的第 1 段补间中的任意帧，在【属性】面板的【补间】区域，设置【缓
动强度】为 -100。

步骤 67 选择"Camera"图层和所有"树叶"图层的第 2 段补间中的任意帧，在【属性】
面板的【补间】区域，设置【缓动强度】为 100。

步骤 68 现在完成了动画的制作。按【Ctrl+Enter】组合键进行动画的预览。

4.3 使用逐帧动画制作"手写字"动画效果

学习目的：

读者通过本节内容的学习深入了解和熟练掌握 Animate CC 中的插入帧、插入关键帧、
插入空白关键帧、翻转帧等帧的类别及其使用方法，从而完成手写字的逐帧动画效果。

制作要点：

首先使用【文本工具】进行文本的输入和编辑；再将文本进行两次分离，从而将其转化
为合并绘制对象；使用【橡皮擦工具】配合插入关键帧进行文本的反向擦除；使用【翻转帧】
命令实现帧顺序的倒置。

步骤 1 新建 Animate 文档，可根据需要设置文档的【宽】【高】【帧速率】。

步骤2 切换到【文本工具】 T ，在【属性】面板的【字符】区域，选择一种手写字体，这里选择"方正手迹 - 小欢卡通体"，并根据需要设置文本的大小和颜色，如图 4-54 所示。

步骤3 在舞台上单击并输入文本"手写字"，如图 4-55 所示。

步骤4 保持文本处于选择状态，按两次【Ctrl+B】组合键将文本分离为【合并绘制】模式，如图 4-56 所示。

图 4-54 设置文本属性　　　　图 4-55 在舞台上输入文本　　　图 4-56 将文本分离为【合并绘制】模式

步骤5 切换到【橡皮擦工具】 ，在【工具】面板的【选项】区域设置橡皮擦模式为【标准擦除】，如图 4-57 所示。在【属性】面板的【橡皮擦选项】区域，根据需要设置橡皮擦的大小。

提示：

可使用键盘上的左右方括号（[ ]）键快速调节橡皮擦大小。

步骤6 选择时间轴的第 2 帧，按【F6】键插入关键帧，并使用【橡皮擦工具】 擦除文本"字"的最后书写部分，如图 4-58 所示。

图 4-57 设置橡皮擦模式　　　　　图 4-58 从文本尾端开始擦除

步骤7 继续选择时间轴的第 3 帧，按【F6】键插入关键帧，并使用【橡皮擦工具】 根据书写的笔画顺序反向擦除文本"字"的一部分。

步骤8 重复以上步骤，不断插入关键帧，在每个新插入的关键帧处使用【橡皮擦工具】 并依据书写的笔画顺序反向擦除文本的一部分，直至将文本全部擦除完毕。确保最后一帧是空白关键帧，如图 4-59 所示。

提示：

在笔画相互交叠的部分可以使用【选择工具】 对文本的形状进行修整。

图 4-59 生成逐帧动画

步骤 9 使用【选择工具】，选择"图层 1"的所有关键帧和空白关键帧，在右键菜单中选择【翻转帧】命令，即实现所选帧的反向排列。现在按【Enter】键可预览动画效果。

步骤 10 目前的逐帧动画使用的是"一拍一"的制作方式，可根据需要在每个关键帧后按【F5】键插入 1 帧，从而实现"一拍二"。

4.4 使用逐帧动画制作"水滴下落"动画效果

学习目的：

读者通过本节内容的学习深入了解和熟练掌握 Animate CC 中的铅笔工具、颜料桶工具的使用方法，以及绘图纸外观、编辑多个帧等的操作方法和技巧，从而完成水滴下落的逐帧动画效果。

制作要点：

首先使用铅笔工具、插入空白关键帧、绘图纸外观等功能进行逐帧动画轮廓的绘制；再使用颜料桶工具进行逐帧动画的上色；使用编辑多个帧控件对所有关键帧快速进行笔触的修改设置。

步骤 1 新建 Animate 文档，可根据需要设置文档的【宽】【高】，【帧速率】设置为30FPS。

步骤 2 切换到【铅笔工具】，设置【笔触】为黑色，【笔触大小】为 1。在【时间轴】面板的"图层 1"中的第 1 帧处，绘制水滴第 1 帧的轮廓，如图 4-60 所示。

> **提示：**
>
> 为了确保能顺利使用【颜料桶工具】进行填色，在使用【铅笔工具】绘制笔触轮廓时，尽量保证笔触闭合。

图 4-60　绘制水滴第 1 帧的轮廓

步骤 3 继续使用【铅笔工具】绘制水滴下落逐帧动画的笔触轮廓，确保每间隔 1 帧插入一个空白关键帧（或按【F7】键），并单击【时间轴】面板上的【绘图纸外观】按钮将其打开，在所插入的空白关键帧上进行动画的绘制，并根据需要使用【选择工具】修改对象的外观形态。在最后插入的一个空白关键帧处，保持该帧空白，如图 4-61 所示。所有关键帧序列如图 4-62 所示。

图 4-61　水滴动画的关键帧设置

图 4-62　水滴动画的所有关键帧序列

步骤 4　在时间轴上新建一个图层，重命名为"BG"。使用【矩形工具】 绘制一个矩形，设置矩形的【填充】为蓝色，【笔触】为"无"。

图 4-63　为动画添加背景图层

步骤 5　选择该矩形，在【对齐】面板中勾选【与舞台对齐】复选框，并单击【匹配宽和高】按钮、【水平中齐】按钮、【垂直中齐】按钮。将该图层锁定，并放置在最底层，如图 4-63 所示。

步骤 6　选择【颜料桶工具】 ，设置【填充】为白色，将时间轴的播放头依次拖动到每个包含内容的关键帧上，对绘制的对象进行填充。

步骤 7　单击【时间轴】面板上的【编辑多个帧】按钮 ，将时间轴的播放头定位到第 1 帧处，拖动编辑多个帧控件的起始和结束范围，使其覆盖住所有关键帧。选择轮廓图层，确保该图层上的所有关键帧处于选中状态，如图 4-64 所示。将【工具】面板上的颜色设置区域的【笔触】设置为"无"。

图 4-64　编辑多个帧

步骤 8　按【Ctrl+Enter】组合键预览动画效果。

4.5 章节练习

一、思考题

1. 请简述帧、关键帧、空白关键帧的创建方法及其区别。

2. 逐帧动画中，如何保证动画的流畅性？

3. 帧速率如何影响动画的最终效果？

二、实操题

请根据所提供的范例，制作逐帧动画"鸟飞"。

参考制作要点：

步骤 1 新建 Animate 文档，设置【宽】和【高】为 1280 像素 ×720 像素，【帧速率】为 24FPS。

步骤 2 选择【文件】-【导入】-【导入到库】命令，并选择素材文件"模块 04- 小鸟飞"文件夹内的所有 PNG 图片，将它们导入库中。

步骤 3 选择时间轴的第 1 帧，将"小鸟飞 01.png"从库中拖入舞台，使其左上角和舞台的左上角对齐，即 X 和 Y 均为 0。

步骤 4 在时间轴上第 2 帧处按【F7】键插入空白关键帧，并将"小鸟飞 02.png"从库中拖入舞台，设置其【X】和【Y】均为 0。

步骤 5 重复以上步骤，插入空白关键帧并将相应的素材图片放置到舞台上，最终完成这个 8 帧的逐帧动画草图的搭建。

步骤 6 锁定该图层，并在其上方新建一个图层，将其重命名为"身体"，我们将在这一层绘制小鸟的身体部分。

步骤 7 选择【画笔工具】 ，设置【笔触】为黑色，【笔触大小】为 4，在舞台上绘制小鸟身体的轮廓，如图 4-65 所示。

步骤 8 选择【颜料桶工具】 ，对小鸟身体部分进行颜色的填充，如图 4-66 所示。

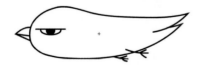

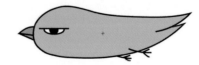

图 4-65　绘制小鸟身体的轮廓 　　　　　 图 4-66　填充小鸟的身体

步骤 9 使用【选择工具】 框选整个身体部分，按【F8】键将其转换为元件，设置【名称】为"小鸟身体"，【类型】为【图形】元件。

步骤 10 选择"小鸟身体"图形元件，在【属性】面板的【色彩效果】区域，设置其【Alpha】为 50%，这时能够看到下面草图的内容。

步骤 11 为"身体"图层的第 2 帧～第 8 帧添加关键帧，并修改每个关键帧处小鸟身体的高低位置。完成后将所有"小鸟身体"元件实例的【Alpha】改回 100%。

步骤 12 关闭"身体"图层的显示，新建一个图层，命名为"翅膀 1"。

步骤 13 将时间轴的播放头定位到第 1 帧,使用【画笔工具】 ✏ ,设置【笔触】为黑色,【笔触大小】为 4,在舞台上根据草图的内容绘制小鸟靠近镜头一侧的翅膀,如图 4-67 所示。

步骤 14 在"翅膀 1"图层的第 2 帧按【F7】键插入空白关键帧,并继续绘制该帧处的翅膀形态,如图 4-68 所示。

图 4-67 绘制小鸟一侧的翅膀轮廓　　　　图 4-68 绘制第 2 帧处的翅膀轮廓

步骤 15 重复以上步骤,在"翅膀 1"图层插入空白关键帧,并根据草图的内容绘制靠近镜头一侧翅膀的形态。

步骤 16 选择【传统画笔工具】 ✏ ,并设置【画笔模式】为"后面绘画",然后对"翅膀 1"图层每个关键帧的翅膀进行填色。

步骤 17 关闭"翅膀 1"图层的显示,新建一个图层,命名为"翅膀 2",放置在"身体"图层下方。使用上述步骤为该图层添加空白关键帧,并使用【画笔工具】 ✏ 进行轮廓的绘制,使用【传统画笔工具】 ✏ 进行颜色的填充。

步骤 18 完成后删除草图即可。

第5章

Animate CC 补间
动画制作

5.1 制作传统补间动画"雪地月光"

学习目的：

本节使用所提供的 Animate 文档素材进行传统补间动画的制作，从而模拟镜头水平移动的视觉效果。读者通过本节内容的学习深入了解和熟练掌握 Animate CC 中的补间动画和传统补间的区别，创建和编辑传统补间动画关键帧的方法，利用传统补间动画制作循环播放动画的技巧等，从而为较为完整的动画镜头制作打好基础。

制作要点：

本节首先进行场景元素的绘制，将要制作动画的元素转换为元件实例；根据前后景的关系将元件实例放置在不同的图层上；为了获得动画持续循环播放的效果，每个元件实例需要复制一份，并利用传统补间动画设置元件实例的水平移动，同时确保动画的头尾关键帧相同；根据透视原理为前后层的元件实例设置不同的移动速度和帧数。

5.1.1 补间动画与传统补间

Animate CC 可以创建两种类型的补间动画：补间动画和传统补间。

补间动画是一种使用元件的动画，用来创建运动、大小和旋转的变化、淡化及颜色效果。

传统补间是指在 Flash CS3 和更早版本中使用的补间，在 Animate CC 中予以保留主要是用于过渡。

补间动画和传统补间的区别如表 5-1 所示。

表 5-1　补间动画与传统补间的区别

补 间 动 画	传 统 补 间
强大且易于创建，可以对补间动画实现最大程度的控制	创建复杂，包含在 Animate CC 早期版本中创建的所有补间
提供更好的补间控制	提供特定于用户的功能
使用关键帧	使用属性帧
整个补间只包含一个目标对象	在两个具有相同或不同元件的关键帧之间进行补间
将文本用作一个可补间的类型，而不会将文本对象转换为影片剪辑元件	将文本对象转换为图形元件
不使用帧脚本	使用帧脚本
拉伸和调整时间轴中补间的大小并将其视为单个的对象	由时间轴中可分别选择的几组帧组成
对整个长度的补间动画范围应用缓动。若要对补间动画的特定帧应用缓动，则需要创建自定义缓动曲线	对位于补间中关键帧之间的各组帧应用缓动
对每个补间应用一种颜色效果	应用两种不同的颜色效果，如色调和 Alpha（透明度）
可以为 3D 对象创建动画效果	不能为 3D 对象创建动画效果
可以另存为动画预设	不能另存为动画预设

补间动画和传统补间的相似之处：

● 在同一图层中可以有多个传统补间或补间动画，但在同一图层中不能同时出现两种补间类型。

● 两种补间只能对特定类型的对象进行补间。

传统补间中的变化在关键帧中定义。在补间动画中，可以在动画的重要位置定义关键帧，Animate CC 会在关键帧之间创建内容。补间动画的插补帧显示为浅蓝色，并会在关键帧之间绘制一个箭头。Animate 文档会保存每一个关键帧中的形状，因此应只在插图中有变化的点处创建关键帧。

关键帧在时间轴中有相应的表示符号：实心圆表示该帧为有内容的关键帧，空心圆则表示该帧为空白关键帧。以后添加到同一图层的帧的内容将和关键帧相同，如图 5-1 所示。

在传统补间中，只有关键帧是可编辑的。可以查看补间帧，但无法直接编辑它们。 若要编辑补间帧，请修改一个定义关键帧，或在起始和结束关键帧之间插入一个新的关键帧。从【库】面板中将项目拖动到舞台上，以将这些项目添加到当前关键帧中。

图 5-1　时间轴中帧的标识形式

5.1.2　场景动画制作步骤

步骤 1　打开 Animate 文档"雪地月光 .fla"。该文档的【宽】和【高】为 550 像素 × 400 像素，【帧速率】为 24，【平台类型】为 ActionScript 3.0。文档中已包含绘制好的场景素材，并按照场景元素的排列顺序放置在了不同的图层上，如图 5-2 所示。

图 5-2   打开素材文件

步骤 2 首先我们将要制作动画的元素转换为元件。在【时间轴】面板上单击"前景"图层以选择该图层的所有内容，按【F8】键将其转换为元件，【名称】为"前景"，【类型】为【图形】元件，单击【确定】按钮。

步骤 3 在【时间轴】面板上单击"中景"图层以选择该图层的所有内容，按【F8】键将其转换为元件，【名称】为"中景"，【类型】为【图形】元件，单击【确定】按钮。

步骤 4 用同样的方法分别将"背景"、"山"、"月亮"图层的内容转换为【图形】元件，并用它们各自的图层命名为元件命名，如图 5-3 所示。

步骤 5 "BG"图层不需要制作动画，因此不需要将其转换为元件，我们将该图层锁定。

步骤 6 选择"前景"图形元件，再次按【F8】键将其转换为元件，【名称】为"前景动画"，【类型】为【影片剪辑】元件。

步骤 7 重复步骤 6,将所有的图形元件依次选择并按【F8】键转换为【影片剪辑】元件，命名为"中景动画""背景动画""山动画"和"月亮动画"，如图 5-4 所示。

图 5-3   存放在【库】面板中的图形元件   图 5-4   存放在【库】面板中的影片剪辑元件

步骤 8 现在我们将在影片剪辑元件中制作图形元件的传统补间动画。双击"前景动画"影片剪辑元件，进入元件编辑模式。该元件内部包含一个"前景"图形元件。

步骤 9 选择【视图】-【标尺】命令，将标尺调出，如图 5-5 所示。

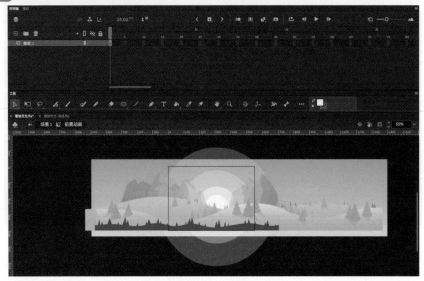

图 5-5 显示舞台标尺

步骤 10 单击舞台左侧的标尺并向右拖出一条垂直参考线，放置于"前景"图形元件的右侧，和元件的右边缘对齐，如图 5-6 所示。

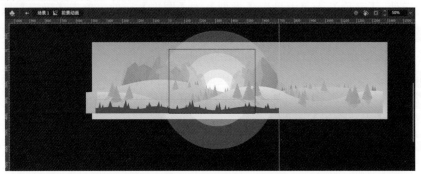

图 5-6 设置参考线

步骤 11 按【Alt+Shift】组合键并单击"前景"元件同时向右水平拖动，以复制一份。确保复制的元件实例和原始的元件底对齐，同时复制的元件实例的左侧边缘与原始元件的右侧边缘重合，即正好位于垂直参考线处，如图 5-7 所示。

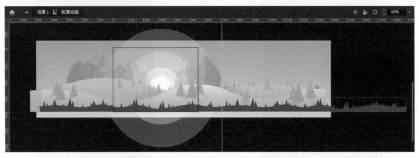

图 5-7 复制元件并移动到参考线的位置

提示：

按住【Shift】键拖动可使对象沿着水平、垂直、45°方向移动。

步骤12 两个元件实例需要首尾相接才能达到循环动画的效果。双击左侧的"前景"元件，进入元件编辑模式。使用【选择工具】 ▶ 修改该元件右侧边缘的高度及曲线的弧度，使其与右侧"前景"元件的左边缘能够接合，如图 5-8 所示。如有必要可进入右侧"前景"实例的编辑模式，修改该实例左侧边缘的高度及曲线弧度。由于左右两个元件是源自同一个元件的实例，因此修改一个实例，另一个获得相应地更新。

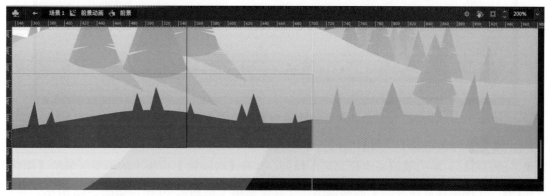

图 5-8　调整元件的形态使其首尾相连

步骤13 退出图形元件编辑模式,返回影片剪辑元件编辑模式。选择这两个"前景"实例，在右键菜单中选择【分散到图层】命令，如图 5-9 所示，将其放置在不同的图层中，同时删除空白的"图层 1"。

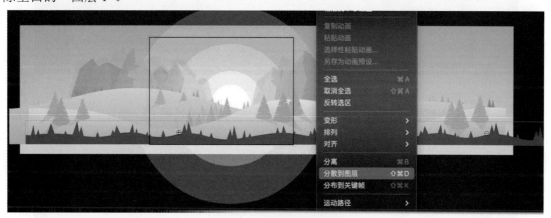

图 5-9　【分散到图层】命令

步骤14 选择两个图层的第 40 帧，按【F6】键插入关键帧。

步骤15 在两个图层的前后两个关键帧范围内任意处右击,选择【创建传统补间】命令，此时两个图层的前后两个关键帧之间生成用黑色箭头和紫色底色表示的传统补间范围，如图 5-10 所示。

步骤16 现在将时间轴的播放头定位到第 40 帧处，选择两个图形元件实例，按【Shift】键并同时水平向左拖动这两个元件实例，直到右侧的元件实例的右边缘与垂直参考线重合，如图 5-11 所示。

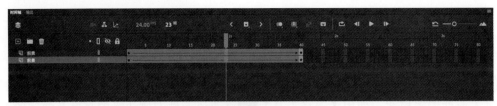

图 5-10 创建传统补间

图 5-11 移动第 40 帧处的元件位置

步骤 17 现在完成了"前景动画"影片剪辑元件内部的动画制作。为了查看动画的循环效果，我们将时间轴的播放头定位到第 1 帧处，打开【时间轴】面板上的预览区域的【循环】按钮 ，并拖动设置循环预览的帧范围，使其覆盖第 1 帧到第 40 帧，如图 5-12 所示。然后单击【时间轴】面板上预览区域的【播放】按钮 。此时动画的最后一帧能够与第 1 帧无缝接合，从而达到时间循环效果。

图 5-12 设置循环预览的帧范围

步骤 18 双击舞台的空白区域退出元件编辑模式，返回【场景 1】。重复步骤 8～步骤 17，为"中景动画"和"背景动画"影片剪辑元件制作嵌套动画。其中，"中景动画"的帧数为 120 帧，如图 5-13 所示；"背景动画"的帧数为 240 帧，如图 5-14 所示。

图 5-13 "中景动画"的帧设置

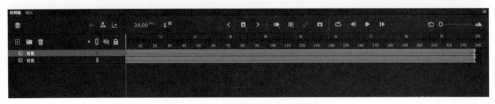

图 5-14 "背景动画"的帧设置

步骤 19 双击"山动画"影片剪辑元件，进入元件编辑模式。在第 1 帧处，按【Shift】键将"山"图形元件水平向右拖至舞台右侧外，如图 5-15 所示。

图 5-15　"山"图形元件在第 1 帧处的位置

步骤 20 选择第 360 帧，按【F6】键插入关键帧，按【Shift】键同时将该帧处的"山"图形元件向左水平拖至舞台左侧外，如图 5-16 所示。

图 5-16　"山"图形元件在第 360 帧处的位置

步骤 21 在这两个关键帧之间的任意位置右击，选择【创建传统补间】命令。完成后双击舞台空白区域退出元件编辑模式，返回【场景 1】。

步骤 22 双击"月亮动画"影片剪辑元件，进入元件编辑模式。在第 1 帧处，按【Shift】键将"月亮"图形元件水平向右拖至舞台右侧外，如图 5-17 所示。

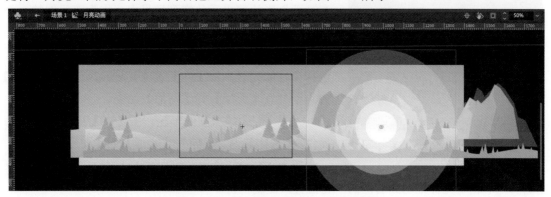

图 5-17　"月亮"图形元件在第 1 帧处的位置

步骤 23 选择第 480 帧，按【F6】键插入关键帧，按【Shift】键同时将该帧处的"月亮"图形元件向左水平拖至舞台左侧外，如图 5-18 所示。

图 5-18 "月亮"图形元件在第 480 帧处的位置

步骤 24 在这两个关键帧之间的任意位置右击，选择【创建传统补间】命令。完成后双击舞台空白区域退出元件编辑模式，返回【场景 1】。

步骤 25 完成后，按【Ctrl+Enter】组合键预览动画的循环效果。

5.1.3 "汽车"动画制作步骤

步骤 1 在【场景 1】中新建一个图层，命名为"汽车"，并将其放置在"前景"图层下方，如图 5-19 所示。

图 5-19 新建"汽车"图层并移动图层的位置

图 5-20 从【库】面板中将"汽车动画"影片剪辑元件放入舞台

步骤 2 选择"汽车"图层，将【库】面板中的"汽车动画"影片剪辑元件拖到场景中，作为该元件的一个实例放置在合适的位置，如图 5-20 所示。

步骤 3 双击"汽车动画"实例，进入元件编辑模式。选择车身的组合，按【F8】键将其转换为元件，【名称】为"车身"，【类型】为【图形】元件。

步骤 4 选择左侧的车轮，按【F8】键将其转换为元件，【名称】为"车轮"，【类型】为【图形】元件。

步骤 5 删除右侧的车轮组合，按【Alt】键同时将左侧的"车轮"元件拖动到右侧的车轮位置，复制一份。

步骤 6 选择所有对象，在右键菜单中选择【分散到图层】命令，将这 3 个元件按顺序放置于不同的图层中，以便进行传统补间动画的制作，同时删除空白图层。

步骤 7　开启【时间轴】面板上的【显示父级图层】按钮，并将 2 个 "车轮" 图层的父级链接拖动到 "车身" 图层上，使 "车身" 作为 2 个 "车轮" 的父级，如图 5-21 所示。

图 5-21　设置图层的父子级关系

步骤 8　选择所有图层的第 30 帧，按【F6】键插入关键帧。

步骤 9　选择这 3 个图层前后两个关键帧之间的任意帧，在右键菜单中选择【创建传统补间】命令，如图 5-22 所示。

图 5-22　创建传统补间

步骤 10　选择 2 个 "车轮" 图层的前后两个关键帧之间的任意帧，在【属性】面板的【补间】区域，设置【旋转】为 "顺时针"，旋转次数为 2，即顺时旋转 2 圈，如图 5-23 所示。

步骤 11　依次选择 "车身" 图层的第 7 帧、第 15 帧、第 22 帧，并按【F6】键插入关键帧，如图 5-24 所示。

步骤 12　依次选择第 7 帧和第 22 帧处将舞台上的 "车身" 元件实例向下垂直拖动一些。

图 5-23　设置补间动画的旋转

图 5-24　插入关键帧

步骤 13　打开【变形】面板，依次选择 "车身" 图层的第 1 帧、第 15 帧、第 30 帧的对象，在【变形】面板中设置【旋转】为 4°，如图 5-25 所示。

步骤 14　选择 "车身" 图层的第 7 帧和第 22 帧的对象，在【变形】面板中设置【旋转】为 -4°，如图 5-26 所示。

步骤 15　现在完成了汽车原地循环的动画。在舞台空白处双击鼠标，退出元件编辑模式，返回【场景 1】。按【Ctrl+Enter】组合键预览动画效果。

图 5-25　设置元件的旋转角度（1）

图 5-26　设置元件的旋转角度（2）

5.2　使用传统补间制作动画"闹钟响铃"

学习目的：

通过本节内容的学习深入了解和熟练掌握 Animate CC 中传统补间的创建和编辑方法，为元件实例、文本等元素制作传统补间动画的方法，帧和关键帧的插入和复制、粘贴等编辑方法；传统补间的缓动设置方法，为关键帧添加滤镜的方法等。

制作要点：

首先将提供的素材转换为相应的元件实例；其次将每个元件实例进行分层设置；设置图层的父子级关系；为每个图层的元件实例插入关键帧并在关键帧之间创建传统补间动画；调节传统补间动画的缓动效果；为关键帧添加滤镜效果并进行相应的滤镜设置；创建和编辑文本；为文本制作传统补间动画；最后为动画添加音乐音效。

步骤1 打开 Animate 文档"闹钟响铃 - 准备 .fla"，该文档的帧速率为 30FPS。其中包含一个名为"BG"的背景图层，我们将该图层锁定。同时"BG"图层的上层有一个名为"闹钟"的图层，其中放置了使用所学的知识所绘制的闹钟元素，如图 5-27 所示。我们将使用传统补间为闹钟制作响铃的动画。

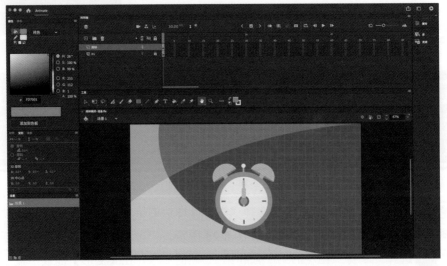

图 5-27　打开素材文档

步骤2 选择闹钟左侧的黄色盖子和连接盖子的柱子，按【F8】键将其转换为元件，【名称】为"盖子"，【类型】为【图形】元件。

步骤3 删除闹钟右侧的黄色盖子和连接盖子的柱子，按【Alt】键将左侧的"盖子"元件实例向右水平拖动，复制一份，如图 5-28 所示。

图 5-28　复制另一侧的"盖子"元件

步骤4 选择这个新复制的"盖子"实例,在右键菜单中选择【变形】-【水平翻转】命令，并将其放置在右侧合适的位置，如图 5-29 所示。

图 5-29　水平翻转元件实例

步骤5 选择闹钟上方的铁锤（圆形和矩形),按【F8】键将其转换为元件,【名称】为"锤",【类型】为【图形】元件。

步骤6 选择短粗的时针，按【F8】键将其转换为元件，【名称】为"时针",【类型】为【图形】元件。

步骤7 选择长的分针，按【F8】键将其转换为元件,【名称】为"分针",【类型】为【图形】元件。

步骤8 选择闹钟的轴心，按【F8】键将其转换为元件，【名称】为"轴心",【类型】为【图形】元件。

步骤9 选择闹钟剩下的盘面和腿，按【F8】键将其转换为元件,【名称】为"盘面",【类型】为【图形】元件。

步骤10 现在闹钟的所有部分均已转换为图形元件。使用右键菜单的【排列】命令调整它们的上下重叠顺序。选择闹钟的所有元件实例，按【F8】键将其转换为元件,【名称】为"闹钟",【类型】为【图形】元件。

步骤11 双击"闹钟"元件实例，进入元件编辑模式。选择舞台上的所有元件实例，在右键菜单中选择【分散到图层】命令，将它们放置在不同的图层上。

步骤 12 单击【时间轴】面板上的【显示父级图层】按钮，以启用父级视图，如图 5-30 所示。

图 5-30　显示父级视图

图 5-31　关联父子级关系

步骤 13 将闹钟的 2 个"盖子"图层、"轴心"图层、"时针"图层、"分针"图层、"锤"图层均关联到"盘面"图层上，"盘面"图层作为父级图层将控制其他子级图层的运动，如图 5-31 所示。

步骤 14 选择所有图层的第 180 帧，按【F5】键插入帧，将所有图层延长至第 180 帧，如图 5-32 所示。

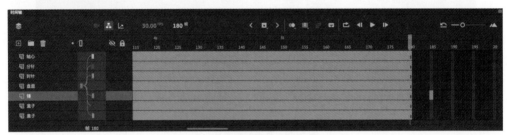

图 5-32　将所有图层延长至第 180 帧

步骤 15 选择"分针"实例，切换到【任意变形工具】，将旋转中心移动到和"轴心"实例的中心对齐，如图 5-33 所示。

图 5-33　移动变形中心点

步骤 16 选择"分针"图层的第 30 帧，按【F6】键插入关键帧。在前后两个关键帧之间右击，选择【创建传统补间】命令，如图 5-34 所示。

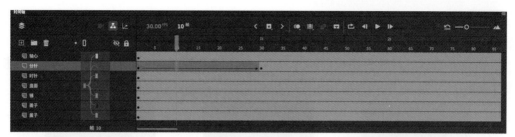

图 5-34　创建传统补间

步骤 17 选择该补间的任意部分，在【属性】面板的【补间】区域设置【旋转】为"顺时针"，旋转次数为1，如图 5-35 所示。

步骤 18 依次选择"分针"图层的第 60 帧、第 90 帧、第 120 帧、第 150 帧、第 180 帧，按【F6】键插入关键帧，并在这些关键帧之间右击，选择【创建传统补间】命令，如图 5-36 所示。

图 5-35　设置补间的旋转属性

步骤 19 依次选择"分针"图层的第 2 段至第 5 段补间，在【属性】面板中的【补间】区域设置【旋转】为"顺时针"，旋转次数为1。

图 5-36　创建传统补间

步骤 20 选择"时针"实例，切换到【任意变形工具】，将旋转中心移动到和"轴心"实例的中心对齐，如图 5-37 所示。

图 5-37　移动变形中心

步骤 21 选择"时针"图层的第 30 帧，按【F6】键插入关键帧。在【变形】面板中设置【旋转】为 30°，如图 5-38 所示。

步骤 22 选择"时针"图层的第 60 帧，按【F6】键插入关键帧。在【变形】面板中设置【旋转】为 60°，如图 5-39 所示。

步骤 23 选择"时针"图层的第 90 帧，按【F6】键插入关键帧。在【变形】面板中设置【旋转】为 90°，如图 5-40 所示。

  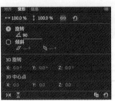

图 5-38 设置旋转角度（1）　　图 5-39 设置旋转角度（2）　　图 5-40 设置旋转角度（3）

步骤 24 选择"时针"图层的第 120 帧，按【F6】键插入关键帧。在【变形】面板中设置【旋转】为 120°，如图 5-41 所示。

步骤 25 选择"时针"图层的第 150 帧，按【F6】键插入关键帧。在【变形】面板中设置【旋转】为 150°，如图 5-42 所示。

步骤 26 选择"时针"图层的第 180 帧，按【F6】键插入关键帧。在【变形】面板中设置【旋转】为 180°，如图 5-43 所示。

图 5-41 设置旋转角度（4）　　图 5-42 设置旋转角度（5）　　图 5-43 设置旋转角度（6）

步骤 27 选择"时针"图层第 1 个关键帧和最后一个关键帧之间的帧范围，在右键菜单中选择【创建传统补间】命令，如图 5-44 所示。

图 5-44 创建传统补间

步骤 28 选择"锤"实例，切换到【任意变形工具】，将旋转中心移动到实例底部中心，如图 5-45 所示。

步骤 29 依次选择"锤"图层的第 61 帧、第 63 帧、第 65 帧、第 67 帧，按【F6】键插入关键帧，并在这 4 个关键帧之间创建传统补间，如图 5-46 所示。

步骤 30 选择"锤"图层的第 63 帧，在【变形】面板中设置【旋转】为 -45°。

步骤 31 选择"锤"图层的第 65 帧，在【变形】面板中设置【旋转】为 45°。

图 5-45 移动变形中心

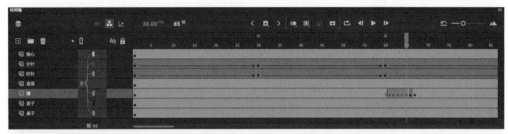

图 5-46 插入关键帧并创建传统补间

步骤 32 选择"锤"图层的第 67 帧，在【变形】面板中设置【旋转】为 -45°。

步骤 33 选择"锤"图层的第 63 帧至第 67 帧，在右键菜单中选择【复制帧】命令。

步骤 34 选择"锤"图层的第 67 帧，在右键菜单中选择【粘贴帧】命令，粘贴后的帧如图 5-47 所示。

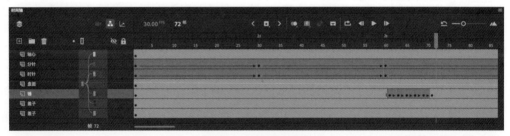

图 5-47 复制并粘贴帧

步骤 35 继续选择"锤"图层的最后一个关键帧，在右键菜单中选择【粘贴帧】命令，直到补间范围覆盖到第 180 帧，如图 5-48 所示。

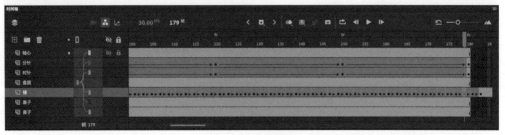

图 5-48 继续粘贴帧

步骤 36 选择左侧的"盖子"实例，切换到【任意变形工具】，将其旋转中心移动至柱子下边缘中部，如图 5-49 所示。

图 5-49 移动变形中心

步骤 37 依次选择左侧的"盖子"图层的第 62 帧、第 64 帧、第 66 帧、第 68 帧，按【F6】键插入关键帧，并在这 4 个关键帧之间创建传统补间，如图 5-50 所示。

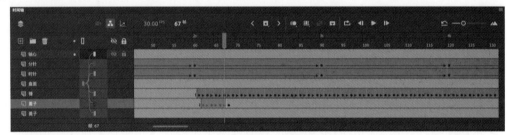

图 5-50 插入关键帧并创建传统补间

步骤 38 选择左侧"盖子"图层的第 64 帧，在【变形】面板中设置【旋转】为 -6.2°。

步骤 39 选择左侧"盖子"图层的第 66 帧，在【变形】面板中设置【旋转】为 7.2°。

步骤 40 选择左侧"盖子"图层的第 68 帧，在【变形】面板中设置【旋转】为 -6.2°。

步骤 41 选择左侧"盖子"图层的第 64 帧至第 68 帧，在右键菜单中选择【复制帧】命令。

步骤 42 选择左侧"盖子"图层的第 68 帧，在右键菜单中选择【粘贴帧】命令，粘贴后的帧如图 5-51 所示。

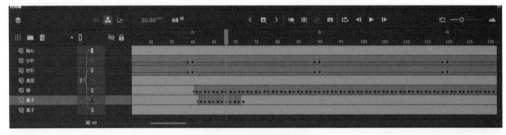

图 5-51 复制并粘贴帧

步骤 43 继续选择左侧"盖子"图层的最后一个关键帧，在右键菜单中选择【粘贴帧】命令，直到补间范围覆盖到第 180 帧，如图 5-52 所示。

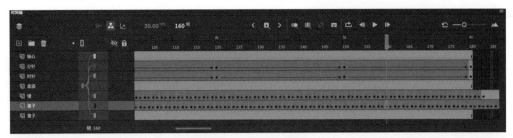

图 5-52　继续粘贴帧

步骤 44　选择右侧的"盖子"实例，切换到【任意变形工具】，将其旋转中心移动至柱子下边缘中部，如图 5-53 所示。

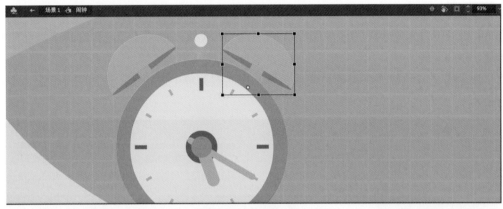

图 5-53　移动变形中心

步骤 45　依次选择右侧的"盖子"图层的第 64 帧、第 66 帧、第 68 帧、第 70 帧，按【F6】键插入关键帧，并在这 4 个关键帧之间创建传统补间，如图 5-54 所示。

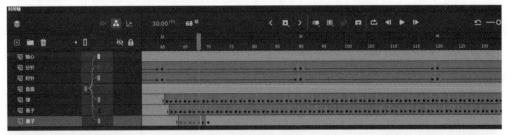

图 5-54　插入关键帧并创建传统补间

步骤 46　选择右侧"盖子"图层的第 66 帧，使用【任意变形工具】将该实例顺时针旋转一定的角度。

步骤 47　选择右侧"盖子"图层的第 68 帧，使用【任意变形工具】将该实例逆时针旋转一定的角度。

步骤 48　选择右侧"盖子"图层的第 66 帧，在右键菜单中选择【复制帧】命令。

步骤 49　选择右侧"盖子"图层的第 70 帧，在右键菜单中选择【粘贴帧】命令。

步骤 50　选择右侧"盖子"图层的第 66 帧至第 70 帧，在右键菜单中选择【复制帧】命令。

步骤 51　选择右侧"盖子"图层的第 70 帧，在右键菜单中选择【粘贴帧】命令。

步骤 52 继续选择右侧"盖子"图层的最后一个关键帧，在右键菜单中选择【粘贴帧】命令，直到补间范围覆盖到第 180 帧，如图 5-55 所示。

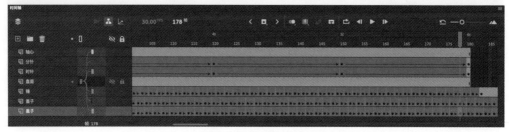

图 5-55 继续粘贴帧

步骤 53 现在制作"盘面"的动画。依次选择"盘面"图层的第 62 帧、第 65 帧、第 71 帧，按【F6】键在这 3 帧处插入 3 个关键帧。并在第 65 帧处，按住【Shift】键将"盘面"实例垂直向上移动一些。

步骤 54 选择这 3 个关键帧之间的范围，在右键菜单中选择【创建传统补间】命令，如图 5-56 所示。

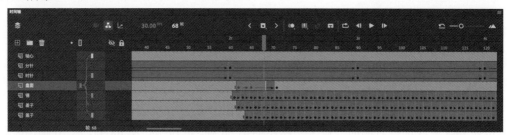

图 5-56 创建传统补间

步骤 55 在第 67 帧和第 69 帧处按【F6】键插入关键帧。选择第 67 帧，在【变形】面板中设置【旋转】为 -4.2°；选择第 69 帧，在【变形】面板中设置【旋转】为 4.2°。

步骤 56 右击第 69 帧，选择【复制帧】命令；右键选择第 73 帧，选择【粘贴帧】命令；再次将该帧粘贴到第 77 帧处，如图 5-57 所示。

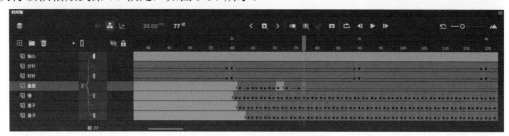

图 5-57 复制并粘贴帧

步骤 57 将第 67 帧复制并粘贴到第 75 帧和第 79 帧处。

步骤 58 将第 71 帧复制并粘贴到第 81 帧处，并在【变形】面板中将第 81 帧处的【旋转】值修改为 4.2°。

步骤 59 将这些关键帧中缺少补间的部分使用右键菜单的【创建传统补间】命令，如图 5-58 所示。

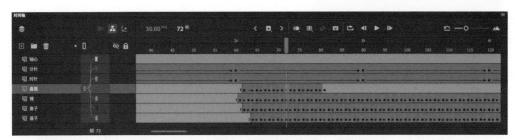

图 5-58　创建传统补间

步骤 60 选择第 67 帧到第 81 帧范围内的所有关键帧和补间，在右键菜单中选择【复制帧】命令。

步骤 61 右击第 83 帧，选择【粘贴帧】命令。

步骤 62 继续选择"盘面"图层的最后一个关键帧，在右键菜单中选择【粘贴帧】命令，直到补间范围覆盖到第 180 帧，如图 5-59 所示。

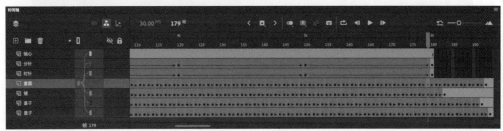

图 5-59　继续粘贴帧

步骤 63 选择所有图层的第 180 帧之后的帧，在右键菜单选择【删除帧】命令，如图 5-60 所示。

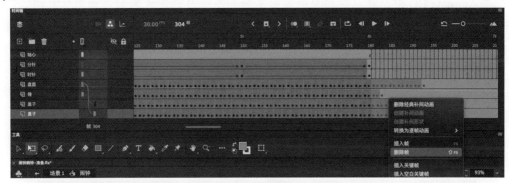

图 5-60　删除帧

步骤 64 现在闹钟的动画制作完毕，锁定所有闹钟图层。

步骤 65 新建一个图层，命名为"符号"，放置在顶层。

步骤 66 在"符号"图层中，使用【直线工具】，设置【笔触】为 #FFC300，【笔触大小】为 16，并绘制 3 条发散状的短直线，如图 5-61 所示。

步骤 67 选择这 3 条短直线，按【F6】键将其转换为元件，【名称】为"符号"，【类型】为【图形】元件。

步骤 68 双击"符号"元件实例进入元件编辑模式。在第 4 帧和第 6 帧处按【F6】键插入关键帧，并选择这 3 个关键帧之间的帧范围，在右键菜单中选择【创建补间形状】命令，如图 5-62 所示。

图 5-61　绘制 3 条短直线

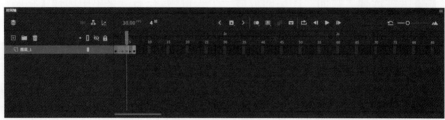

图 5-62　创建补间形状

提示：

在补间形状中，用户可以在时间轴中的一个特定帧上绘制一个矢量形状，然后更改该形状，或在另一个特定帧上绘制另一个形状。然后，Animate CC 为这两帧之间的帧内插这些中间形状，创建从一个形状变形为另一个形状的动画效果。

在 Animate CC 中，可以对均匀的实心笔触和不均匀的花式笔触添加形状补间。还可以对使用可变宽度工具增强的笔触添加形状补间。可以使用形状提示来告诉 Animate CC 起始形状上的哪些点与结束形状上的特定点对应。

也可以对补间形状内的形状的位置和颜色进行补间。

要对组、实例或位图图像应用形状补间，请分离这些元素。要对文本应用形状补间，请将文本分离两次，从而将文本转换为对象。

步骤 69　选择第 1 帧，使用【选择工具】，拖动 3 条短直线的靠外侧的端点，将它们缩短，如图 5-63 所示。

图 5-63　修改 3 条短直线的形态

步骤 70 选择第 6 帧，使用【选择工具】，拖动 3 条短直线的靠内侧的端点，将它们缩短，如图 5-64 所示。

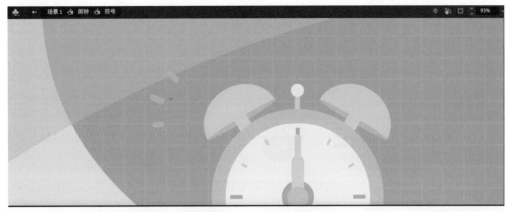

图 5-64　修改 3 条短直线的形态

步骤 71 选择第 1 段补间形状，在【属性】面板中设置【缓动强度】为 -100，如图 5-65 所示；选择第 2 段补间形状，在【属性】面板中设置【缓动强度】为 100，如图 5-66 所示。

图 5-65　设置【缓动强度】为 -100

图 5-66　设置【缓动强度】为 100

步骤 72 选择第 7 帧，按【F7】键插入空白关键帧，如图 5-67 所示。双击舞台的空白区域退出"符合"元件编辑模式，返回"闹钟"元件编辑模式。

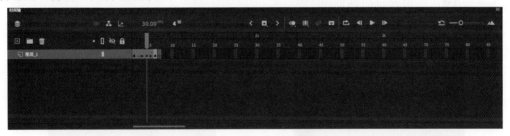

图 5-67　插入空白关键帧

步骤 73 按【Alt】键并水平向右拖动"符号"元件，复制一份。选择新复制的"符号"实例，在右键菜单中选择【变形】-【水平翻转】命令，如图 5-68 所示。

步骤 74 选择两个"符号"实例，在【对齐】面板中单击【底对齐】按钮，并将其放置在闹钟顶部合适的位置。

步骤 75 将"符号"图层的第 1 帧向后拖动到第 60 帧处，使该图层的动画从第 60 帧开始，如图 5-69 所示。

图 5-68　复制对象并将其水平翻转

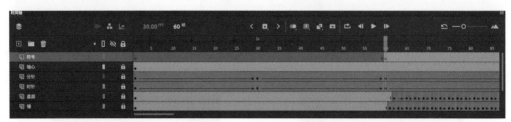

图 5-69　移动关键帧的位置

步骤 76 双击舞台的空白区域退出"闹钟"元件编辑模式,返回【场景 1】。选择"闹钟"图层的第 1 帧,在【属性】面板的【滤镜】区域,单击右上角的【添加滤镜】按钮 ➕,选择【投影】选项。设置【模糊 X】和【模糊 Y】均为 0,【距离】为 -38,【强度】为 40%,【角度】为 0°,【阴影颜色】为黑色,如图 5-70 所示。

步骤 77 现在制作文本动画。在【场景 1】中,锁定"闹钟"图层,并新建一个图层,命名为"文本",放置在时间轴顶层。

步骤 78 在"闹钟"图层,选择【文本工具】,在【属性】面板设置【字体】为"思源黑体 CN",【字型】为"Bold",【大小】为 150pt,【填充】为白色,如图 5-71 所示。

图 5-70　添加投影滤镜

图 5-71　设置文本属性

步骤 79 在舞台上单击,当出现文本输入符后,输入文本"10 分钟",回车,继续输入"数小时～ 30 小时",如图 5-72 所示。

步骤 80 切换到【选择工具】,将文本放置在舞台合适的位置。按【Ctrl+B】组合键将文本分离为单独的文本字段,如图 5-73 所示。

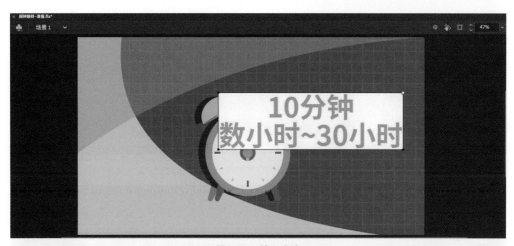

图 5-72　输入文本

图 5-73　将文本分离为单独的文本字段

步骤 81 依次选择每个单独的文本字段，按【F8】键将它们分别转换为元件，【名称】即以文本内容命名，同时前缀"文本"两字，如"文本_10""文本_分""文本_钟"⋯⋯以此类推，【类型】为【图形】元件。其中有两对"小"和"时"文本字段，只需将其中一对转换为相应的元件，另外一对使用复制的方法放置于原本文本字段的位置，元件命名如图 5-74 所示。

步骤 82 选择所有文本实例，按【F8】键将其整体转换一个元件，【名称】为"文本"，【类型】为【图形】元件。

步骤 83 双击"文本"元件实例，进入元件编辑模式。选择所有文本实例，在右键菜单中选择【分散到图层】命令。

步骤 84 选择所有图层的第 7 帧，按【F6】键插入关键帧，如图 5-75 所示。

步骤 85 选择所有图层的第 12 帧，按【F6】键插入关键帧，如图 5-76 所示。

图 5-74　文本元件的命名方式

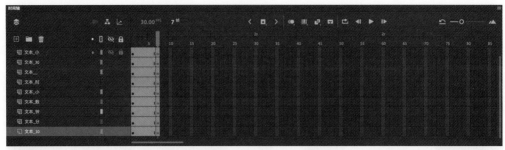

图 5-75　插入关键帧（1）

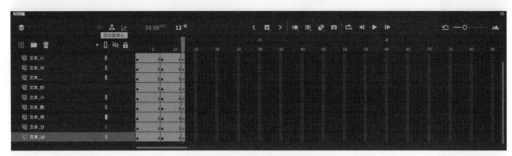

图 5-76　插入关键帧（2）

步骤 86 选择所有图层的 3 个关键帧范围，在右键菜单中选择【创建传统补间】命令，如图 5-77 所示。

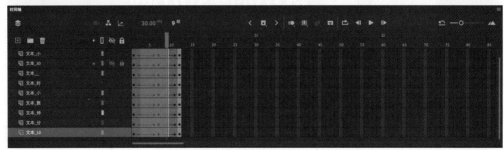

图 5-77　创建传统补间

步骤 87 选择所有图层的第 1 帧，使用【任意变形工具】，将变形中心移至底部边缘中心，然后向下拖动上边缘，使文本的高度尽可能缩小，如图 5-78 所示。

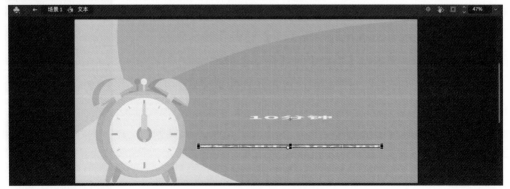

图 5-78　将文本元件进行变形

步骤 88 选择所有图层的第 7 帧，使用【任意变形工具】，将变形中心移至底部边缘中心，然后向上拖动上边缘，稍微增加文本的高度，如图 5-79 所示。

图 5-79　将文本元件进行变形

步骤 89　选择所有图层的第 1 段传统补间，在【属性】面板中设置【缓动强度】为 -100。

步骤 90　选择所有图层的第 2 段传统补间，在【属性】面板中设置【缓动强度】为 100。

步骤 91　选择"文本 _ 分"图层的补间，将其向后拖动到第 4 帧开始，如图 5-80 所示。

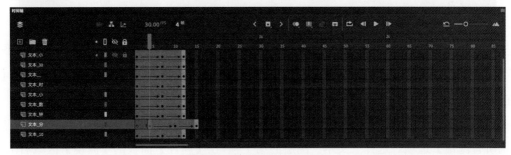

图 5-80　向后移动补间条（1）

步骤 92　选择"文本 _ 钟"图层的补间，将其向后拖动到第 8 帧开始，如图 5-81 所示。

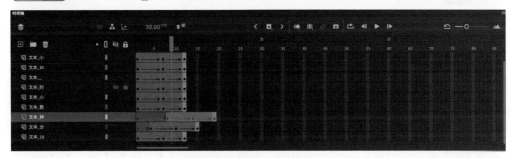

图 5-81　向后移动补间条（2）

步骤 93　重复上述步骤，依次将剩下图层的补间向后拖动，使它们的开始时间依次延后，如图 5-82 所示。

步骤 94　选择所有图层的第 150 帧，按【F5】键插入帧。

步骤 95　双击舞台的空白区域退出元件编辑模式，返回【场景 1】。现在我们需要调整一下【场景 1】中各动画元件实例出现的时间。

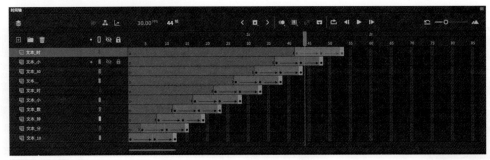

图 5-82　将所有补间条依次向后移动

步骤 96　分别在"闹钟"图层的第 58 帧和第 64 帧处按【F6】键插入关键帧，并在这两个关键帧之间创建传统补间，如图 5-83 所示。

图 5-83　插入关键帧并创建传统补间

步骤 97　移动第 58 帧处和第 64 帧处的"闹钟"实例，使闹钟从中心移动到舞台左侧。

步骤 98　选择"闹钟"图层第 58 帧和第 64 帧之间的补间，在【属性】面板中设置【缓动强度】为 100。

步骤 99　选择"闹钟"图层的第 1 帧，在【属性】面板的【滤镜】区域右上角，选择【选项】-【复制所有滤镜】选项。选择"文本"图层的第 1 帧，在【属性】面板的【滤镜】区域右上角，选择【选项】-【粘贴滤镜】选项。

步骤 100　将"文本"图层的第 1 个关键帧向后拖动到第 58 帧处。同时选择所有图层的第 180 帧，按【F5】键插入帧，使动画延长到第 180 帧，如图 5-84 所示。

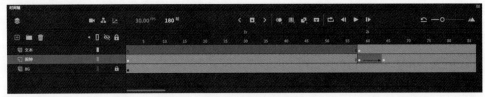

图 5-84　将所有图层延长到第 180 帧

步骤 101　现在我们要为动画添加声音。在菜单栏中选择【文件】-【导入】-【导入到库】命令，并选择文件夹"闹钟响铃 - 声音"中的两个音频文件："解说 .mp3"和"闹铃 .wav"。

步骤 102　在【时间轴】面板上新建两个图层，分别命名为"解说"和"闹铃"，如图 5-85 所示。

图 5-85　新建两个图层并重命名

步骤 103 选择"解说"图层的任一帧，在【属性】面板【声音】区域的【名称】下拉列表中选择"解说 .mp3"，并设置【同步】为"数据流"，如图 5-86 所示。

> **提示：**
>
> Animate CC 提供多种使用声音的方式。可以使声音独立于时间轴连续播放，或使用时间轴将动画与音轨保持同步。向按钮添加声音可以使按钮具有更强的互动性，通过声音淡入淡出还可以使音轨更加优美。
>
> Animate CC 中有两种声音类型："事件"和"数据流"。
>
> "事件"声音必须完全下载后才能开始播放，而且除非明确停止，否则它将一直连续播放。
>
> "数据流"在前几帧下载了足够的数据后就开始播放；音频流要与时间轴同步以便在网站上播放。

步骤 104 在"闹铃"图层的第 58 帧按【F6】键插入关键帧，然后在【属性】面板【声音】区域的【名称】下拉列表中选择"闹铃 .wav"，并设置【同步】为"数据流"，如图 5-87 所示。

图 5-86　选择音频并设置音频的同步方式（1）　　图 5-87　选择音频并设置音频的同步方式（2）

步骤 105 确保选择了"闹铃"图层的音频，在【属性】面板【声音】区域，单击【效果】右侧的【编辑声音封套】按钮，如图 5-88 所示，打开【编辑封套】对话框。在该对话框中，单击右下角的【帧】按钮，切换到帧显示模式；多次单击【缩小】按钮，将波形图缩小以查看整体，如图 5-89 所示。

图 5-88　【编辑声音封套】按钮　　　　图 5-89　【编辑封套】对话框

步骤 106 在第 170 帧和第 180 帧处分别单击声音封套，添加两对手柄；将第 180 帧处的左右声道的两个手柄向下拖动到底，这样声音将从第 170 帧开始减小，直到第 180 帧完全消失，如图 5-90 所示。

步骤 107 用同样的方法，在封套的第 70 帧上单击，添加一对手柄。将第 1 对手柄向下拖动到底，这样声音将从完全没有逐渐增大，如图 5-91 所示，单击对话框中的【确定】按钮。

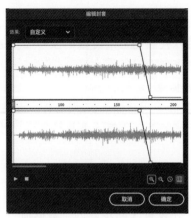 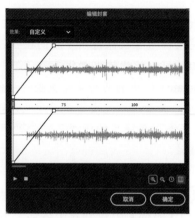

图 5-90　设置封套的淡出效果　　　　　图 5-91　设置封套的淡入效果

步骤 108 现在完成了动画的制作，按【Ctrl+Enter】组合键预览动画效果。

5.3 使用补间动画制作动画"搬砖"

学习目的：

读者通过本节内容的学习深入了解和熟练掌握 Animate CC 中补间动画的创建和编辑方法，向时间轴添加补间的方法；了解各种补间动画组件及其可补间属性；通过编辑补间动画的运动路径从而调节补间动画的运动效果；认识和使用属性关键帧；认识和使用【动画编辑器】面板；掌握保存动画预设等方法。

制作要点：

补间动画用于在 Animate CC 中创建动画运动。补间动画是通过为第一帧和最后一帧之间的某个对象属性指定不同的值来创建的。对象属性包括位置、大小、颜色、效果、滤镜及旋转。

在创建补间动画时，可以选择补间中的任一帧，然后在该帧上移动动画元件。不同于传统补间和形状补间，Animate CC 会自动构建运动路径，以便为第一帧和下一个关键帧之间的各个帧设置动画。

由于每个帧中未使用资源，补间动画会最大限度降低文件大小和文档中资源的使用。

步骤 1 打开 Animate 文档"搬砖 .fla"，该文档包含一个"BG"图层，用来放置动画的背景。同时库中包含一个名为"搬砖"的图形元件，该元件内部嵌套动画，可通过【库】面板的预览窗口右上角的【播放】按钮查看动画效果，如图 5-92 所示。双击"搬砖"图形元件的名称，进入元件编辑模式，可见这是一个包含 8 帧的"一拍一"逐帧动画。

步骤 2 在时间轴上新建一个图层，双击图层名称将其重命名为"搬砖"，如图 5-93 所示。

图 5-92　打开素材文档

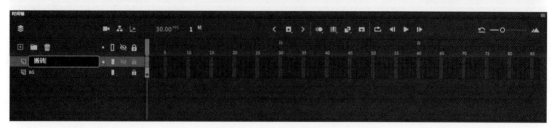

图 5-93　新建图层并重命名

（步骤 3）确保"搬砖"图层处于选中状态，从库中将"搬砖"图形元件拖出来，即生成该元件的一个实例，我们将该实例放置在舞台外侧的右下角，如图 5-94 所示。

图 5-94　将元件放置在舞台合适的位置

（步骤 4）在舞台上右击"搬砖"实例，选择【创建补间动画】命令，这将依据当前文档的帧速率创建一个 1 秒时长的动画，如图 5-95 所示。当前文档的帧速率为 30FPS，因此该补间动画的补间范围为 1～30 帧。

图 5-95　创建补间动画

步骤⑤ 观察时间轴上的"搬砖"图层，该图层已转换为补间动画图层，其名称前面的图层符号发生了变化，并以黄色的补间条作为区别。将鼠标悬停在补间范围的最后，当鼠标变为左右的箭头时，单击鼠标并向右拖动，补间范围随之延长。将补间范围延长至第 90 帧处时释放鼠标，如图 5-96 所示。

图 5-96　延长补间动画的范围

步骤⑥ 选择"BG"图层的第 90 帧，按【F5】键插入帧，使该图层的帧范围与"搬砖"图层一致，如图 5-97 所示。

> **提示：**
> 对于补间动画，同样可以用【插入帧】命令（或使用【F5】键）将其补间范围进行延长，或使用【删除帧】命令（或使用【Shift+F5】组合键）将补间范围缩短。

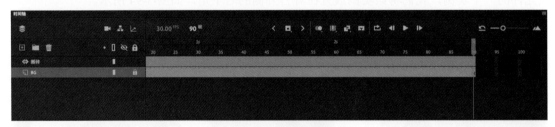

图 5-97　将动画延长至第 90 帧

步骤⑦ 将时间轴的播放头定位到补间范围的最后一帧，即第 90 帧，向左拖动"搬砖"实例，直到其位于舞台外侧左下角，如图 5-98 所示。此时第 90 帧处自动插入一个用黑色菱形标识的属性关键帧。同时在补间对象，即"搬砖"实例的起始和结束位置之间自动生成一段直线路径，该路径上均匀分布了一系列实心圆点，每一个圆点代表了所处相应帧的移动位置。拖动时间轴的播放头，可见实例从右向左的运动效果。

> **提示：**
> "属性关键帧"指在补间范围中为补间目标对象显式定义一个或多个属性值的帧。

> 这些属性可能包括位置、Alpha（透明度）、色调等。
>
> 每个定义的属性都有它自己的属性关键帧。
>
> 若在单个帧中设置了多个属性，则其中每个属性的属性关键帧会驻留在该帧中。
>
> 使用【动画编辑器】面板可查看补间范围的每个属性及其属性关键帧。
>
> 在补间范围上下文菜单中，若要选择在时间轴中显示哪种类型的属性关键帧，请右击任一属性关键帧，然后选择【查看关键帧】命令。

图 5-98　将元件实例向左移动

步骤 8　按【Ctrl+Enter】组合键预览动画效果，现在动画的速度过快，可以通过修改帧速率来控制动画速度。关闭 SWF 文件，返回 Animate 文档。单击舞台的空白区域确保未选择任何对象，在【属性】面板设置【FPS】为 12，如图 5-99 所示。修改完成后，再次按【Ctrl+Enter】组合键预览动画效果，此时的动画速度就比较合适了。

图 5-99　修改动画的帧速率

步骤 9　但是，不建议通过修改帧速率的方式来控制动画速度，我们按【Ctrl+Z】组合键撤销刚才的操作，使【FPS】回到 30。将鼠标放置在补间范围的最后，当鼠标变为左右的双向箭头时，单击并向右拖动，直到补间范围延长至第 180 帧。同时选择"BG"图层的第 180 帧，按【F5】键插入帧，如图 5-100 所示。

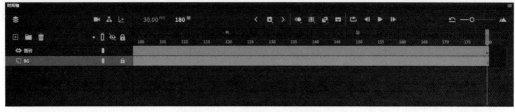

图 5-100　将动画延长至第 180 帧

步骤 10　此时再按【Ctrl+Enter】组合键预览动画效果，可见动画速度减慢了。切换到【选择工具】，将鼠标悬停在补间路径上，当鼠标右下角出现弧线标识时，单击并拖动鼠标，将直线路径修改为曲线路径，如图 5-101 所示。完成后，拖动时间轴的播放头查看动画效果，可见实例的运动沿着弧线进行。

图 5-101　修运动路径的形状

步骤 11　使用【选择工具】单击舞台上的运动路径将其选择，然后将其拖动到别的位置。此时拖动时间轴的播放头查看动画效果，可见实例的运动路径发生了整体的移动。

步骤 12　保持对路径的选择，切换到【任意变形工具】，将路径进行缩放、旋转等变形操作，并通过拖动时间轴的播放头查看修改后的动画效果。

步骤 13　切换到【选择工具】，将鼠标悬停在路径左端点处，当鼠标右下角出现直角符号时，单击鼠标并向左下角拖动路径，将路径的左端点拖动到舞台以外左下角。

步骤 14　现在制作雪花下落的补间动画。新建一个图层，命名为"雪花"，放置在最顶层。在该图层中，使用【椭圆工具】，【填充】为白色，【笔触】为"无"，按【Shift】键绘制一个正圆。

步骤 15　选择这个白色圆形，按【F8】键将其转换为元件，【名称】为"雪花"，【类型】为【图形】元件。

步骤 16　右击"雪花"元件，选择【创建补间动画】命令，如图 5-102 所示。

图 5-102　创建补间动画

步骤 17　再次新建一个图层，命名为"路径"。选择该图层，切换到【画笔工具】，关闭【对象绘制】模式，在【属性】面板中设置【笔触大小】为1，【样式】为"实线"，【宽】为"均匀"，在舞台上从上向下绘制一条曲线路径，如图 5-103 所示。

步骤 18　切换到【选择工具】，双击这条曲线路径将其全部选择，按【Ctrl+C】组合键复制。

步骤 19　选择"雪花"元件，按【Ctrl+V】组合键将曲线路径粘贴到"雪花"的补间中，从而将笔触作为补间动画的运动路径，如图 5-104 所示。

图 5-103　绘制一条曲线路径

图 5-104　将路径复制并粘贴到图形元件上

步骤 20　目前"雪花"的补间动画时长为 180 帧。拖动播放头查看动画效果，可见动画速度过慢。向左拖动"雪花"补间的尾部端点，压缩补间时长到第 30 帧，如图 5-105 所示。按【Ctrl+Enter】组合键键预览动画效果，此时的速度比较合适。

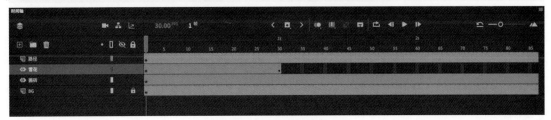

图 5-105　压缩补间动画的长度

步骤 21　返回 Animate CC 中，在【时间轴】面板上选择"雪花"图层，从而全选该图层的补间。按【Alt】键的同时单击补间并向右拖动，将复制的补间放置在第 50 帧开始，从而在一个图层中放置同一个对象的两段补间，如图 5-106 所示。

> **提示:**
>
> "补间范围"指时间轴中的一组连续帧,其中的某个对象具有一个或多个随时间变化的属性。
>
> 补间范围在时间轴中显示为具有背景色的单个图层中的一组帧。
>
> 用户可以选择补间范围作为一个单个的对象,然后将它们从一个位置拖动到时间轴中另一个位置,包括拖动到另一个图层。
>
> 在每个补间范围中,只能对舞台上的一个对象进行动画处理,此对象称为补间范围的目标对象。

图 5-106　复制并粘贴补间动画

步骤 22 重复步骤 21,按住【Alt】键继续将这段补间向右拖动复制 2 份,分别放置在第 100 帧开始和第 150 帧开始。

步骤 23 新建一个图层,命名为"雪花 2"。选择该图层,在【库】中将"雪花"元件拖动至舞台形成一个新的实例,放置在不同的位置。

步骤 24 使用【任意变形工具】,按【Shift】键同时拖动缩放手柄,将这个"雪花"实例缩小。

步骤 25 右击该实例,选择【创建补间动画】命令,如图 5-107 所示。

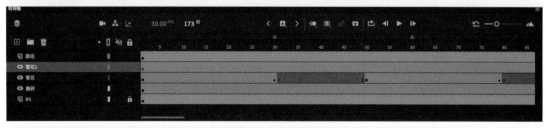

图 5-107　创建补间动画

步骤 26 选择"路径"图层之前绘制的路径,按【Delete】键将其全部删除。然后使用【画笔工具】,设置同前,在"路径"图层从上至下绘制一条新的曲线路径。

步骤 27 使用【选择工具】,双击这条新的曲线路径将其全部选中,按【Ctrl+C】组合键复制。

步骤 28 选择"雪花 2"图层的"雪花"实例,按【Ctrl+V】组合键将笔触粘贴为补间动画的路径,如图 5-108 所示。

步骤 29 单击并向左拖动"雪花 2"图层的补间动画的尾部,压缩其补间时长至第 40 帧,如图 5-109 所示。

步骤 30 选择【时间轴】面板上的"雪花 2"图层,从而全选该图层的补间动画,然后将其补间范围向后拖动到第 10 帧开始，如图 5-110 所示。

图 5-108　复制并粘贴路径到图形元件上

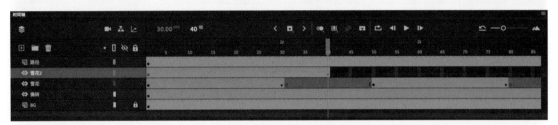

图 5-109　压缩补间动画的时长

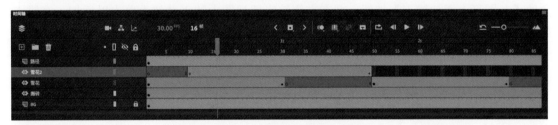

图 5-110　移动补间动画的位置

步骤 31　按【Alt】键继续单击并向右拖动这段补间范围，复制出两段新的补间范围，并将新的补间范围放置在第 70 帧开始和第 130 帧开始。这样就制作好了两套雪花下落的动画，同时保证了它们下落的时间错开，下落的速度不同。

步骤 32　重复上述步骤，再新建几个"雪花"图层，并将"雪花"实例放置进去，使用【任意变形工具】修改每个雪花实例的大小，使它们大小不一。给每个"雪花"实例创建补间动画。在"路径"图层绘制不同的曲线路径，并将路径复制粘贴给"雪花"补间动画。将"雪花"补间原本第 180 帧的补间范围缩短到第 30～40 帧左右，并确保每个图层的补间动画从不同的帧开始。在同一图层复制并粘贴补间范围。最终形成雪花纷飞的动画效果。

步骤 33　现在我们将使用【动画编辑器】面板编辑补间动画。双击"搬砖"图层的补间，其下方将显示【动画编辑器】面板，如图 5-111 所示。也可以右击该补间范围，并选择【优化补间动画】命令，从而将【动画编辑器】面板打开。

图 5-111　打开【动画编辑器】面板

步骤 34 单击【动画编辑器】面板左下角的【适应视图大小】按钮，使根据右侧的编辑器视图大小调整曲线的缩放，如图 5-112 所示。

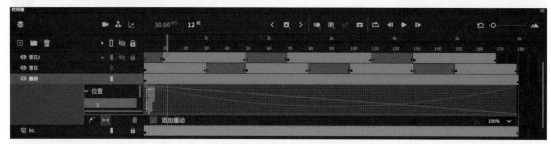

图 5-112　使【动画编辑器】面板适应视图大小

步骤 35 向下滚动【动画编辑器】面板左侧的属性列，定位到需要编辑的属性位置。此处可见发生属性变化的是位置的 X 和 Y 轴。单击位置的【X】以选择该属性，然后单击左下角的【在图形上添加锚点】按钮，并在右侧编辑器视图中的 X 曲线上单击以添加一个锚点，如图 5-113 所示。

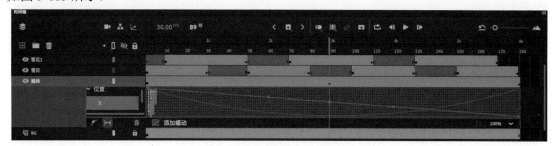

图 5-113　在属性曲线上添加锚点

步骤 36 此时在新添加锚点的对应帧处自动添加了一个属性关键帧。拖动新添加的锚点可改变其位置，从而修改该属性关键帧 X 轴的值。调整锚点左右的手柄以修改曲线的曲率，如图 5-114 所示。

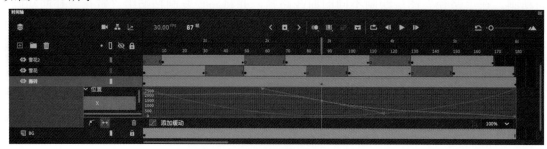

图 5-114　编辑曲线的锚点和手柄

步骤 37 此时舞台上"搬砖"实例的运动路径发生了变化，拖动时间轴的播放头查看修改后的动画效果。

步骤 38 返回【动画编辑器】面板，按【Ctrl】键同时单击新添加的锚点，将这个锚点删除。我们将使用预设的缓动来编辑补间动画。

步骤 39 仍然选择位置的 X 属性，单击【动画编辑器】面板底部的【添加缓动】按钮，为选定的属性应用缓动预设，如图 5-115 所示。在弹出的对话框中，左侧列显示了可供选择的缓动类型，右侧图表区域显示缓动曲线。我们在左侧选择【停止和启动】-【快速】选项，如图 5-116 所示，右侧曲线显示该缓动效果为"渐快—减慢—渐快"。上方的【动画编辑器】面板中的 X 曲线上出现了红色的曲线，代表编辑后的缓动效果，如图 5-117 所示。同时舞台上"搬砖"实例的运动轨迹也发生了偏离。

图 5-115　添加缓动预设

图 5-116　选择缓动预设

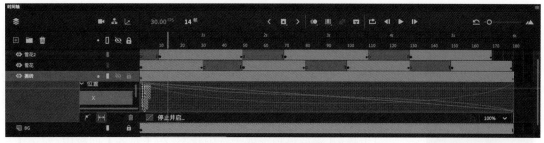

图 5-117　添加缓动预设后的曲线效果

步骤 40 返回【动画编辑器】面板，将预设缓动改为【自定义】，并单击右侧图表区域的前后两个锚点，修改锚点的手柄从而改变曲线走势，如图 5-118 所示。单击曲线可添加锚点，按【Ctrl】键并单击添加的锚点，可将该锚点删除。

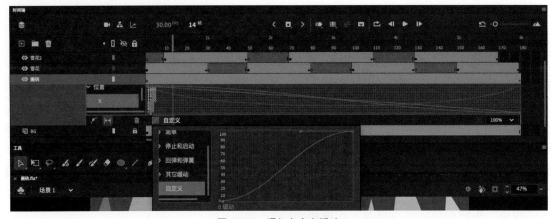

图 5-118　添加自定义缓动

步骤 41　完成后双击补间关闭【动画编辑器】面板。按【Ctrl+Enter】组合键预览最终动画效果。

5.4　制作补间动画"运动文本"

学习目的：

　　本节通过新建的 Animate 文档进行运动文本动画的制作。读者通过本节内容的学习深入了解和熟练掌握 Animate CC 中文本的输入和编辑操作、补间动画的创建和编辑，以及利用【动画编辑器】面板为补间动画添加缓动的方法和技巧。

制作要点：

　　本案例首先进行文本元素的制作；将文本进行一次分离并转换为元件；对元件进行补间动画的创建；修改补间动画的关键帧属性；利用【动画编辑器】面板为补间动画添加缓动效果；通过调节补间的起始帧数从而生成动画依次出现的效果。

步骤 1　新建 Animate 文档，设置文档的【宽】为 640 像素，【高】为 480 像素，【帧速率】设置为 30FPS，【平台类型】为 ActionScript 3.0。

步骤 2　在"图层 1"中，使用【矩形工具】绘制一个矩形。选择该矩形，在【颜色】面板中，设置其【填充类型】为"径向渐变"，调节下方的渐变滑块，其中左侧的渐变滑块颜色值为 #343546，右侧的渐变滑块为黑色，如图 5-119 所示。并设置【笔触】为"无"。

步骤 3　保持该矩形处于选中状态，在【对齐】面板中，勾选【与舞台对齐】复选框，并单击【匹配宽和高】按钮、【水平中齐】按钮、【垂直中齐】按钮。然后将该图层重命名为"BG"，并锁定该图层。

图 5-119　设置"径向渐变"

步骤 4　在"BG"层上新建一个图层，使用【文本工具】，在【属性】面板中的【字符】区域，设置【字体】为"阿里巴巴普惠体"，【字重】为"Heavy"，【大小】为 50pt，【颜色】为白色。在舞台中部单击并输入文本"ANIMATE"，如图 5-120 所示。

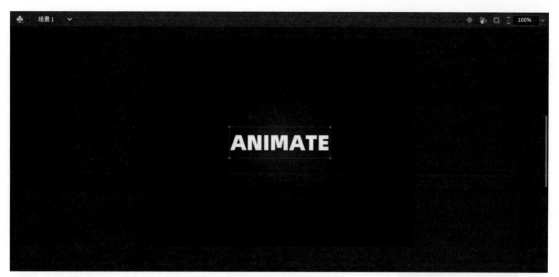

图 5-120　输入文本

步骤5 选择该文本,在【对齐】面板中勾选【与舞台对齐】复选框,并单击【水平中齐】按钮和【垂直中齐】按钮。

步骤6 保持文本处于选择状态,按【Ctrl+B】组合键一次将它们分离,此时所有字符可单独选择,同时依然保留了文本的可编辑属性,如图 5-121 所示。

提示:

按【Ctrl+B】组合键对文本进行分离操作时,一次分离后所有字符可单独选择,同时依然保留了文本的可编辑属性;二次分离后所有文本将转换为【合并绘制】模式,文本将失去其可编辑属性,其类型相当于普通的图形。

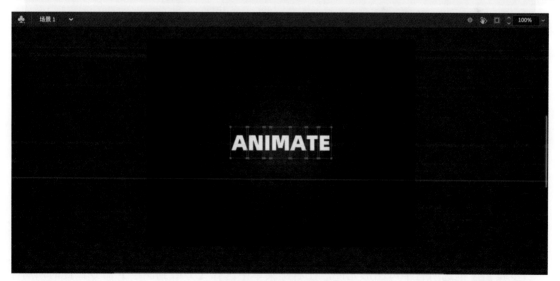

图 5-121　将文本进行分离

步骤7 选择第一个字母"A",按【F8】键将其转换为元件,【名称】为"A",【类型】为【图形】元件。

步骤8 重复上述步骤,将字母"N""I""M"都转换为【图形】元件,并以各自的字

图 5-122 【库】面板中元件的命名方式

母命名，如图 5-122 所示。

步骤⑨ 选择第一个 "A" 图形元件实例，按【Ctrl+C】组合键复制，然后按【Ctrl+Shift+V】组合键粘贴到当前位置。此时原本的 "A" 元件实例和复制的 "A" 元件实例重叠放置。

步骤⑩ 单击选择复制的 "A" 元件实例，再按住【Shift】键的同时选择第 5 个文本 "A"，在【对齐】面板中，确保不勾选【与舞台对齐】复选框，然后单击【右对齐】按钮。此时复制的 "A" 元件实例将被移动至和第 5 个文本 "A" 重叠的位置，并放置在文本 "A" 之上，如图 5-123 所示。

步骤⑪ 单击选择与第 5 个文本 "A" 重叠放置的 "A" 元件实例，在右键菜单中选择【排列】-【移至底层】命令。然后单击选择顶层的文本 "A"，按【Delete】键将其删除。

> **提示：**
> 因为文本 "ANIMATE" 中存在两个完全相同的字母 "A"，因此只需将其中一个转换为【图形】元件，另一个位置使用复制的该图形元件实例放置即可。但放置时需保持位置不发生变化。

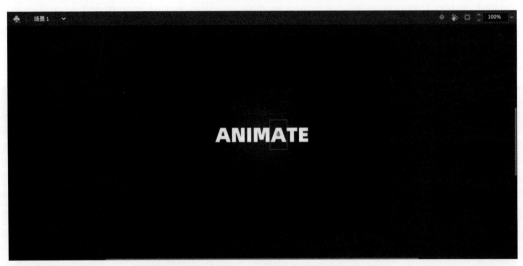

图 5-123 将元件 "A" 复制并放置于第二个字母 A 处

步骤⑫ 重复步骤 7，将剩下的两个文本 "T" 和 "E" 也转换为【图形】元件，并以它们各自的名称命名。

步骤⑬ 框选所有字母图形元件，在右键菜单中选择【分散到图层】命令，此时所有字母元件实例将按照当前的位置被分配到不同的图层中，如图 5-124 所示，以便后续补间动画的制作。

步骤⑭ 在【时间轴】面板上拖动图层名称以重新组织一下图层的顺序，确保图层从下至上的排列顺序与舞台上字母的排列顺序一致。

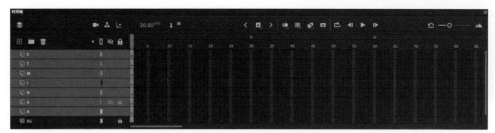

图 5-124　将所有元件分散到图层

步骤 15 再次框选所有字母元件实例，在右键菜单中选择【创建补间动画】命令。此时所有元件实例图层将以当前的帧速率自动生成一段 1 秒时长的补间动画，如图 5-125 所示。

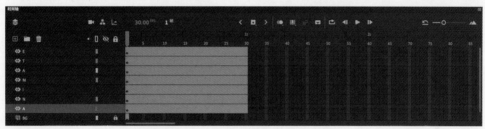

图 5-125　为所有字母元件创建补间动画

步骤 16 选择"BG"图层的第 30 帧，按【F5】键插入帧，使其持续到第 30 帧处。

步骤 17 选择所有字母图层的第 15 帧，按【F6】键插入关键帧。再选择所有字母图层的第 20 帧，按【F6】键插入关键帧，如图 5-126 所示。

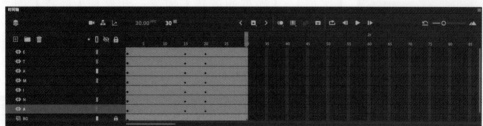

图 5-126　插入关键帧

步骤 18 将时间轴的播放头定位到第 1 帧处，选择所有字母元件实例，按住【Shift】键将其垂直向下移动，直到移出舞台，如图 5-127 所示。

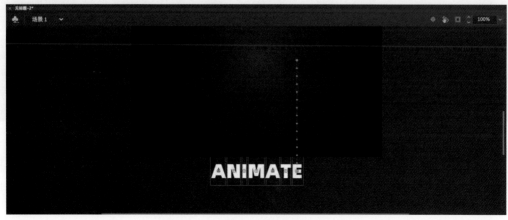

图 5-127　将所有字母元件垂直向下移动

图 5-128 将元件旋转 30°

步骤 19 选择第 1 帧处的第一个字母 "A"，选择【修改】-【变形】-【缩放和旋转】命令，并设置【旋转】为 30°，如图 5-128 所示。

步骤 20 重复上述步骤，将第 1 帧处的其他字母都旋转 30°，如图 5-129 所示。

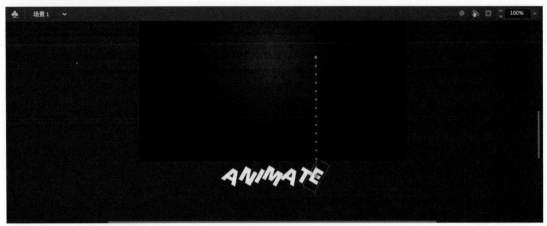

图 5-129 所有元件旋转 30° 后的效果

步骤 21 选择第 15 帧处的第一个字母 "A"，选择【修改】-【变形】-【缩放和旋转】命令，并设置【旋转】为 -15°，如图 5-130 所示。

步骤 22 重复上述步骤，将第 15 帧处的其他字母都旋转 -15°，如图 5-131 所示。

图 5-130 将元件旋转 -15°

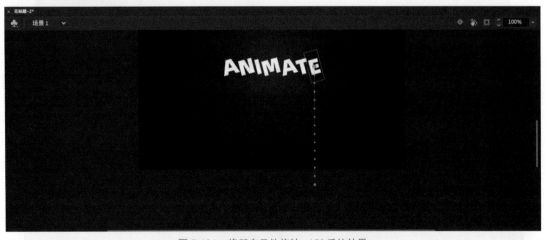

图 5-131 将所有元件旋转 -15° 后的效果

步骤 23 双击第 1 个字母 "A" 的补间，调出【动画编辑器】面板。单击【添加缓动】按钮，并依次选择【简单】-【最快】选项，从而为这段补间动画添加匀减速运动效果，如图 5-132 所示。

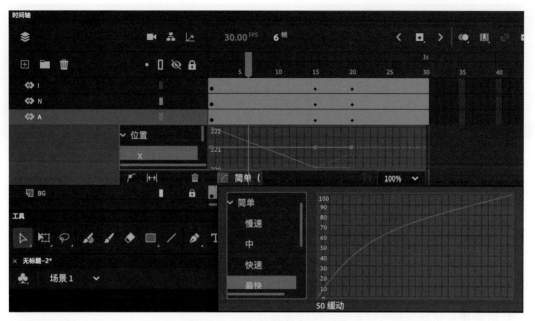

图 5-132　为补间动画添加预设缓动

步骤 24 重复上述步骤，为其他几个图层的补间动画添加同样的缓动设置。再次双击补间区域折叠【动画编辑器】面板。

步骤 25 在【时间轴】面板上选择图层 "N" 从而选择整段补间动画，向右拖动这段补间动画，使其从第 5 帧开始，如图 5-133 所示。

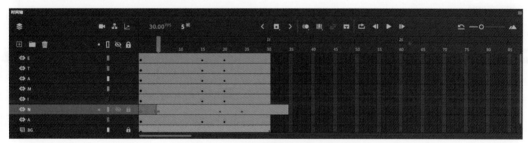

图 5-133　将补间动画向后拖动 5 帧

步骤 26 依次选择其他的图层，向后拖动它们的补间动画，使其开始帧依次向后延迟 5 帧，如图 5-134 所示。

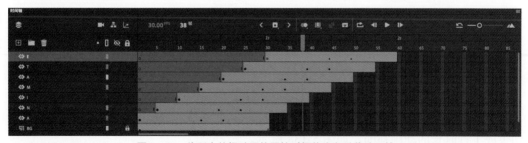

图 5-134　将所有补间动画的开始时间依次向后移动 5 帧

步骤 27 选择所有图层的第 60 帧，按【F5】键插入帧，从而使所有图层都持续到第 60 帧，如图 5-135 所示。

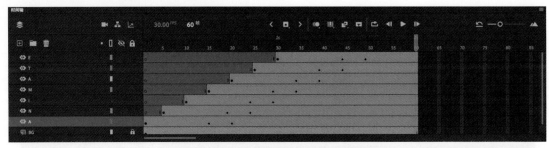

图 5-135　在所有图层的第 60 帧处插入帧

步骤 28 按【Ctrl+Enter】组合键预览动画效果。

5.5　章节练习

一、思考题

1. 请简述补间动画和传统补间的区别及用法。

2. 如何保证动画实现循环播放的效果。

3. 如何在【动画编辑器】面板中调节补间动画的缓动效果。

二、实操题

根据所提供的范例，制作补间动画"汽车启动"。

参考制作要点：

步骤 1 打开素材文件夹"模块 05"中的文档"汽车启动 .fla"。该文档中包含一个"汽车"图形元件，如图 5-136 所示，我们需要给这个图形元件制作其启动和开走的动画。

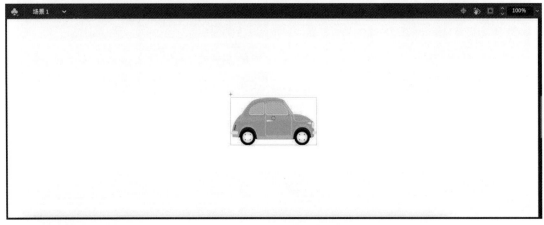

图 5-136　打开素材文件并查看元件

步骤 2 将"汽车"图形元件实例放置在舞台左侧偏下的位置，如图 5-137 所示。

步骤 3 右击该图形元件，选择【创建补间动画】命令。此时将基于当前文档的帧速率自动生成 1 秒时长的动画补间，如图 5-138 所示。

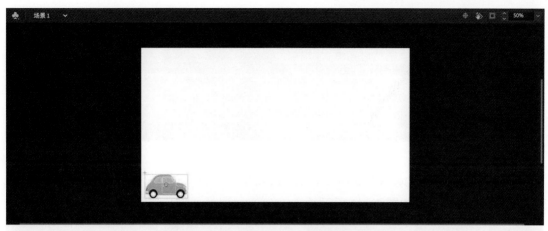

图 5-137　将"汽车"图形元件移动到舞台左下角

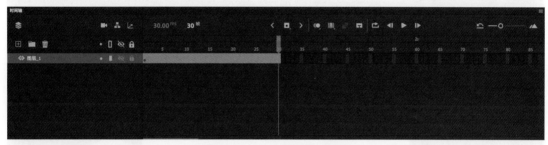

图 5-138　为元件创建补间动画

步骤 4　将时间轴的播放头定位到第 10 帧处，并将舞台上的"汽车"图形元件水平向左拖动。此时该帧处自动插入一个属性关键帧，如图 5-139 所示。

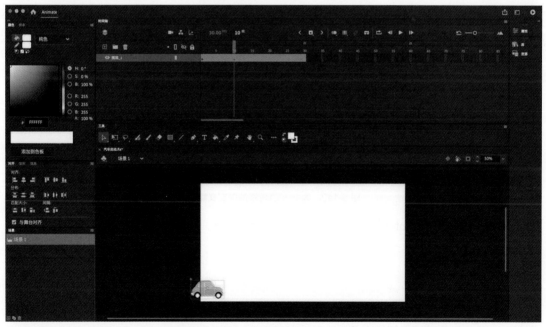

图 5-139　将第 10 帧处的"汽车"元件向左拖动

步骤 5　选择时间轴上的第 20 帧，按【F6】键插入一个关键帧，如图 5-140 所示。

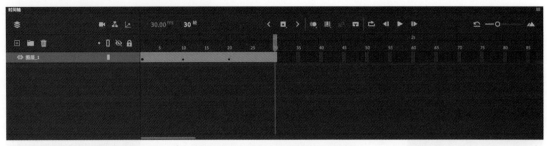

图 5-140　在第 20 帧处插入关键帧

步骤6 将时间轴的播放头定位到第 30 帧，将舞台上的"汽车"图形元件水平向右拖动，直到其位于舞台外部，如图 5-141 所示。

图 5-141　将第 30 帧处的"汽车"元件水平向右拖出舞台

步骤7 双击【时间轴】面板上的补间动画，打开【动画编辑器】面板。单击下方的【添加缓动】按钮，并选择【自定义】选项，在右侧的缓动图表中调节缓动曲线如图 5-142 所示。

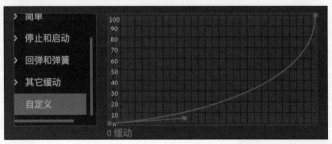

图 5-142　为补间动画添加自定义缓动

步骤8 按【Ctrl+Enter】组合键预览动画效果。

第 6 章

Animate CC 引导
层动画制作

6.1 制作引导层游戏开机动画 "火车熊"

学习目的:

本节使用所提供的 Animate 文档素材进行传统补间动画和引导层动画的制作,从而完成游戏开机画面的动画制作。读者通过本节内容的学习深入了解和熟练掌握 Animate CC 中的传统补间、引导层和被引导层等相关知识和动画技巧。

制作要点:

Animate CC 中的动画引导可以实现动画对象沿着定义的路径运动,特别对于运动路径为非直线时更为便利。引导层动画需要两个图层实现,一个是引导层,它定义动画对象的运动路径;另一个是被引导层,即要实现动画的对象。

注意:动画引导仅适用于传统补间。

步骤1 打开 Animate 文档 "火车熊 - 准备 .fla",该文档包含已经制作好的一部分开机动画,以及需要制作动画的图形,如图 6-1 所示。现在继续进行动画的绘制和制作。

步骤2 我们要制作舞台下方几个圆形文字的动画。首先要将这些元素转换为图形元件。选择第一个文字 "J",按【F8】键转换为元件,【名称】为 "J",【类型】为【图形】元件。

步骤3 用同样的方法将其他 6 个文字都转换为图形元件,并以文字自身命名,如图 6-2 所示。

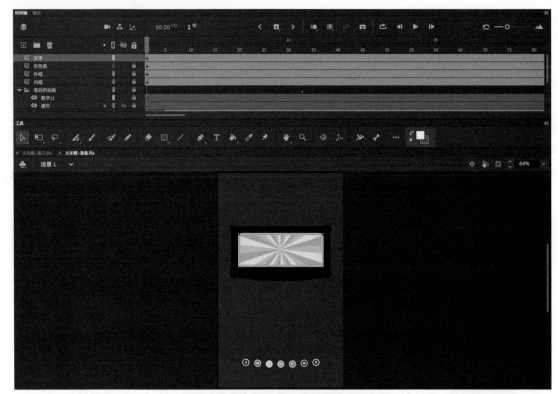

图 6-1　打开素材文档

图 6-2　【库】面板中的元件命名方式

步骤 4　全选所有文字，右击选择【分散到图层】命令，将它们放置在不同的图层上，同时删除原来的"文字"图层。

步骤 5　新建一个图层放置在顶端，使用【椭圆工具】 ，开启【对象绘制】模式 ，【填充颜色】为"无"，按住【Shift】键绘制正圆，将这个圆形放置在舞台上合适的位置，并与"闪光"图层水平和垂直居中，如图 6-3 所示。

步骤 6　再新建一个图层，使用【直线工具】 ，开启【对象绘制】模式 ，按住【Shift】键绘制一条垂直的线条，使其与上一步绘制的圆形水平居中对齐。然后使用【任意变形工具】 将该直线的中心点移动至下端，如图 6-4 所示。

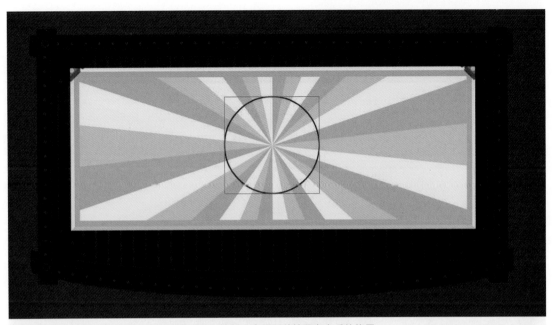

图 6-3　绘制一个圆形并放置在合适的位置

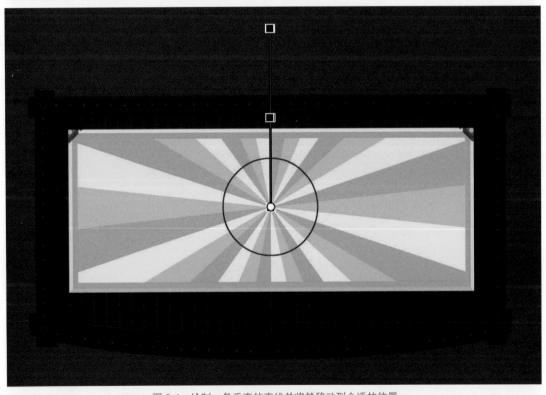

图 6-4　绘制一条垂直的直线并将其移动到合适的位置

步骤7 选择该直线，按【Ctrl+C】组合键复制它，然后按【Ctrl+Shift+V】组合键粘贴到当前位置。保持对新粘贴的直线的选择，在菜单栏中选择【修改】-【变形】-【缩放和旋转】命令，设置旋转值为 51.4°，单击【确定】按钮。这样就将新复制的直线顺时针旋转了 51.4°，如图 6-5 所示。

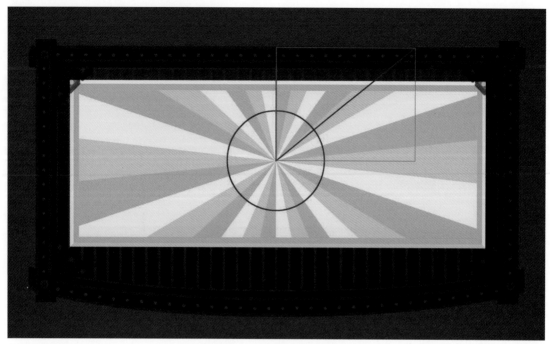

图 6-5　直线旋转后的效果

步骤8 保持对这个新复制直线的选择，按【Ctrl+C】组合键复制它，然后按【Ctrl+Shift+V】组合键粘贴到当前位置。同时继续使用缩放和旋转命令将其旋转 51.4°。

步骤9 使用同样的方法，继续复制、粘贴到当前位置并旋转，直到 7 条直线全部平均分布，如图 6-6 所示。

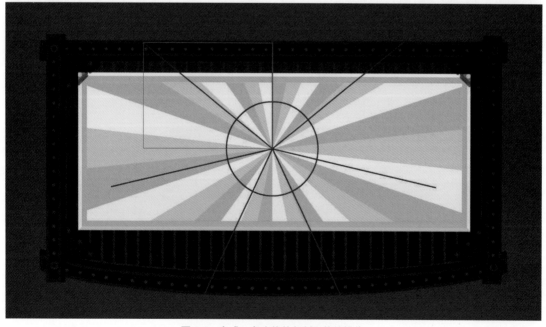

图 6-6　完成 7 条直线的复制和旋转操作

步骤10 选择这 7 条直线，按【Ctrl+G】组合键组合，以便它们能作为一个整体和圆形对齐。

步骤 11 选择 7 条直线的组合和圆形,在【对齐】面板中,单击【水平中齐】按钮和【垂直中齐】按钮。

步骤 12 选择 7 条直线的组合,使用【任意变形工具】 ，按住【Shift】键向外拖动某个角点的手柄,按比例将其放大,直到 7 条直线全部超出闪光图层的范围,如图 6-7 所示。

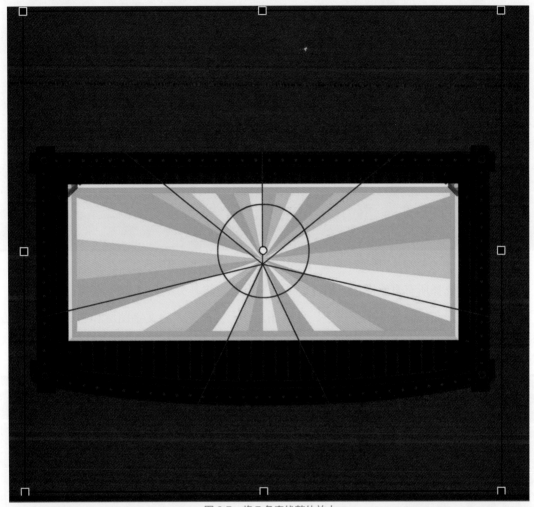

图 6-7　将 7 条直线整体放大

步骤 13 选择 7 条直线的组合,按【Ctrl+B】组合键将它们分离,再右击,选择【分散到图层】命令,它们将作为文字的一部分引导线来使用。

步骤 14 全选 7 个文字图层的第 17 帧,按【F6】键插入关键帧,并在第 1 帧和第 17 帧之间右击并选择【创建传统补间】命令,如图 6-8 所示。

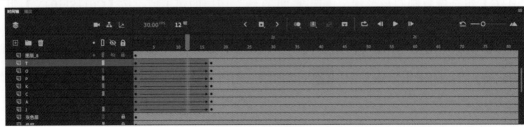

图 6-8　创建传统补间

步骤 15 在第 17 帧处,将文字分别移动到直线和圆形相交的位置,按顺时针排列,尽量让文字的中心锚点对齐直线和圆形的交点,如图 6-9 所示。

图 6-9 将文字分别移动到每条直线与圆形相交处

步骤 16 选择所有直线图层,按【Ctrl+B】组合键将其分离为【合并绘制】模式。

步骤 17 现在按照文字图层在下、直线图层在上的顺序,将文字图层和它所对应的直线图层进行分组排列。为了便于识别,最好对直线图层进行重命名,这里"J"文字图层所对应的直线图层命名为"J 直线",以此类推,给其他直线图层重命名,如图 6-10 所示。

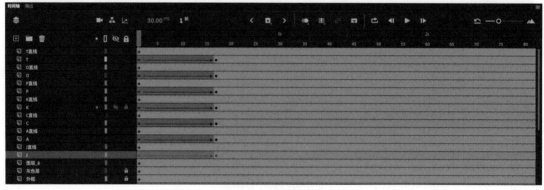

图 6-10 重命名图层

步骤 18 选择圆形图层,按【Ctrl+B】组合键将其分离为【合并绘制】模式。然后按【Ctrl+C】组合键复制圆形形状,再选择"J 直线"图层的第 1 帧,按【Ctrl+Shift+V】组合键将其粘贴到当前位置。对于其他几个直线图层,也按此方法将圆形粘贴到第 1 帧处。

步骤 19 现在关闭所有图层的显示,只显示"J"图层和"J 直线"图层。选择"J 直线"图层的第 1 帧,使用【铅笔工具】 绘制曲线(关闭【对象绘制】模式),该曲线的两个端点连接上 J 文字和圆形,如图 6-11 所示。

步骤 20 使用【选择工具】▷ 选择并删除笔触交叉的部分，使得整个笔触成为一条开放路径，如图 6-12 所示。

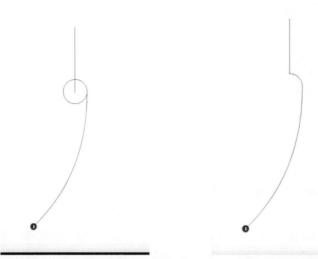

图 6-11　绘制一条曲线使其连接文字和圆形　　　　图 6-12　删除笔触交叉的部分

步骤 21 右击"J 直线"图层的名称区域，选择【引导层】命令。该图层即被转换为引导层，可见其图层图标发生变化。但是目前它和其下的图层还没有建立起引导关系。拖动其下方的"J"图层到"J 直线"图层下方，当出现带圈的直线时释放鼠标，此时"J"图层向内缩进为"J 直线"图层的子图层，即被引导层，而"J 直线"图层成为引导层，同时其突出图标变成了一条引导线，说明引导关系已经建立，如图 6-13 所示。

图 6-13　建立引导层与被引导层的关系

步骤 22 此时拖动播放头，可见文字沿着引导线运动。

提示：

如果引导动画不成功，那么请检查引导层是否为开放路径，闭合路径无法正确设置引导层动画。同时请检查前后关键帧处动画对象的中心锚点是否位于引导层上。

步骤 23 重复步骤 19～22，为其他几个文字图层创建引导动画。设置所有动画的【缓动强度】为 100，如图 6-14 所示。

提示：

引导层作为辅助图层，不会被作为动画内容导出。如果要取消引导关系，那么只需将被引导层从引导层中拖出来。

图 6-14　设置【缓动强度】为 100

步骤 24　现在设置动画的开始时间，以实现动画依次启动的效果。选择"A"图层的所有关键帧和补间，然后向后拖动 3 帧，即从第 4 帧开始。然后选择该图层的第 1 个关键帧，按住【Alt】键将这个关键帧复制到第 1 帧处，以保证一开始能看见文字，如图 6-15 所示。

步骤 25　用同样的方法，将其他几个文字图层的动画向后移动，时间轴形成梯形状，如图 6-16 所示。

步骤 26　在每个文字图层的第 49 帧和第 57 帧处按【F6】键插入关键帧，并在这两个关键帧之间右击选择【创建传统补间】命令，如图 6-17 所示。

图 6-15　设置补间动画的开始时间

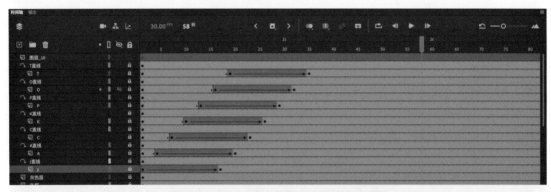

图 6-16　设置所有文字图层补间动画的起止范围

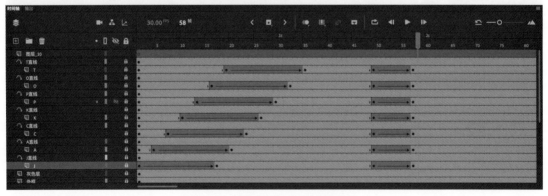

图 6-17　插入关键帧并创建传统补间

步骤 27　在第 57 帧处，将文字分别沿着各自的引导线拖向直线的末端，如图 6-18 所示。选择这些补间，在【属性】面板中设置【缓动强度】为 -100。

步骤 28　选择所有引导层和被引导层的第 58 帧，按【F7】键插入空白关键帧，以结束这些图层的内容显示，如图 6-19 所示。

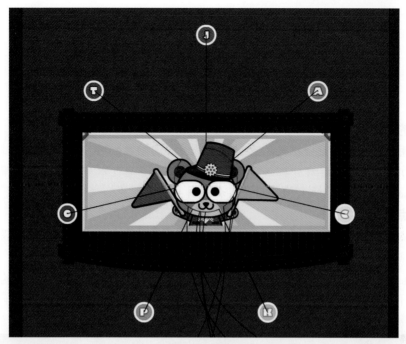

图 6-18　设置第 57 帧处文字元件的位置

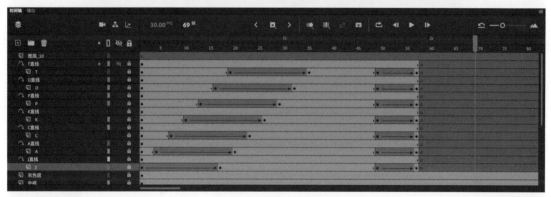

图 6-19　插入空白关键帧

步骤 29 新建图层文件夹，命名为"引导动画"，将所有引导层和被引导层拖入该文件夹中，并锁定该图层文件夹，如图 6-20 所示。

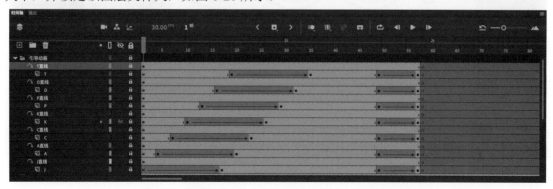

图 6-20　新建图层文件夹并将相应的图层拖入图层文件夹中

6.2 制作引导层动画"火车行驶"

学习目的：

本节使用所提供的 Animate 文档素材进行传统补间动画和引导层动画的制作，从而继续巩固 6.1 节的内容并完成游戏开机画面的动画制作。读者通过本节内容的学习深入了解和熟练掌握 Animate CC 中的传统补间、引导层和被引导层等相关知识和动画技巧。

制作要点：

本节重点在于掌握一个引导层下包含多个被引导层的图层关系及其动画的设置，以及使用【调整到路径】命令控制对象在路径中的运动旋转方向。

步骤1 打开 Animate 文档"火车行驶 .fla"，该文档包含背景、火车行驶的轨道，以及带有火车上下运动和吐烟的动画图形元件，如图 6-21 所示。现在需要制作火车沿着轨道行驶的动画。

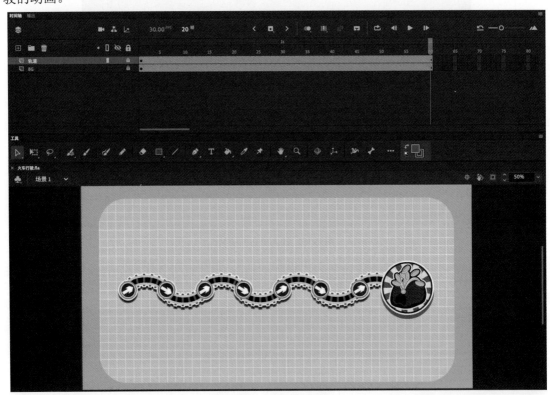

图 6-21　打开素材文档

步骤2 新建一个图层，选择该图层，将"火车头动画"图形元件从【库】面板拖动到舞台上，位于轨道左侧，如图 6-22 所示。

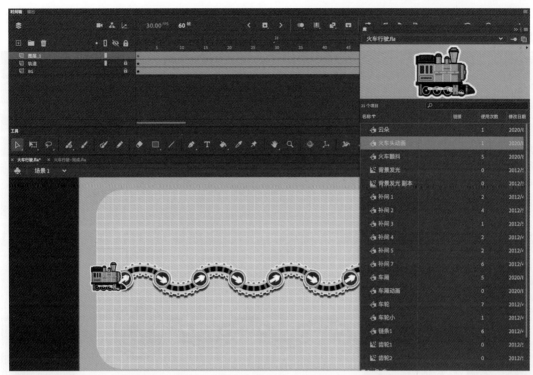

图 6-22 将"火车头动画"图形元件从【库】面板拖动到舞台

步骤3 仍然选择该图层,将"车厢动画"图形元件从【库】面板拖动到舞台上,位于火车头左侧。可以根据需要多放置几节车厢,这里拖出两节车厢,如图 6-23 所示。

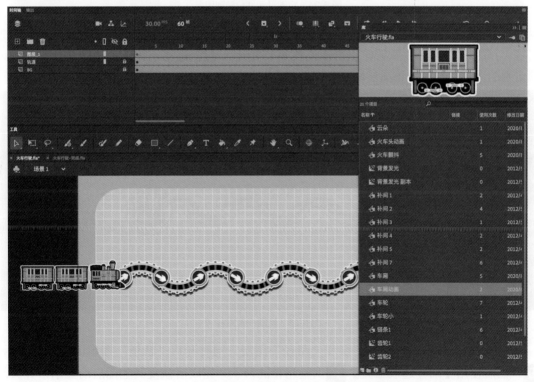

图 6-23 将"车厢动画"图形元件从【库】面板拖动到舞台

步骤4 选择这三个图形元件，右击选择【分散到图层】命令，将它们分别放置在不同的图层上，如图 6-24 所示。

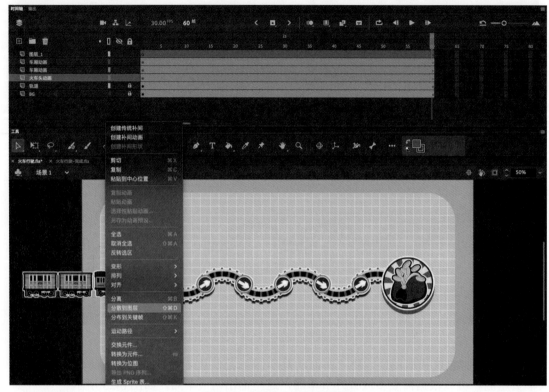

图 6-24　将图形元件分散到图层

步骤5 在时间轴最顶端的空白图层上，使用【钢笔工具】📝沿着下方的轨道绘制一条路径，路径左侧向舞台外延伸出去，如图 6-25 所示。为了避免误操作，绘制路径的时候请锁定别的图层。同时将该图层命名为"路径"。

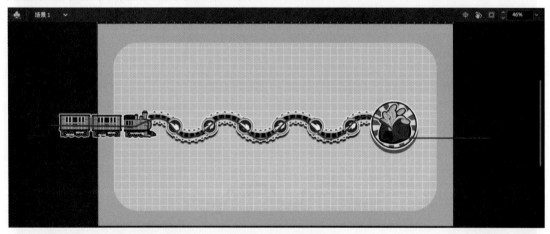

图 6-25　绘制一条路径

步骤6 只显示"轨道"图层和"路径"图层，同时开启"轨道"图层的【轮廓显示】📱。然后使用【部分选取工具】▶调整路径的形状。完成后恢复其他图层的显示，并关闭轮廓显示模式。

步骤7 选择所有图层的第 150 帧，按【F5】键将其延长至此帧。

步骤8 右击"路径"图层，选择【引导层】命令，将其转换为引导层，如图 6-26 所示。

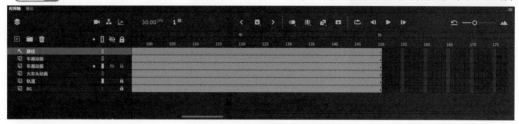

图 6-26 将图层转换为引导层

步骤9 选择两个"车厢动画"图层和一个"火车头动画"图层，将这三个图层拖动到"路径"图层下方，当出现带圆圈的直线时，释放鼠标，以建立引导关系。此时这三个动画图层为被引导层，如图 6-27 所示。

图 6-27 建立图层的引导关系

步骤10 选择两个"车厢动画"图层和一个"火车头动画"图层的第 90 帧，按【F6】键插入关键帧，并在其中右击选择【创建传统补间】命令。在第 90 帧处，将这三个图层向右拖到轨道的末端，如图 6-28 所示。

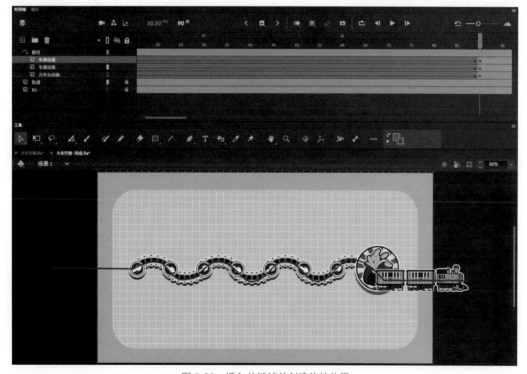

图 6-28 插入关键帧并创建传统补间

图 6-29　设置补间调整到路径

步骤 11 拖动时间轴的播放头查看动画效果，现在火车头和车厢已经可以沿着路径运动了。选择三个补间，在【属性】面板的【补间】区域，勾选【调整到路径】复选框，如图 6-29 所示。这样 3 个对象在运动的过程中可以根据路径调整旋转方向。

6.3 制作引导层动画"火箭绕月"

学习目的：

　　本节使用所提供的 Animate 文档素材进行传统补间动画和引导层动画的制作。读者通过本节内容的学习深入了解和熟练掌握 Animate CC 中的传统补间、引导层和被引导层等相关知识和动画技巧。

制作要点：

　　本节重点在于掌握同一个图层的不同关键帧放置两条不同的路径，从而实现同一个被引导对象沿着不同路径运动的动画效果。同时本节涉及第 7 章将重点讲解的遮罩层动画，通过遮罩层的引入实现控制火箭在月亮前后出现的视觉效果。

　　步骤 1 打开 Animate 文档"火箭绕月 - 准备"。该文档的【时间轴】面板中从下至上包含一个"BG"背景图层，一个名为"月亮"的图层，以及一个"火箭"图层。其中"火箭"图层中的火箭是一个影片剪辑元件实例，如图 6-30 所示。按【Ctrl+Enter】组合键可预览该元件实例的动画效果。现在制作该火箭绕着舞台中心的月亮运行的动画。

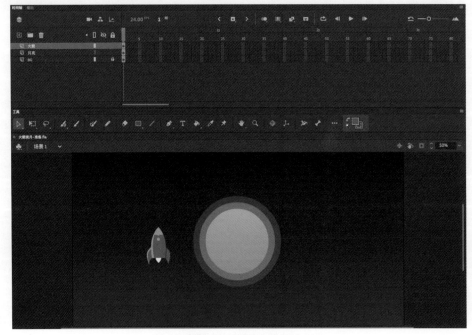

图 6-30　打开素材文档

步骤2 在【时间轴】面板上新建一个图层，重命名为"路径"，该图层将作为火箭的运动路径引导层。

步骤3 在"路径"图层中，使用【椭圆工具】 ◯ 绘制一个椭圆，并设置椭圆的【填充颜色】为"无"，【笔触颜色】为黑色，【笔触大小】为 1。

步骤4 选择该椭圆，在【对齐】面板中勾选【与舞台对齐】复选框，并单击【水平中齐】按钮和【垂直中齐】按钮，如图 6-31 所示。

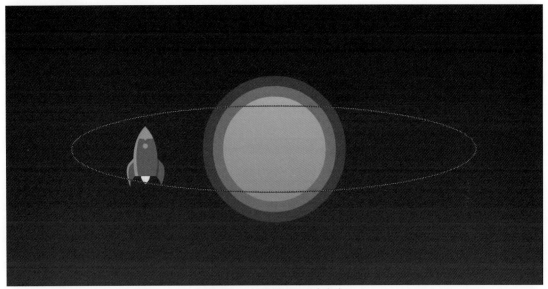

图 6-31　设置椭圆的对齐方式

步骤5 切换到【选择工具】 ▷ ，在椭圆垂直方向的中部区域从左向右拖出一个长的矩形框，使该矩形框覆盖椭圆的左右顶点及其附近的范围，如图 6-32 所示。然后按【Delete】键将所选择的这部分删除。

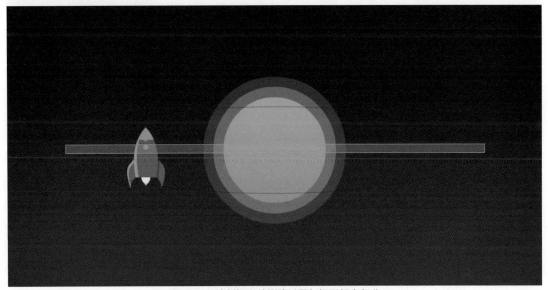

图 6-32　绘制矩形并删除椭圆与矩形相交部分

步骤6 在【时间轴】面板上选择所有图层的第 60 帧，按【F5】键插入帧，使动画持续到第 60 帧，如图 6-33 所示。

图 6-33　在所有图层的第 60 帧处插入帧

步骤 7　将时间轴的播放头定位到第 1 帧，将该帧处的火箭元件实例拖动到下半部椭圆的左顶点，使火箭实例的中心对齐椭圆左顶点，并在【变形】面板中设置其【旋转】角度为120°，如图 6-34 所示。

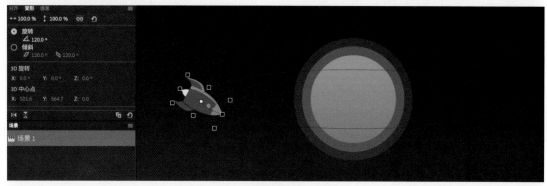

图 6-34　设置元件的旋转角度（1）

步骤 8　在"火箭"图层的第 30 帧按【F6】键插入关键帧，并将火箭实例向右移动到椭圆右侧，使其中心点对齐下半部椭圆的右顶点，并在【变形】面板中设置其【旋转】角度为60°，如图 6-35 所示。在前后两个关键帧之间创建传统补间。

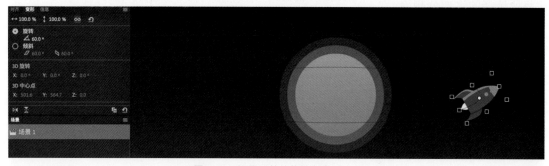

图 6-35　设置元件的旋转角度（2）

步骤 9　在"火箭"图层的第 31 帧按【F6】键插入关键帧。将火箭实例向上移动，使其对齐上半部椭圆的右顶点，并在【变形】面板中设置其【旋转】角度为 -60°，如图 6-36所示。

步骤 10　在"火箭"图层的第 60 帧按【F6】键插入关键帧，并将火箭实例向左移动到椭圆左侧，使其中心点对齐上半部椭圆的左顶点。同时在【变形】面板中设置其【旋转】角度为 -120°，如图 6-37 所示。在前后两个关键帧之间创建传统补间。

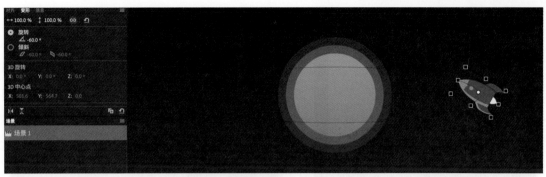

图 6-36　设置元件的旋转角度（3）

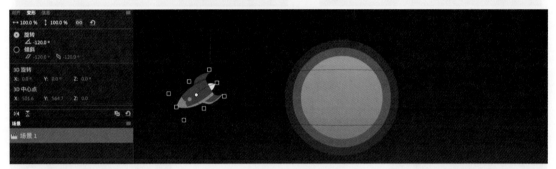

图 6-37　设置元件的旋转角度（4）

步骤 11　在【时间轴】面板上右击"路径"图层，选择【引导层】命令，将其转换为引导层。将"火箭"图层拖入"路径"图层内部，使其缩进为被引导层，如图 6-38 所示。按【Enter】键查看路径动画效果。

图 6-38　设置图层的引导关系

步骤 12　现在为火箭运行动画添加缓动效果，使其更加真实。在【时间轴】面板中选择"火箭"图层的第 1 段补间，在【属性】面板的【补间】区域，单击【编辑缓动】按钮，打开【自定义缓动】对话框。分别选择起点处和终点处的手柄，并调节各自的贝塞尔曲线，从而形成新的缓动曲线。该曲线意味着运动速度由慢变快，再由快变慢。对话框顶部的【名称】栏显示了该自定义缓动的默认命名"My Ease 1"，可对名称进行修改。单击对话框右下角的【保存并应用】按钮，将该自定义缓动应用于所选补间范围，同时保存该缓动设置，以便下次调用，如图 6-39 所示。

步骤 13　在【时间轴】面板中选择"火箭"图层的第 2 段补间，在【属性】面板的【补间】区域，单击【缓动效果】按钮，在弹出的对话框中依次选择【Custom】-【My Ease 1】选项，并双击该选项从而将该自定义缓动应用于所选补间范围，如图 6-40 所示。

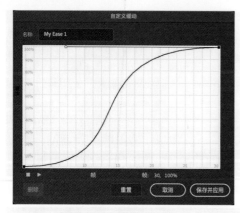

图 6-39　设置自定义缓动

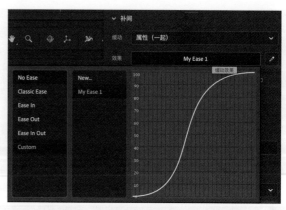

图 6-40　将自定义缓动应用于所选补间范围

步骤 14　将"路径"图层和"火箭"图层锁定。在【时间轴】面板上新建一个图层,选择【矩形工具】▣,开启【对象绘制】模式 ◙,在舞台上绘制一个矩形,大小至少需能覆盖住月亮,如图 6-41 所示。设置矩形的【填充颜色】为任意,【笔触颜色】为黑色,【笔触大小】为 1。

图 6-41　绘制一个矩形

步骤 15　选择【直线工具】╱,开启【对象绘制】模式 ◙,设置直线的【笔触颜色】为黑色,【笔触大小】为 1。在舞台上绘制一条水平方向的直线(按住【Shift】键的同时进行绘制),使其长度超过矩形的宽度。

步骤 16　选择上面绘制的矩形和直线对象,在【对齐】面板中勾选【与舞台对齐】复选框,并单击【水平中齐】按钮和【垂直中齐】按钮,如图 6-42 所示。

步骤 17　同时选择矩形和直线对象,按【Ctrl+B】组合键将其分离为【合并绘制】模式,如图 6-43 所示。

步骤 18　单击上半部的矩形填充部分,按【Ctrl+C】组合键将其复制。

图 6-42　设置矩形和直线的对齐方式

图 6-43　将对象进行分离

步骤 19 在【时间轴】面板上新建一个图层，重命名为"遮罩_上"，按【Ctrl+Shift+V】组合键粘贴到当前位置，如图 6-44 所示。

步骤 20 返回矩形和直线所在的图层，双击笔触全选所有相连接的同属性笔触，按【Delete】键将笔触删除，仅留下半部分的矩形填充。将该图层重命名为"遮罩_下"，如图 6-45所示。

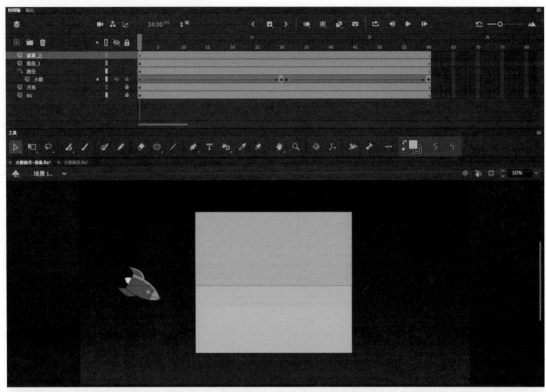

图 6-44　新建图层并将复制对象粘贴到当前位置

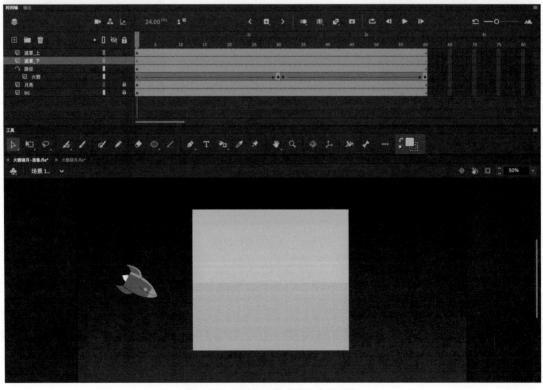

图 6-45　删除所有笔触并重命名图层

步骤 21 在【时间轴】面板上右击"月亮"图层，选择【复制图层】命令。将复制的月亮图层重命名为"月亮_上"，将原本的"月亮"图层重命名为"月亮_下"，如图 6-46 所示。

步骤 22 将"遮罩_下"图层放置在"月亮_下"图层上方，然后同时选择这两个图层，将其拖动到"BG"图层上方。

步骤 23 将"遮罩_上"图层放置在"月亮_上"图层上方，然后同时选择这两个图层，将其拖动到"路径"图层上方，如图 6-47 所示。

图 6-46　复制图层并重命名图层

图 6-47　设置图层的叠放顺序

步骤 24 将"遮罩_上"和"月亮_上"的第 1 帧向后拖动到各自图层的第 31 帧处，使它们从第 31 帧处开始出现。右击"遮罩_上"图层，选择【遮罩层】命令将其转换为遮罩层，如图 6-48 所示。

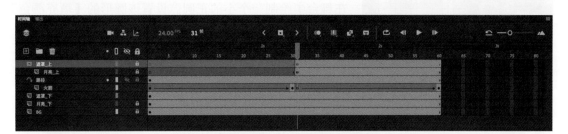

图 6-48　调整关键帧的开始时间并设置遮罩关系（1）

步骤 25 将"遮罩_下"图层的第 1 帧向后拖动到该图层的第 31 帧，使其从第 31 帧开始出现。右击"遮罩_下"图层，选择【遮罩层】命令将其转换为遮罩层，如图 6-49 所示。

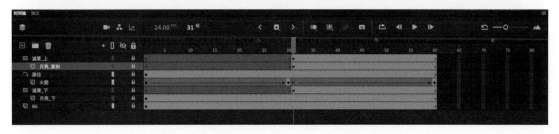

图 6-49　调整关键帧的开始时间并设置遮罩关系（2）

步骤 26 按【Ctrl+Enter】组合键预览动画效果。

6.4 制作引导层动画"小球旋转 Loading"

学习目的：

本节使用引导层动画进行小球旋转 Loading 的制作。读者通过本节内容的学习深入了解和熟练掌握 Animate CC 中的传统补间、引导层和被引导层等相关知识和动画技巧。

制作要点：

本节重点在于掌握同一个运动引导层下放置多个被引导层动画的制作方法。每个小球图层具备相同的传统补间动画和缓动设置，通过调节每段补间动画的起始和结束帧数，呈现出小球依次出现和消失的动画效果。

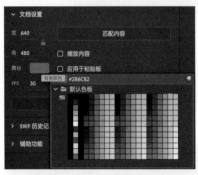

图 6-50　设置舞台的背景颜色

步骤1 新建一个 Animate 文档，在【欢迎】界面的预设部分选择【角色动画】类别下的【标准 640×480】项。单击右下角的【创建】按钮。

步骤2 在【属性】面板的【文档设置】区域，设置舞台的【背景颜色】为 #2B6C82，如图 6-50 所示。

步骤3 选择【椭圆工具】 ，按住【Shift】键，在舞台中绘制一个小的正圆。设置该圆形的【填充颜色】为白色，【笔触颜色】为"无"，如图 6-51 所示。

图 6-51　绘制一个无笔触的白色圆形

步骤4 选择该白色圆形，按【F8】键将其转换为元件。在【转换为元件】对话框中，设置其【名称】为"小球"，【类型】为【图形】元件，单击【确定】按钮。将小球所在的图层重命名为"小球"。

步骤5 在【时间轴】面板上新建一个图层，命名为"路径"。选择【椭圆工具】 ，设置【填充颜色】为"无"，【笔触颜色】为黑色，【笔触大小】为 1。按住【Shift】键在该图层上绘制一个圆形。

步骤6 选择该圆形，在【对齐】面板中勾选【与舞台对齐】复选框，并单击【水平中齐】按钮和【垂直中齐】按钮，效果如图 6-52 所示。

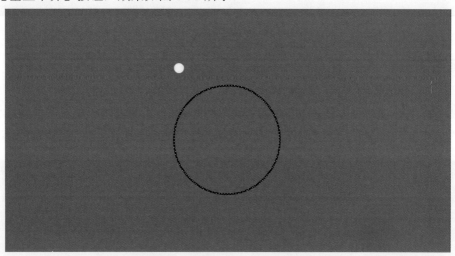

图 6-52　绘制一个无填充的圆形并设置圆形的对齐方式

步骤7 使用【选择工具】 ，选择黑色圆形最顶部的一小部分，按【Delete】键将其删除，确保路径为开放状态，如图 6-53 所示。

步骤8 将"小球"图形元件实例移动至黑色圆形顶部开口的左侧起点，使其中心对齐，如图 6-54 所示。

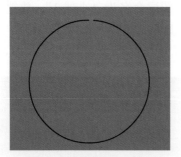
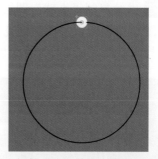

图 6-53　删除圆形的一部分　　　　图 6-54　将"小球"图形元件移动到圆形路径的开口端

步骤9 选择"路径"图层的第 30 帧，按【F5】键插入帧。选择"小球"图层的第 30 帧，按【F6】键插入关键帧，同时将该帧处的小球移动至黑色圆形顶部开口的右侧起点，使其中心对齐，如图 6-55 所示。

步骤10 在"小球"图层的前后两个关键帧之间创建传统补间。

步骤11 右击"路径"图层，选择【引导层】命令。将"小球"图层拖入"路径"图层中，使其向内缩进成为被引导层，如图 6-56 所示。

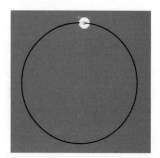

图 6-55　将"小球"图形元件移动到圆形路径的结尾端

图 6-56　设置图层的引导关系

步骤 12　选择"小球"图层的补间动画，在【属性】面板的【补间】区域，设置【缓动强度】为 100，即为匀减速运动。

步骤 13　右击"小球"图层，选择【复制图层】命令，将新复制的图层命名为"小球 2"，放置在"小球"图层的下方，同时保持其作为被引导层的缩进关系，如图 6-57 所示。

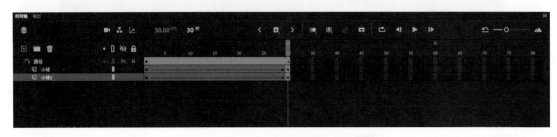

图 6-57　复制图层并调整图层的叠放顺序

步骤 14　关闭"小球"图层的显示，选择"小球 2"图层，从而选择该图层的整个补间范围。在【属性】面板的【色彩效果】区域，设置【Alpha】为 80%。

步骤 15　继续复制"小球"图层，将新复制的图层命名为"小球 3"，放置在"小球 2"的下方，如图 6-58 所示。关闭前面几个小球图层的显示，选择"小球 3"图层，从而选择该图层的整个补间范围。在【属性】面板的【色彩效果】区域，设置【Alpha】为 60%。

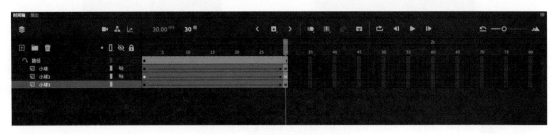

图 6-58　复制图层并重命名图层

步骤 16　继续复制"小球"图层，将新复制的图层命名为"小球 4"，放置在"小球 3"的下方，如图 6-59 所示。关闭前面几个小球图层的显示，选择"小球 4"图层，从而选择该图层的整个补间范围。在【属性】面板的【色彩效果】区域，设置【Alpha】为 40%。

步骤 17　继续复制"小球"图层，将新复制的图层命名为"小球 5"，放置在"小球 4"的下方，如图 6-60 所示。关闭前面几个小球图层的显示，选择"小球 5"图层，从而选择该图层的整个补间范围。在【属性】面板的【色彩效果】区域，设置【Alpha】为 20%。

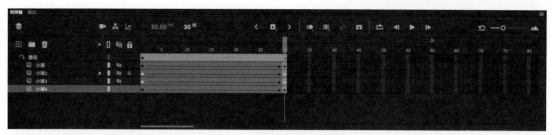

图 6-59　复制图层并重命名图层

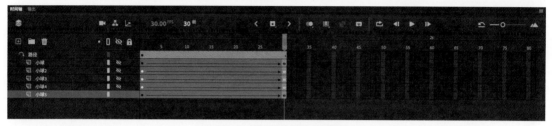

图 6-60　复制图层并重命名图层

步骤 18 选择"小球 2"图层，将该图层的补间整体向后移动 1 帧。选择"小球 3"图层，将该图层的补间整体向后移动 2 帧。选择"小球 4"图层，将该图层的补间整体向后移动 3 帧。选择"小球 5"图层，将该图层的补间整体向后移动 4 帧，如图 6-61 所示。

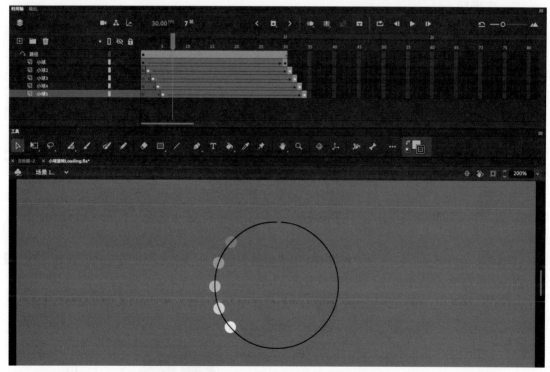

图 6-61　设置每个补间动画的起止时间

步骤 19 选择所有图层的第 35 帧，按【F5】键插入帧，使动画持续到第 35 帧，如图 6-62 所示。

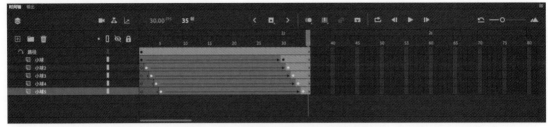

图 6-62　为所有图层设置动画的持续时间

步骤 20 按【Ctrl+Enter】组合键预览动画效果。

6.5　章节练习

一、思考题

1. 在 Animate CC 中实现引导层动画的方法有几种？列举它们的区别及用途。

2. 如何保证 Animate CC 中的引导层动画成功实现？

3. 如何实现基于可变宽度和笔触颜色的动画引导？

二、实操题

根据所提供的范例和素材文件，制作引导层动画"蝴蝶飞舞"。

参考制作要点：

步骤 1 打开素材文档"蝴蝶飞舞 - 准备 .fla"，该文档中包含绘制好的两个蝴蝶翅膀和一个蝴蝶身体。

步骤 2 选择左侧的蝴蝶翅膀，按【F8】键将其转换为元件，【名称】为"翅膀 1"，【类型】为【影片剪辑】元件。

步骤 3 选择右侧的蝴蝶翅膀，按【F8】键将其转换为元件，【名称】为"翅膀 2"，【类型】为【影片剪辑】元件。

步骤 4 选择"翅膀 1"和"翅膀 2"影片剪辑元件，按住【Alt】键并拖动以将它们复制出一份。右击这两个新复制的元件实例，选择【排列】-【移至底层】命令，将它们放置在最底层。

步骤 5 选择新复制的两个元件实例，在【属性】面板的【色彩效果】区域，设置【亮度】为 -20%，如图 6-63 所示。

步骤 6 使用【任意变形工具】 将这两个新复制的元件实例向左侧移动，并适当逆时针旋转，放置在合适的位置，如图 6-64 所示。

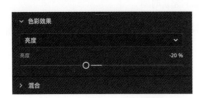

图 6-63　设置元件的色彩效果

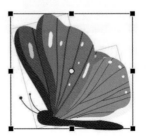

图 6-64　移动和旋转元件

步骤 7　使用【选择工具】 ，框选舞台上的所有蝴蝶对象，按【F8】键将其转换为元件，【名称】为"蝴蝶动画"，【类型】为【图形】元件。

步骤 8　双击"蝴蝶动画"图形元件，进入元件编辑模式。保持对所有对象的选择，右击并选择【分散到图层】命令，删除空白的"图层_1"。

步骤 9　将蝴蝶身体所在的图层锁定。选择剩下的 4 个翅膀图层，右击并选择【创建补间动画】命令，同时选择身体所在图层的第 30 帧，按【F5】键将其持续时长延长到和其他图层一致，如图 6-65 所示。

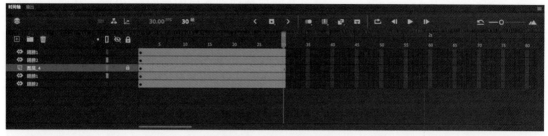

图 6-65　创建补间动画

步骤 10　选择【3D 旋转工具】 ，单击前面的"翅膀 2"影片剪辑元件，将旋转中心向下移动到翅膀的根部，如图 6-66 所示。

步骤 11　将时间轴的播放头定位到第 15 帧，继续使用【3D 旋转工具】 选择前面的"翅膀 1"影片剪辑元件并拖动，使其 X 轴旋转大约 30°，如图 6-67 所示。

图 6-66　设置 3D 旋转中心的位置　　　　图 6-67　使用【3D 旋转工具】进行旋转（1）

步骤 12　保持时间轴的播放头位于第 15 帧，使用【3D 旋转工具】 选择前面的"翅膀 2"影片剪辑元件，将旋转中心向下移动到翅膀根部。同时单击并拖动鼠标，使其 X 轴旋转大约 30°，如图 6-68 所示。

步骤 13　保持时间轴的播放头位于第 15 帧，使用【3D 旋转工具】 选择后面的"翅膀 1"影片剪辑元件，将旋转中心向下移动到翅膀根部。同时单击并拖动鼠标，使其 X 轴旋转大约 -30°，如图 6-69 所示。

图 6-68　使用【3D 旋转工具】进行旋转（2）　　图 6-69　使用【3D 旋转工具】进行旋转（3）

图 6-70　使用【3D 旋转工具】进行旋转（4）

步骤 14 保持时间轴的播放头位于第 15 帧，使用【3D 旋转工具】 ◆ 选择后面的"翅膀 2"影片剪辑元件，将旋转中心向下移动到翅膀根部。同时单击并拖动鼠标，使其 X 轴旋转大约 -30°，如图 6-70 所示。

步骤 15 在【时间轴】面板上分别选择两个"翅膀 1"图层和两个"翅膀 2"图层的第 1 帧，按住【Alt】键将其向后拖动到各自图层的第 30 帧，从而实现帧的复制和粘贴操作，如图 6-71 所示。

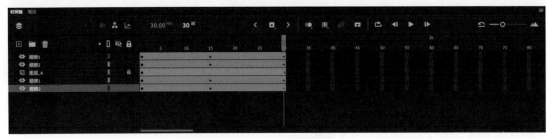

图 6-71　复制并粘贴关键帧

步骤 16 现在拖动时间轴的播放头可以查看动画效果。双击舞台的空白区域退出元件编辑模式，返回【场景 1】。

步骤 17 将"图层 _1"重命名为"蝴蝶动画"。并新建一个图层，命名为"路径"。

步骤 18 选择"路径"图层，选择【画笔工具】 ✎ ，在舞台上绘制出一条运动路径，如图 6-72 所示。

图 6-72　绘制一条运动路径

步骤 19 选择"路径"图层的第 120 帧，按【F5】键插入帧。

步骤 20 选择"蝴蝶动画"图层的第 120 帧，按【F6】键插入关键帧。

步骤 21 在第 1 帧处，将"蝴蝶动画"图形元件向右移动到路径的右端点，使其中心对齐路径端点，如图 6-73 所示。

图 6-73　设置图形元件开始的位置

步骤 22 在第 120 帧处，将"蝴蝶动画"图形元件向左移动到路径的左端点，使其中心对齐路径端点，如图 6-74 所示。

图 6-74　设置图形元件结束的位置

步骤 23 在"蝴蝶动画"图层的两个关键帧之间任意位置右击，选择【创建传统补间】命令。

步骤 24 右击"路径"图层的名称，选择【引导层】命令。

步骤 25 将"蝴蝶动画"图层拖入"路径"图层中，使其形成缩进关系，如图 6-75 所示。

图 6-75　设置图层的引导关系

步骤 26 选择"蝴蝶动画"补间，在【属性】面板的【补间】区域，勾选【调整到路径】复选框。

步骤 27 现在就完成了蝴蝶沿着路径运动的动画，按【Ctrl+Enter】组合键预览动画效果。

第 7 章

Animate CC 遮罩
层动画制作

7.1 使用遮罩层完成游戏开机动画 "火车熊"

学习目的：

本节使用所提供的 Animate 文档素材进行遮罩层动画的制作，从而完成游戏开机动画 "火车熊" 的制作。读者通过本节内容的学习深入了解和熟练掌握 Animate CC 中的遮罩层、被遮罩层及其动画设置等相关知识和动画技巧。

制作要点：

Animate CC 中可以使用遮罩层来显示下方图层中的图形或动画的部分区域。可以将遮罩层理解为一个孔，通过这个孔可以看到下面的图层。遮罩层可以是填充的形状、文字对象、图形元件的实例或影片剪辑。将多个图层组织在一个遮罩层下可创建复杂的效果。

步骤1 打开 Animate 文档 "火车熊 - 遮罩 .fla"，现在使用遮罩层来控制 "火车熊" 动画的显示区域。

步骤2 选择 "闪光" 图层，右击该图层名称区域，选择【复制图层】命令，从而生成一个图层副本。

步骤3 选择这个复制的图层的第 1 帧，在【属性】面板中将其【色彩效果】设置为 "无"。

步骤4 保持对该图层的选择，按【Ctrl+B】组合键将其分离为【合并绘制】模式，在保持选择的情况下，将其【填充】修改为某一纯色，这里修改为粉色，如图 7-1 所示。

提示：

由于遮罩层的内容不会显示出来，因此可以用任何便于识别的颜色填充。

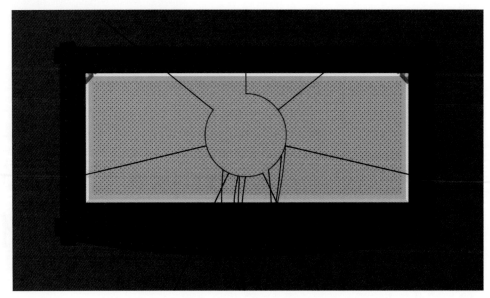

图 7-1 分离为【合并绘制】模式并填充颜色

步骤5 右击该图层的名称区域，选择【遮罩层】命令将其转换为遮罩层。现在需要为其指定被遮罩层。

步骤6 由于图层文件夹无法被指定为被遮罩层，因此选择"背后的动画"图层文件夹内的所有图层，将其一起拖到遮罩层下方。当出现带圆圈的直线时，释放鼠标，从而建立遮罩关系。此时遮罩层和被遮罩层以不同的图标显示，同时图层位置出现缩进关系。确保"闪光"图层不属于被遮罩图层，如图 7-2 所示。

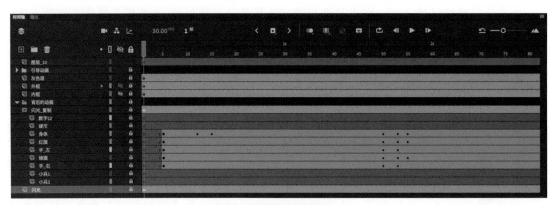

图 7-2 建立图层的遮罩关系

步骤7 遮罩层要起作用，遮罩层和被遮罩层都必须锁定。现在遮罩层没有锁定，我们将其锁定。

提示：

如果要修改遮罩层或被遮罩层的内容，那么只需取消该图层的锁定并进行编辑，编辑完成后再重新锁定即可。如果要取消遮罩关系，那么只需将被遮罩层从遮罩层中拖出来即可。

步骤8 现在完成了"火车熊"开机动画的制作，按【Ctrl+Enter】组合键进行动画的预览。

7.2 使用遮罩层制作动画"放大镜"

学习目的:

本节使用所提供的 Animate 文档素材进行遮罩动画的制作,从而完成动画"放大镜"的制作。读者通过本节内容的学习深入了解和熟练掌握 Animate CC 中的遮罩层、被遮罩层,特别是遮罩层的动画设置等相关知识和动画技巧。

制作要点:

首先复制放大镜的镜片,将其放置在新的图层上,并将该图层作为遮罩层;接着使用传统补间制作放大镜图层的运动动画;为了让放大镜图层移动时遮罩层能跟随移动,需要使用父级视图为两个图层建立父子级关系;把所有蘑菇图层复制,并将复制的蘑菇放大,作为被遮罩层放置在遮罩层下方,与遮罩层建立遮罩关系;为了使放大镜动画效果更加逼真,需要作为被遮罩层的蘑菇随着放大镜的移动,其放大焦点发生变化,因此对其创建传统补间动画。

步骤 1 打开 Animate 文档"放大镜 .fla",该文档包含绘制的放大镜图形,以及制作好的蘑菇下落的动画,如图 7-3 所示。我们将使用遮罩层来制作放大镜查看蘑菇的动画效果。

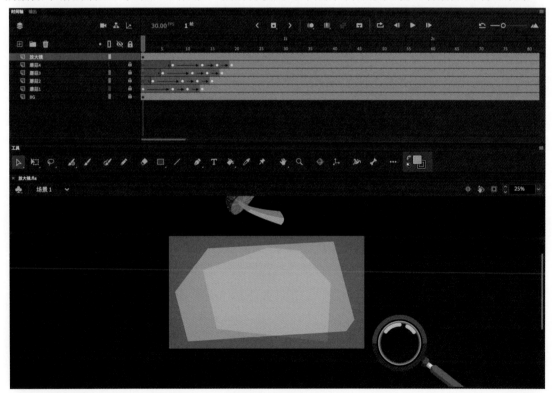

图 7-3　打开素材文档

步骤 2 双击放大镜的镜片,进入编辑模式。选择中间半透明的正圆形镜片,如图 7-4 所示。按【Ctrl+C】组合键复制它。

图 7-4 选择半透明的正圆镜片

步骤3 在舞台空白处双击，退出编辑模式。新建一个图层，放置在放大镜所在图层的下方，然后选择新建的图层，按【Ctrl+Shift+V】组合键粘贴到当前位置，并将这个圆形的不透明度改为 100%，同时修改成绿色（可以使用任何便于识别的纯色）。将该图层命名为"放大镜遮罩"，如图 7-5 所示。

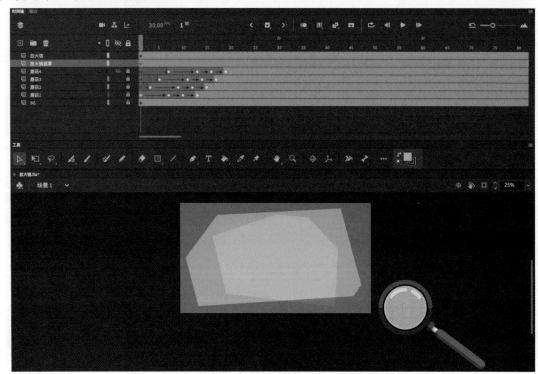

图 7-5 将复制对象粘贴到新的图层并重命名图层

步骤4 选择放大镜图层的所有对象，按【F8】键将其转换为元件，【名称】为"放大镜"，【类型】为【图形】元件。

> **提示：**
> 　此处之所以要复制一个圆形单独作为遮罩层使用，是因为当我们将某图层转换为遮罩层后，该图层本身便不可见了，所以如果直接使用放大镜图层作为遮罩层，那么放大镜图层将不可见，这不符合预期动画效果。

图 7-6　设置图层的父子级关系

步骤5　现在制作放大镜图层的运动动画。由于在放大镜移动的同时，它下方的绿色圆形遮罩会跟随放大镜移动，因此需要建立父子级关系。单击时间轴上的【显示父级图层】按钮 ，将"放大镜遮罩"图层拖动到"放大镜"图层上，以作为"放大镜"图层的子级，从而跟随其运动，如图 7-6 所示。

步骤6　在"放大镜"图层的第 35 帧和第 55 帧处按【F6】键插入关键帧，并在这两个关键帧之间创建传统补间，如图 7-7 所示。然后在第 55 帧处，将放大镜移动到舞台中心。

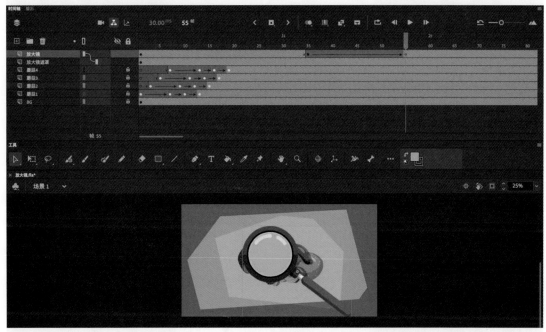

图 7-7　插入关键帧并创建传统补间

步骤7　在"放大镜"图层的第 70 帧和第 85 帧处按【F6】键插入关键帧，并在这两个关键帧之间创建传统补间，如图 7-8 所示。然后在第 85 帧处，将放大镜移动到别的地方。

步骤8　在"放大镜"图层的第 95 帧和第 110 帧处按【F6】键插入关键帧，并在这两个关键帧之间创建传统补间，如图 7-9 所示。然后在第 110 帧处，将放大镜移动到别的地方。

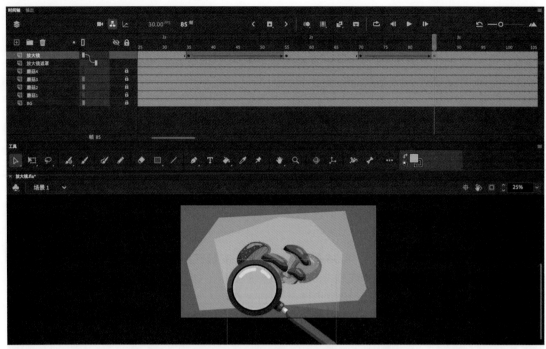

图 7-8　插入关键帧并创建传统补间

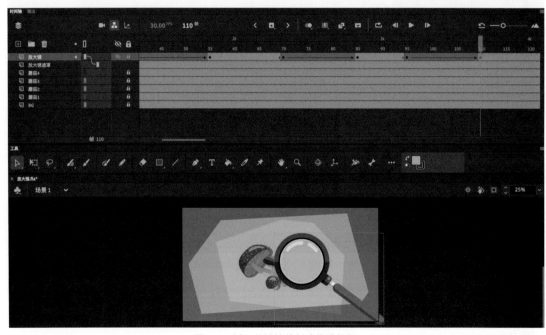

图 7-9　插入关键帧并创建传统补间

步骤9 在"放大镜"图层的第 125 帧和第 140 帧处按【F6】键插入关键帧，并在这两个关键帧之间创建传统补间，如图 7-10 所示。然后在第 140 帧处，将放大镜移动到别的地方。

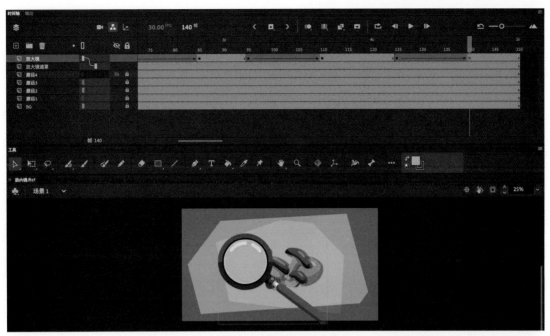

图 7-10　插入关键帧并创建传统补间

步骤 10 分别选择每段补间，然后在【属性】面板中的【补间】区域,将【缓动强度】设置为 100,如图 7-11 所示。

步骤 11 将 "蘑菇 1" ～ "蘑菇 4" 这 4 个图层解锁，然后将播放头定位到第 35 帧处（或蘑菇动画结束后的某一帧处），全选 4 个蘑菇，按【Ctrl+C】组合键复制这 4 个蘑菇。

步骤 12 新建一个图层，放在 "放大镜遮罩" 图层下方，按【Ctrl+Shift+V】组合键粘贴到当前位置。将该图层命名为 "蘑菇被遮罩"，如图 7-12 所示。

图 7-11　设置补间的【缓动强度】为 100

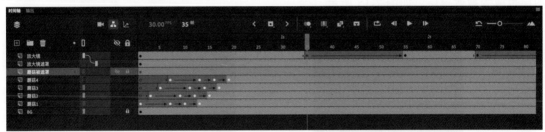

图 7-12　将复制对象粘贴到新的图层并重命名图层

步骤 13 选择 "蘑菇被遮罩" 图层的所有对象，按【F8】键将其转换为元件，【名称】为 "蘑菇被遮罩"，【类型】为【图形】元件。

步骤 14 使用【任意变形工具】 ，按住【Shift】键并拖动 "蘑菇被遮罩" 图形元件的缩放手柄，将其等比例放大，如图 7-13 所示。

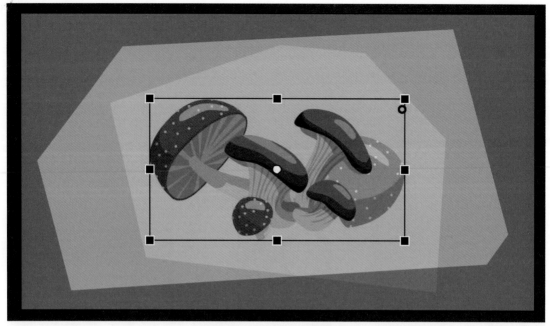

图 7-13　将对象等比例放大

步骤 15 右击"放大镜遮罩"图层，选择【遮罩层】命令，从而将其转换为遮罩层，同时其下方的图层，即"蘑菇被遮罩"图层自动转换为被遮罩图层，二者建立缩进关系，如图 7-14 所示。

步骤 16 拖动时间轴的播放头查看效果。现在"蘑菇被遮罩"图层的内容只能在"放大镜遮罩"图层内显示，而位于"放大镜遮罩"图层外部的"蘑菇被遮罩"图层则不能显示。但是由于下方的 4 个蘑菇层不属于被遮罩层，它们不受遮罩关系的约束，可以正常显示，因此就出现了上下两层蘑菇重叠的现象，现在我们要解决这个问题。

步骤 17 右击"BG"图层，选择【复制图层】命令，将复制出来的新图层命名为"BG被遮罩"，并将其拖动在"放大镜遮罩"图层内部，位于"蘑菇被遮罩"图层下方，这样该图层也成为被遮罩层，如图 7-15 所示。

图 7-14　将图层转换为遮罩层　　　　　图 7-15　复制图层并建立被遮罩关系

步骤 18 现在再拖动时间轴的播放头查看效果，由于"BG 被遮罩"图层将下方的 4 个蘑菇图层覆盖住了，同时"BG 被遮罩"是被遮罩层，在圆形的遮罩层外部的内容不会显示，因此它只能盖住下方 4 个蘑菇图层圆形遮罩层内部的部分，而不会影响外部的蘑菇显示。

步骤 19 因为放大镜的放大中心位于镜片的中心，为了模拟更逼真的效果，可以给"蘑

菇被遮罩"图层制作动画，使其放大中心随着放大镜的移动
而发生变化。解锁"蘑菇被遮罩"图层，此时遮罩层失效，
我们可以看到绿色的圆形。将"放大镜遮罩"图层和"BG
被遮罩"图层的显示关闭，如图 7-16 所示。

步骤 20　选择"蘑菇被遮罩"图层，在第 35 帧和第 55 帧
处按【F6】键插入关键帧，然后在这两个关键帧之间创建传
统补间，设置【缓动强度】为 100。

步骤 21　在第 42 帧处（放大镜刚接触蘑菇处），将"蘑
菇被遮罩"图层稍微向远离放大镜的方向移动一些，此时在
该帧处自动生成关键帧，如图 7-17 所示。

图 7-16　解锁图层和关闭图层的显示

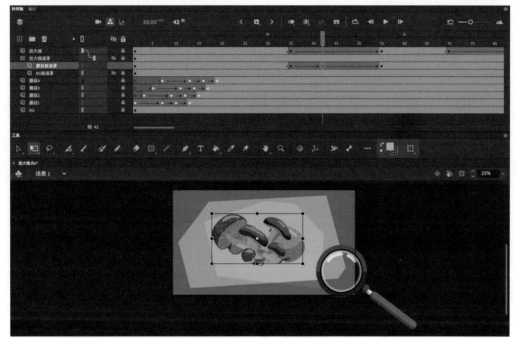

图 7-17　移动图形元件的位置

步骤 22　在"蘑菇被遮罩"图层的第 70 帧和第 85 帧处按【F6】键插入关键帧，然后
在这两个关键帧之间创建传统补间，设置【缓动强度】为 100。按同样的方法调整该补间范
围内"蘑菇被遮罩"图层的移动位置。

步骤 23　在"蘑菇被遮罩"图层的第 90 帧和第 110 帧处按【F6】键插入关键帧，然后
在这两个关键帧之间创建传统补间，设置【缓动强度】为 100。按同样的方法调整该补间范
围内"蘑菇被遮罩"图层的移动位置。

步骤 24　在"蘑菇被遮罩"图层的第 125 帧和第 140 帧处按【F6】键插入关键帧，然
后在这两个关键帧之间创建传统补间，设置【缓动强度】为 100。按同样的方法调整该补间
范围内"蘑菇被遮罩"图层的移动位置。

步骤 25　重新显示"放大镜遮罩"图层和"BG 被遮罩"图层，同时锁定"蘑菇被遮罩"
图层，以启用遮罩关系。

步骤 26　按【Ctrl+Enter】组合键预览动画。

7.3 使用遮罩层制作动画"金属字体"

学习目的：

本节从新建文档开始，通过字体创建、位图填充、遮罩动画等技术，实现金属字体流光动画的制作。读者通过本节内容的学习深入了解和熟练掌握 Animate CC 中的文本工具、位图填充、遮罩层和被遮罩层等相关知识和动画技巧。

制作要点：

首先使用文本工具输入文本，并设置文本的字体、字号等；接着将文本分离，并导入位图文件用于位图填充；在复制的文本图层中添加笔触并设置笔触大小，然后将笔触转换为填充，再对其应用位图填充；新建图层并绘制矩形，对矩形制作位移动画；复制文本图层将其作为遮罩层，从而限定矩形动画的显示范围。

步骤1 新建 Animate 文档，【宽】和【高】为 640 像素 ×480 像素，【帧速率】为 30FPS，【平台类型】为 ActionScript 3.0。

步骤2 选择【文本工具】 T ，在【属性】面板中设置【字体】为"思源黑体 CN"，【字重】为"Heavy"，【大小】为 96pt。在舞台中心单击并输入文本"动画设计"，如图 7-18 所示。

图 7-18 输入文本并设置文本格式

步骤3 选择该文本，在【对齐】面板勾选【与舞台对齐】复选框，并单击【水平中齐】按钮和【垂直中齐】按钮。

步骤4 保持对该文本的选择，按【Ctrl+B】组合键 2 次，将其分离为【合并绘制】模式，如图 7-19 所示。

步骤5 选择【文件】-【导入】-【导入到库】命令。并选择纹理位图"金属纹理 .jpg"，单击【打开】将其导入到 Animate 文档的【库】中，如图 7-20 所示。

步骤6 选择【颜料桶工具】 ，在【工具】面板的选项区域，选择【锁定填充】 ，并在【颜色】面板中的【颜色类型】下拉列表中选择【位图填充】选项，如图 7-21 所示。下方将出现有文档中已导入的位图缩略图，选择之前导入的金属纹理位图。

动画设计

图 7-19　将文本分离两次　　　　　　　　　图 7-20　存放在库中的素材文件

提示：

　　用户可以锁定渐变或位图填充，使填充看起来好像扩展到整个舞台，并且用该填充涂色的对象好像是显示下面的渐变或位图的遮罩。

　　当用户随刷子或颜料桶工具选择了【锁定填充】功能键并用该工具涂色的时候，位图或者渐变填充将扩展覆盖在舞台中涂色的对象上。

步骤 7　单击舞台上的文本各部分，将金属纹理位图填充于其中，如图 7-22 所示。

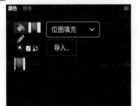
动画设计

图 7-21　选择【位图填充】选项　　　　　　图 7-22　使用位图进行填充

步骤 8　切换到【渐变变形工具】，单击其中一个文本上的位图填充，出现渐变变形控制边框，拖动边框上的方形手柄对其进行缩放，拖动边框上的圆形手柄对其进行旋转，拖动中心点以整体移动渐变填充的位置。由于在填充的时候开启了【锁定填充】，因此当修改一个文本的渐变填充时，其他文本的渐变填充将随之更改，如图 7-23 所示。

步骤 9　在【时间轴】面板中将该图层重命名为"浅色文本"。然后右击该图层的名称，选择【复制图层】命令，将新复制的图层重命名为"深色文本"，并将其放置在"浅色文本"下一层。

步骤 10　单击"浅色文本"图层的【隐藏 / 显示】按钮，将其隐藏起来。

步骤 11　现在舞台上显示的是"深色文本"图层的文本。选择【墨水瓶工具】，在【属性】面板中设置【笔触大小】为 20，然后在舞台上的文本填充上单击，为所有填充添加笔触。为了避免下一步中线条转换为填充出错，请删除填充内部的笔触，只留轮廓的笔触，同时尽量避免出现几条笔触相交叠的情况，如图 7-24 所示。

图 7-23　调整位图填充形态　　　　　　　图 7-24　填充笔触并删除内部的笔触

步骤 12 切换到【选择工具】 ↖，框选所有文本，在菜单栏中选择【修改】-【形状】-【将线条转换为填充】命令，将所有笔触转换为填充。

步骤 13 使用【滴管工具】 ✐，先单击转换为填充的颜色，然后单击填充内部的空白区域及原本金属文字的填充区域，将这些区域全部用相同的颜色进行填充，如图 7-25 所示。

步骤 14 使用【选择工具】↖ 选择舞台上的所有填充文本，在【颜色】面板中【颜色类型】下拉列表中选择【位图填充】选项，并选择金属纹理。

步骤 15 重复步骤 8，使用【渐变变形工具】 ▦ 对金属纹理填充的位置、缩放、旋转等进行调节，如图 7-26 所示。

图 7-25　修改填充颜色

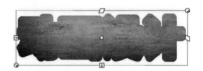

图 7-26　调整位图填充效果

图 7-27　显示图层后的效果

步骤 16 单击【时间轴】面板上"浅色文本"图层的【隐藏/显示】按钮，将其显示出来，如图 7-27 所示。

步骤 17 选择"深色文本"图层的第 1 帧，在【属性】面板中的【色彩效果】下拉列表中选择【亮度】选项，值为 -20%。

步骤 18 在【时间轴】面板上新建一个图层，命名为"流光"。为了让对象看得更清楚，我们在舞台空白区域单击以选择舞台，然后在【属性】面板中设置舞台的【背景颜色】为浅灰色。

步骤 19 确保选择"流光"图层。选择【矩形工具】 ▢，设置【填充】为白色，【笔触】为"无"，在文本左侧绘制一个矩形，如图 7-28 所示。

图 7-28　绘制一个矩形

步骤 20 切换到【任意变形工具】 ▥ 并选择该矩形，然后将鼠标放置在上边框上，当鼠标变为左右的箭头时，单击并拖动鼠标将矩形倾斜，如图 7-29 所示。

图 7-29　将矩形对象倾斜

步骤 21 保持对矩形的选择，按【F6】键将其转换为元件，【名称】为"流光"，【类型】为【图形】元件。

步骤 22 右击该元件，选择【创建补间动画】命令，此时将依据当前文档的帧速率创建一个 1 秒时长的补间动画，即第 30 帧，如图 7-30 所示。

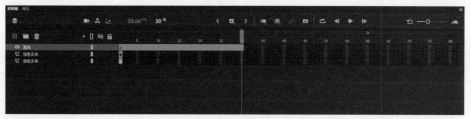

图 7-30　创建补间动画

步骤 23 选择"浅色文本"和"深色文本"图层的第 30 帧，按【F5】键插入帧。

步骤 24 将播放头定位到第 30 帧处，按【Shift】键并向右水平拖动"流光"元件实例，直到其位于文本的右侧以外。此时"流光"图层的第 30 帧自动插入一个属性关键帧，如图 7-31 所示。

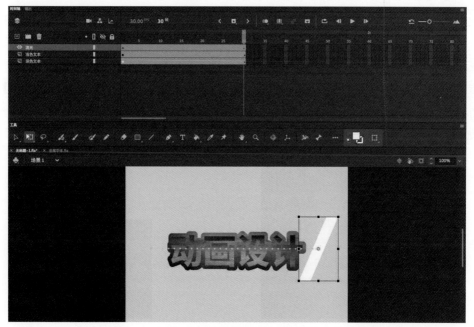

图 7-31　移动图形元件的位置

步骤 25 将鼠标放置于"流光"图层最后一帧处,当鼠标变为左右的箭头时,单击并向左拖动鼠标,以压缩补间范围直到第 10 帧处,如图 7-32 所示。

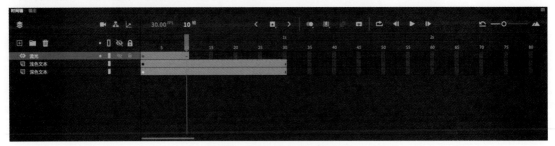

图 7-32 压缩补间动画的时长

步骤 26 选择"流光"图层以选择该补间范围,按【Alt】键单击并向右拖动补间范围,直到第 17 帧处,从而将这个补间范围复制一份并放置在第 17 帧处开始,如图 7-33 所示。

图 7-33 复制和粘贴补间动画

步骤 27 在【时间轴】面板上的"浅色文本"图层名称上右击,选择【复制图层】命令,并将这个新复制的图层放置于"流光"图层上,重命名为"流光遮罩"。

步骤 28 右击"流光遮罩"图层,选择【遮罩层】命令,将其转换为遮罩层,同时其下方的"流光"图层自动转换为被遮罩层,并与遮罩层建立关系,如图 7-34 所示。

步骤 29 现在按【Ctrl+Enter】组合键预览动画效果,可见流光比较生硬。返回 Animate CC 中,将"流光"图层的锁定解除,双击"流光"元件实例进入元件编辑模式。

步骤 30 选择第 1 帧,在【颜色】面板中设置【Alpha】为 80%。

步骤 31 保持对矩形的选择,在菜单栏中选择【修改】-【形状】-【柔化填充边缘】命令,打开【柔化填充边缘】对话框,并设置【距离】为 20 像素,【步长数】为 20,【方向】为"扩展",如图 7-35 所示,单击【确定】按钮。

图 7-34 建立图层的遮罩关系

图 7-35 【柔化填充边缘】对话框

步骤 32 双击舞台的空白区域退出元件编辑模式，返回【场景 1】。重新锁定"流光遮罩"和"流光"图层。按【Ctrl+Enter】组合键预览动画效果。

7.4　使用遮罩层制作动画"涂鸦熊猫"

学习目的：

本节从新建文档开始，通过素材草图的导入、线条的绘制、色块的填充、遮罩层的使用等步骤，实现涂鸦熊猫动画效果的表现。读者通过本节内容的学习深入了解和熟练掌握 Animate CC 中的逐帧动画、遮罩层动画等相关知识和动画技巧。

制作要点：

首先使用画笔工具进行轮廓线条的绘制；接着对闭合的笔触进行填充，并将填充范围作为遮罩层；使用逐帧动画技术和翻转帧实现手绘线条的效果；使用遮罩层完成颜料填充的动画效果。

步骤 1 该动画的素材来自于手绘的熊猫草图，将手绘的草图进行拍照或扫描，并导入 Photoshop 软件中，根据需要调整图像的亮度、对比度、色阶等参数，以便最终得到清晰的扫描图像线稿，即"涂鸦熊猫 .jpg"，如图 7-36 所示。

步骤 2 新建 Animate 文档，可根据需要设置文档的【宽】【高】【分辨率】等参数。将"涂鸦熊猫 .jpg"文档拖入舞台中。

步骤 3 切换到【任意变形工具】，选择熊猫草图并按住【Shift】键等比例调整其大小，并放置在舞台合适的位置，如图 7-37 所示。

图 7-36　调整后的草图手稿　　　　　　　图 7-37　等比例调整草图的大小

步骤 4 选择【时间轴】面板中熊猫草图所在的"图层 1"的第 1 帧，在【属性】面板中的【色彩效果】区域，设置【Alpha】为 20%，如图 7-38 所示。将该图层重命名为"草图"，并锁定该图层。

图 7-38　设置关键帧的【色彩效果】

步骤5 在【时间轴】面板上新建一个图层，重命名为"线1"。切换到【画笔工具】，设置【笔触】为黑色，【笔触大小】为4，照着草图描摹，绘制熊猫的椭圆形身躯，确保路径闭合，如图7-39所示。

步骤6 新建图层并重命名为"线2"，继续使用【画笔工具】描绘出熊猫身躯上的两条弧线，确保弧线的两端与"线1"中的椭圆相连接，如图7-40所示。

> **提示：**
> 务必开启菜单中的【视图】-【贴紧】-【贴紧至对象】选项。

图7-39　使用【画笔工具】描绘熊猫的身体轮廓　　　　图7-40　在新图层中继续描绘熊猫的轮廓（1）

步骤7 新建图层并重命名为"线3"，继续使用【画笔工具】描绘熊猫的两个耳朵，确保耳朵的端点与"线1"中的椭圆相连接，如图7-41所示。

步骤8 新建图层并重命名为"线4"，继续使用【画笔工具】描绘出熊猫的两个眼睛外轮廓，如图7-42所示。

图7-41　在新图层中继续描绘熊猫的轮廓（2）　　　　图7-42　在新图层中继续描绘熊猫的轮廓（3）

图7-43　在新图层中继续描绘
熊猫的轮廓（4）

步骤9 新建图层并重命名为"线5"，继续使用【画笔工具】描绘出熊猫两个眼睛的内轮廓，确保其端点与"线4"中的外轮廓相连接，如图7-43所示。

步骤10 新建图层并重命名为"线6"，继续使用【画笔工具】描绘出熊猫的两个瞳孔、一个鼻子、两个红脸蛋、一个嘴巴，如图7-44所示。

步骤11 新建图层并重命名为"线7"，继续使用【画笔工具】描绘出熊猫的两个手臂和两个脚板，如图 7-45 所示。

步骤 12 完成线稿图层的绘制后，删除"草图"图层，完成后的轮廓效果如图 7-46 所示。

图 7-44　在新图层中继续描绘熊猫的轮廓（5）　　图 7-45　在新图层中继续描绘熊猫的轮廓（6）

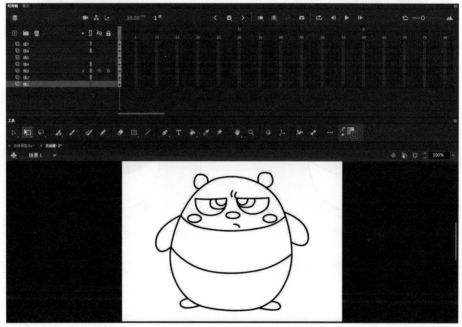

图 7-46　完成后的轮廓效果

步骤 13 熊猫的身体有大部分的白色，为了便于查看动画效果，我们在【属性】面板的【文档设置】区域，将舞台的背景颜色修改为淡橙色。

步骤 14 使用【选择工具】 框选所有线条，按【Ctrl+C】组合键复制这些笔触线条。

步骤 15 新建一个图层置于【时间轴】面板的最上层，重命名为"填色"。关闭下方所有图层的显示。选择这个新建的图层，按【Ctrl+Shift+V】组合键粘贴到当前位置。我们将在这个图层进行填充，并使用这些填充色作为遮罩范围，如图 7-47 所示。

步骤 16 使用【颜料桶工具】 ，设置【填充】为白色，为熊猫的白色区域进行填充，如图 7-48 所示。

步骤 17 使用【颜料桶工具】 ，设置【填充】为黑色，为熊猫的黑色区域进行填充，如图 7-49 所示。

图 7-47　复制所有笔触轮廓并粘贴到新图层中

图 7-48　为熊猫的白色区域进行填充

图 7-49　为熊猫的黑色区域进行填充

步骤 18　使用【颜料桶工具】 ，设置【填充】为粉色，为熊猫的粉色脸蛋进行填充，如图 7-50 所示。

步骤 19　选择熊猫的所有白色填充，按【Ctrl+X】组合键剪切。新建一个图层，重命名为"遮罩 1"，按【Ctrl+Shift+V】组合键粘贴到当前位置，并关闭该图层的显示。

步骤 20　选择熊猫的所有黑色填充，按【Ctrl+X】组合键剪切。新建一个图层，重命名为"遮罩 2"，按【Ctrl+Shift+V】组合键粘贴到当前位置，并关闭该图层的显示。

步骤 21　选择熊猫的所有粉色填充，按【Ctrl+X】组合键剪切。新建一个图层，重命名为"遮罩 3"，按【Ctrl+Shift+V】组合键粘贴到当前位置，并关闭该图层的显示。【时间轴】面板中的图层布置如图 7-51 所示。

图 7-50　为熊猫的粉色区域进行填充

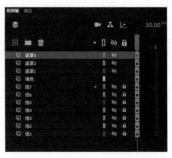

图 7-51　【时间轴】中的图层布置

步骤 22 删除"填色"图层。显示图层"线 1"，按【F6】键插入关键帧，切换到【橡皮擦工具】◆，在【属性】面板的【橡皮擦选项】区域，根据需要调节橡皮擦大小，然后依照线条绘制的先后顺序，反向擦除一部分笔触，如图 7-52 所示。

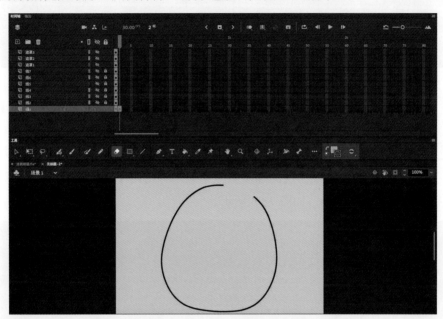

图 7-52　插入关键帧并擦除一部分笔触

步骤 23 继续按【F6】键插入关键帧，并继续使用【橡皮擦工具】◆反向擦除一部分笔触，如图 7-53 所示。

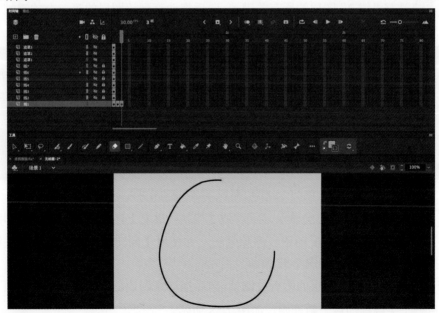

图 7-53　插入关键帧并继续擦除一部分笔触

步骤 24 重复步骤 23，插入关键帧并反向擦除一部分笔触，直到将该图层的所有笔触擦除，确保最后一帧为空白关键帧，如图 7-54 所示。

图 7-54 完成擦除后的关键帧设置

步骤 25 选择"线 1"图层的所有关键帧和空白关键帧，在右键菜单中选择【翻转帧】命令，从而使帧的前后顺序翻转。

步骤 26 关闭"线 1"图层的显示，显示"线 2"图层，重复上述步骤，插入关键帧并使用【橡皮擦工具】 ◆ ，依照绘图的顺序反向逐步擦除笔触，并使用【翻转帧】命令将所有关键帧和空白关键帧按顺序进行翻转，如图 7-55 所示。

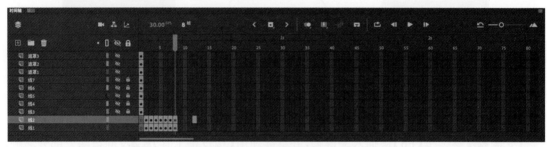

图 7-55 "线 2"图层的关键帧设置

步骤 27 选择"线 2"图层的所有关键帧，向后拖动直到该图层的第一个关键帧从"线 1"图层的最后一个关键帧的后一帧开始，如图 7-56 所示。

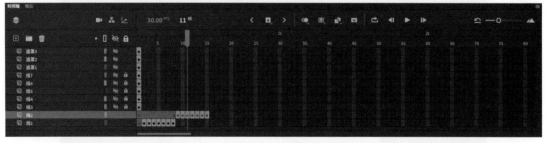

图 7-56 调整"线 2"图层的关键帧位置

步骤 28 关闭"线 2"图层的显示，显示"线 3"图层，重复上述步骤，插入关键帧并使用【橡皮擦工具】，依照绘图的顺序反向逐步擦除笔触，并使用【翻转帧】命令将所有关键帧和空白关键帧按顺序进行翻转，如图 7-57 所示。

步骤 29 选择"线 3"图层的所有关键帧，向后拖动直到该图层的第一个关键帧从"线 2"图层的最后一个关键帧的后一帧开始，如图 7-58 所示。

步骤 30 关闭"线 3"图层的显示，显示"线 4"图层，重复上述步骤，插入关键帧并使用【橡皮擦工具】，依照绘图的顺序反向逐步擦除笔触，并使用【翻转帧】命令将所有关键帧和空白关键帧按顺序进行翻转，如图 7-59 所示。

图 7-57 "线 3"图层的关键帧设置

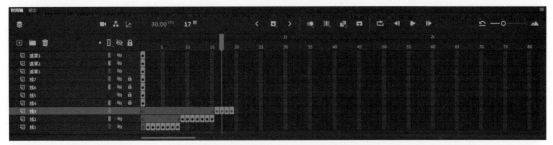

图 7-58 调整"线 3"图层的关键帧位置

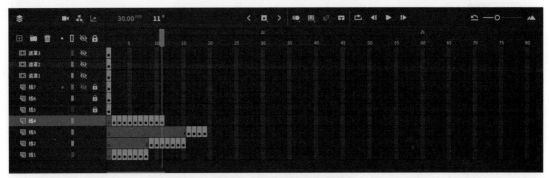

图 7-59 "线 4"图层的关键帧设置

步骤 31 选择"线 4"图层的所有关键帧,向后拖动直到该图层的第一个关键帧从"线 3"图层的最后一个关键帧的后一帧开始,如图 7-60 所示。

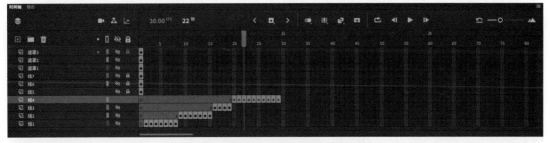

图 7-60 调整"线 4"图层的关键帧位置

步骤 32 关闭"线 4"图层的显示,显示"线 5"图层,重复上述步骤,插入关键帧并使用【橡皮擦工具】,依照绘图的顺序反向逐步擦除笔触,并使用【翻转帧】命令将所有关键帧和空白关键帧按顺序进行翻转,如图 7-61 所示。

步骤 33 选择"线 5"图层的所有关键帧,向后拖动直到该图层的第一个关键帧从"线 4"图层的最后一个关键帧的后一帧开始,如图 7-62 所示。

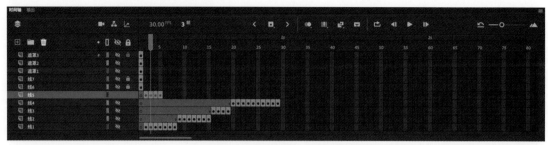

图 7-61 "线 5"图层的关键帧设置

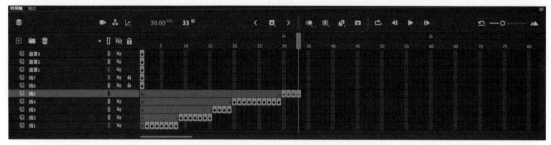

图 7-62 调整"线 5"图层的关键帧位置

步骤 34 关闭"线 5"图层的显示,显示"线 6"图层,重复上述步骤,插入关键帧并使用【橡皮擦工具】,依照绘图的顺序反向逐步擦除笔触,并使用【翻转帧】命令将所有关键帧和空白关键帧按顺序进行翻转,如图 7-63 所示。

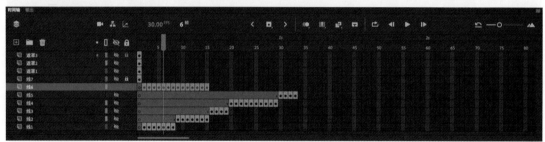

图 7-63 "线 6"图层的关键帧设置

步骤 35 选择"线 6"图层的所有关键帧,向后拖动直到该图层的第一个关键帧从"线 5"图层的最后一个关键帧的后一帧开始,如图 7-64 所示。

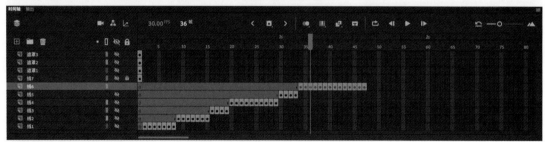

图 7-64 调整"线 6"图层的关键帧位置

步骤 36 关闭"线 6"图层的显示,显示"线 7"图层,重复上述步骤,插入关键帧并使用【橡皮擦工具】,依照绘图的顺序反向逐步擦除笔触,并使用【翻转帧】命令将所有关键帧和空白关键帧按顺序进行翻转,如图 7-65 所示。

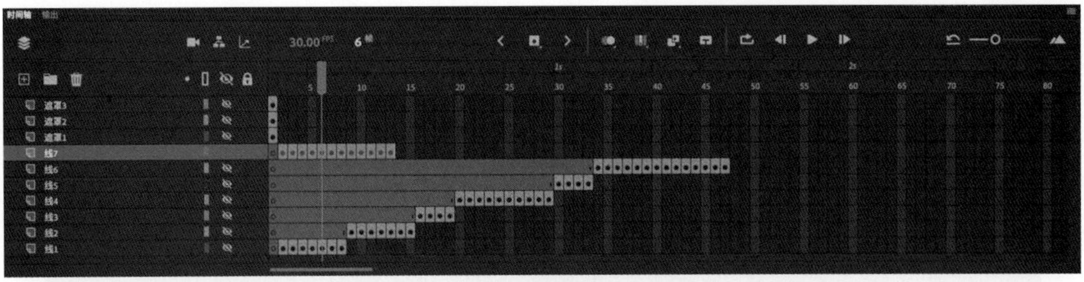

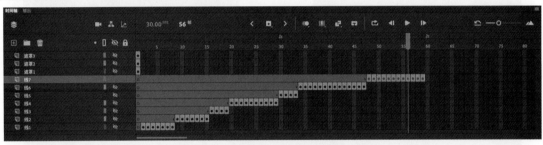

图 7-65　"线 7"图层的关键帧设置

步骤 37　选择"线 7"图层的所有关键帧,向后拖动直到该图层的第一个关键帧从"线 6"图层的最后一个关键帧的后一帧开始, 如图 7-66 所示。

图 7-66　调整"线 7"图层的关键帧位置

步骤 38　选择所有图层的第 140 帧,按【F5】键插入帧。现在就完成了线稿的手绘动画效果。接着制作色彩的填充动画效果。

步骤 39　新建一个图层,命名为"白色",将其放置在"遮罩 1"图层的下方。然后使用【传统画笔工具】，设置【填充】为白色,在舞台上绘制出白色填充区域,使其覆盖住熊猫的身体, 如图 7-67 所示。

步骤 40　选择该白色填充,按【F8】键将其转换为元件,设置【名称】为"白色",【类型】为【图形】元件。

图 7-67　新建图层并绘制形状

步骤 41　将"白色"图层的第一个关键帧向后拖动,直到其位于"线 7"图层最后一个关键帧后面大约 10 帧的位置,这里为第 65 帧处。

步骤 42　选择"白色"图层的第 80 帧,按【F6】键插入关键帧,在前后两个关键帧之间创建传统补间,然后将前一个关键帧处的"白色"图形元件垂直向上移动到熊猫身体以外(按住【Shift】键的同时移动), 如图 7-68 所示。

步骤 43　显示"遮罩 1"图层,右击该图层并选择【遮罩层】命令, 如图 7-69 所示。

步骤 44　新建一个图层,命名为"黑色",将其放置在"遮罩 2"图层的下方。然后使用【传统画笔工具】，设置【填充】为黑色,在舞台上绘制出黑色填充区域,使其覆盖住熊猫的身体, 如图 7-70 所示。

图 7-68　插入关键帧并创建传统补间

图 7-69　将该图层转换为遮罩层

图 7-70　新建图层并绘制形状

步骤 45　选择该黑色填充，按【F8】键将其转换为元件，设置【名称】为"黑色"，【类型】为【图形】元件。

步骤 46　将"黑色"图层的第一个关键帧向后拖动到第 85 帧处。再选择"黑色"图层的第 100 帧，按【F6】键插入关键帧，在前后两个关键帧之间创建传统补间，然后将前一个关键帧处的"黑色"图形元件垂直向上移动到熊猫身体以外（按住【Shift】键的同时移动），如图 7-71 所示。

步骤 47　显示"遮罩 2"图层，右击该图层并选择【遮罩层】命令，如图 7-72 所示。

步骤 48　新建一个图层，命名为"粉色"，将其放置在"遮罩 3"图层的下方。然后使用【传统画笔工具】 ，设置【填充】为粉色，在舞台上绘制出粉色填充区域，使其覆盖住熊猫的红脸蛋，如图 7-73 所示。

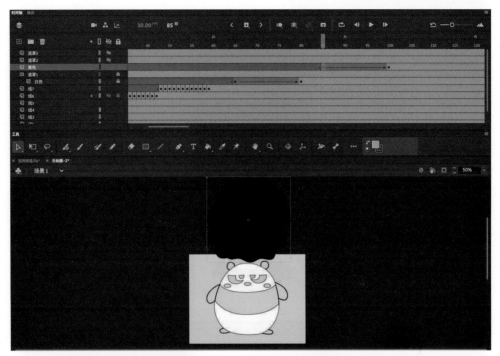

图 7-71　插入关键帧并创建传统补间

图 7-72　将图层转换为遮罩层

图 7-73　新建图层并绘制形状

步骤 49　选择该粉色填充，按【F8】键将其转换为元件，设置【名称】为"粉色"，【类型】为【图形】元件。

步骤 50　将"粉色"图层的第一个关键帧向后拖动到第 105 帧处。再选择"粉色"图层的第 120 帧，按【F6】键插入关键帧，在前后两个关键帧之间创建传统补间，然后将前一个关键帧处的"粉色"图形元件垂直向上移动到熊猫身体以外（按住【Shift】键的同时移动），如图 7-74 所示。

步骤 51　显示"遮罩 3"图层，右击该图层并选择【遮罩层】命令，如图 7-75 所示。

步骤 52　选择 3 个遮罩层及其被遮罩层（共 6 个图层），将其移动到最底层，如图 7-76 所示。

图 7-74　插入关键帧并创建传统补间

图 7-75　将图层转换为遮罩层

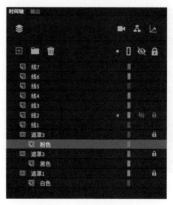

图 7-76　调整图层顺序

步骤 53　依次选择"白色""黑色""粉色"图层的传统补间,在【属性】面板的【补间】区域,设置其【缓动强度】为 -100,即匀加速运动。

步骤 54　按【Ctrl+Enter】组合键预览动画效果。

7.5　使用遮罩层制作动画"Loading 进度条"

学习目的:

本节从新建文档开始,通过基本矩形和矩形的绘制、补间形状动画的制作等步骤,实现 Loading 进度条的动画效果表现。读者通过本节内容的学习深入了解和熟练掌握 Animate CC 中的遮罩层和被遮罩层、补间形状等相关知识和动画技巧。

制作要点：

首先使用基本矩形工具进行 Loading 条形状的绘制，并将其形状作为 Loading 条的遮罩准备；接着使用矩形工具绘制矩形并创建补间形状动画，将其作为被遮罩图层的动画表现；使用影片剪辑元件动画实现文本闪烁动画的制作，从而最终完成 Loading 进度条的动画效果表现。

步骤1　新建 Animate 文档，根据需要设置文档的【宽】和【高】，并设置【帧速率】为 30FPS。

步骤2　选择【基本矩形工具】 ，在舞台上绘制一个矩形。单击矩形 4 个角点的其中一个，通过拖动角点同时调整 4 个角点的圆度，如图 7-77 所示。

图 7-77　绘制一个基本矩形并调整角点的圆度

步骤3　在【属性】面板设置该基本矩形的【笔触】为“无”，【填充】可任意。将该图层重命名为“遮罩”，如图 7-78 所示。

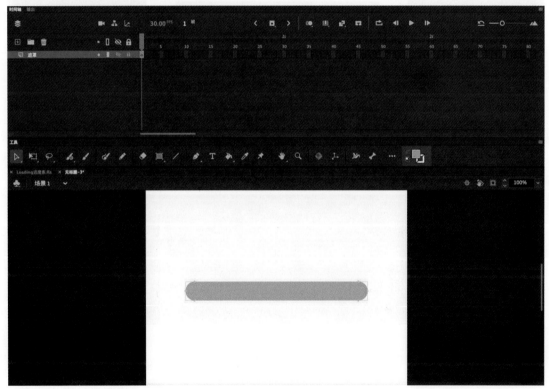

图 7-78　设置基本矩形的属性并重命名图层

步骤4　选择该基本矩形，在【对齐】面板中勾选【与舞台对齐】复选框，并单击【水平中齐】按钮。

步骤5　在【时间轴】面板上新建一个图层，重命名为“进度”，并将其放置在“遮罩”图层下方。选择【矩形工具】 ，确保未开启【对象绘制】模式，在舞台上绘制一个矩形，使其范围超出基本矩形的范围。设置其【笔触】为“无”，【填充】为 #7C64D2，如图 7-79 所示。

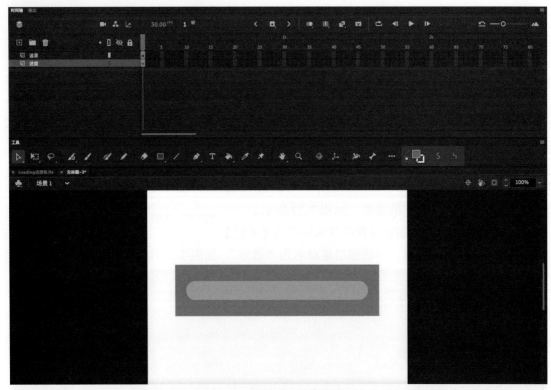

图 7-79　新建图层并绘制一个矩形

步骤6 选择"进度"图层的第 60 帧，按【F6】键插入关键帧。在前后两个关键帧之间右击，并选择【创建补间形状】命令，如图 7-80 所示。

图 7-80　插入关键帧并创建补间形状

图 7-81　修改矩形的长度

步骤7 选择"进度"图层第 1 帧处的矩形对象，切换到【任意变形工具】 ，将变形的中心点移动到矩形左边缘，然后向左水平拖动矩形的右边缘，使其在水平方向上向左压缩，如图 7-81 所示。

步骤8 选择"遮罩"图层的第 60 帧，按【F5】键插入帧。右击该图层，选择【遮罩层】命令，如图 7-82 所示。

步骤9 新建一个图层，命名为"BG"，将其放置在最底层作为背景图层使用。（注意不要与遮罩层形成缩进关系。）

步骤10 选择【矩形工具】 ，设置【填充】为 #FFD983，【笔触】为"无"。在舞台上绘制一个矩形。

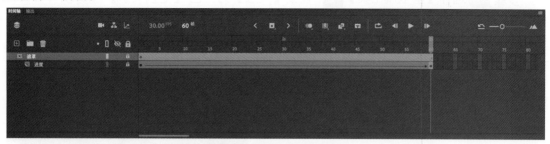

图 7-82　将图层转换为遮罩层

[步骤 11] 选择该矩形,在【对齐】面板勾选【与舞台对齐】复选框,并单击【匹配宽和高】按钮、【水平中齐】按钮和【垂直中齐】按钮,锁定该图层,如图 7-83 所示。

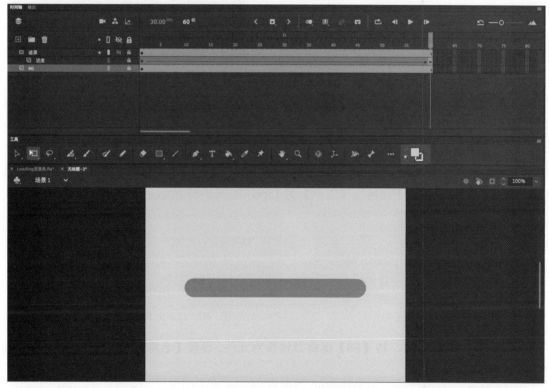

图 7-83　绘制矩形并将其作为背景图层

[步骤 12] 右击"遮罩"图层,选择【复制图层】命令,并将新复制的图层重命名为"轮廓",同时右击该图层,取消选择【遮罩层】命令,如图 7-84 所示。

图 7-84　复制"遮罩"图层并将其恢复为普通图层

步骤 13 选择【墨水瓶工具】 ，设置【笔触】为白色，【笔触大小】为2，并单击"轮廓"图层的基本矩形，为其添加笔触。同时设置其【填充】为"无"，如图7-85所示。

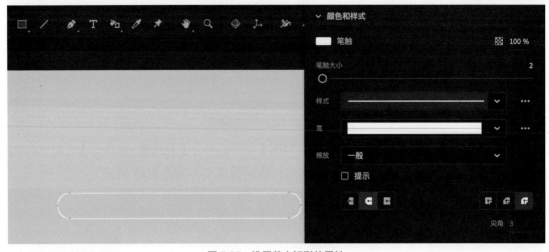

图7-85 设置基本矩形的属性

步骤 14 使用【任意变形工具】 调整"轮廓"图层的基本矩形大小，使其稍微大于"遮罩"图层的基本矩形，如图7-86所示。

步骤 15 新建一个图层，并重命名为"文本"。使用【文本工具】 ，在舞台上的进度条左上角输入文本"Loading…"，并设置其【文本颜色】为#7C64D2，【字体】为"阿里巴巴普惠体"，【字重】为"Heavy"，【大小】为15pt，如图7-87所示。

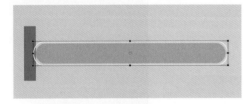

图7-86 调整基本矩形的大小

图7-87 输入文本并设置文本格式

步骤 16 选择该文本，按【F8】键将其转换为元件，设置【名称】为"Loading"，【类型】为【影片剪辑】元件。

步骤 17 双击"Loading"影片剪辑元件，进入元件编辑模式。按【Ctrl+B】组合键两次，将其分离为【合并绘制】模式。

步骤 18 选择文本右下角的3个点，按【Ctrl+X】组合键将其剪切。

步骤 19 新建一个图层，按【Ctrl+Shift+V】组合键将其粘贴到当前位置。

步骤 20 在"图层2"的第5帧、第10帧、第15帧分别按【F6】键插入关键帧。将第1帧的3个点删除；在第5帧处删除第2个和第3个点；在第10帧处删除第3个点，如图7-88所示。

步骤 21 选择这两个图层的第30帧，按【F5】键插入帧。

步骤 22 双击舞台空白区域退出元件编辑模式，按【Ctrl+Enter】组合键预览动画效果。

图 7-88　图层的关键帧设置

7.6　章节练习

一、思考题

1. 请简述在 Animate CC 中，有哪些对象可以用作遮罩层？

2. 如何实现将多个图层放置在一个遮罩层下？

3. 如何取消遮罩层和被遮罩层的从属关系？

4. 如何建立两个图层的父子级关系？

二、实操题

请参照所提供的范例和素材文件，制作遮罩层动画"图片遮罩动画"。

参考制作要点：

步骤 1　新建 Animate 文档，设置【宽】和【高】为 640 像素 ×960 像素，【帧速率】为 30FPS，【类型】为"ActionScript 3.0"。

步骤 2　将文件夹"图片遮罩动画"中的图片"p5.jpg"拖入舞台中，并与舞台对齐。将"图层 1"重命名为"BG"，并将该图层锁定，如图 7-89 所示。

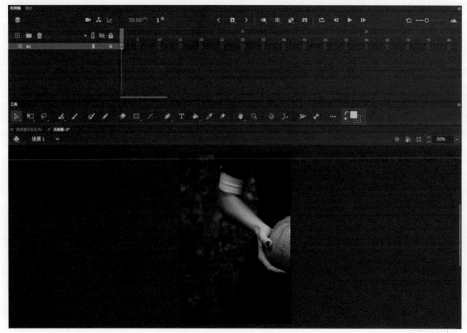

图 7-89　将素材图片拖入舞台中

步骤3 在【时间轴】面板上新建一个图层。将文件夹"图片遮罩动画"中的图片 "p1"～"p4"一起拖动到舞台上。然后将这4张图片水平拖动，使其水平排列并互相重合一定的范围，保证图片不超出舞台范围，同时整体位于舞台的水平居中的位置。然后全选4张图片，在【对齐】面板中单击【水平居中分布】按钮，如图7-90所示。

图 7-90　将素材图片拖入舞台中并将其水平居中分布

步骤4 选择第1张图片，按【F8】键将其转换为元件，【名称】为"p1"，【类型】为【影片剪辑】元件。

步骤5 重复上述步骤，将其他3张图片依次转换为影片剪辑元件，并依次命名为"p2""p3""p4"。

步骤6 全选这4个影片剪辑元件，右击并选择【分散到图层】命令。

步骤7 锁定4个图片图层。在"p1"图层上方新建一个图层，重命名为"p1遮罩"，然后使用【矩形工具】▢绘制一个垂直方向的矩形，保证其高度超过图片高度，并将其放置在图片p1的中部，设置该矩形的【填充颜色】为任意，【笔触颜色】为"无"，如图7-91所示。

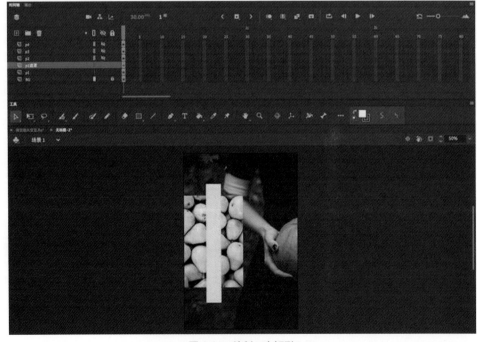

图 7-91　绘制一个矩形

步骤8 右击 "p1 遮罩" 图层，选择【复制图层】命令，然后将新复制的图层拖动到图层 "p2" 上方，重命名为 "p2 遮罩"，并将该矩形移动到图片 p2 的中部，如图 7-92 所示。

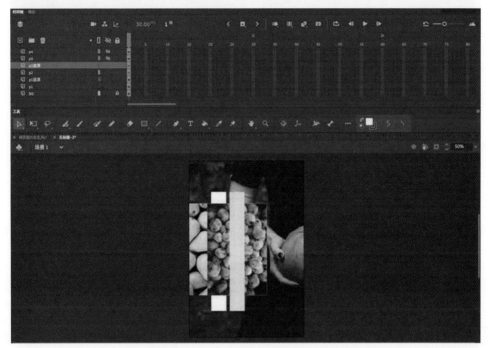

图 7-92　复制图层并重命名图层

步骤9 重复上述步骤，复制 "p3 遮罩" 和 "p4 遮罩" 图层，分别放置在 "p3" 图层和 "p4" 图层的上方，并将相应的矩形移动到图片 p3 的中部和图片 p4 的中部，如图 7-93 和图 7-94 所示。

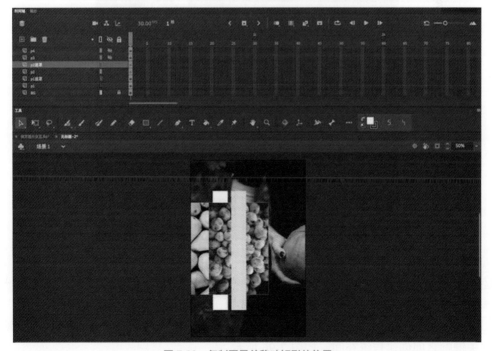

图 7-93　复制图层并移动矩形的位置

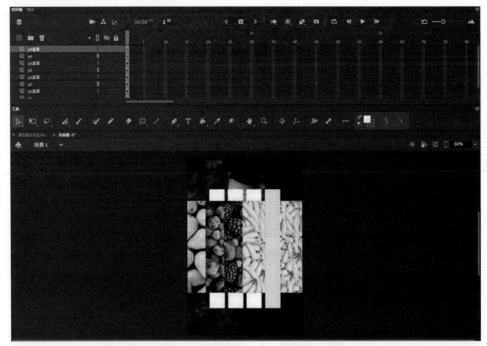

图 7-94　复制图层并移动矩形的位置

步骤10 在舞台上框选 4 个遮罩矩形，在【对齐】面板中单击【水平居中分布】按钮。

步骤11 在【时间轴】面板上右击"p1 遮罩"图层，选择【遮罩层】命令。使用同样的方法将"p2 遮罩""p3 遮罩""p4 遮罩"图层分别转换为遮罩层，如图 7-95 所示。

图 7-95　将图层转换为遮罩层

步骤12 在【时间轴】面板上关闭所有遮罩层的显示，并且将"p1"～"p4"这 4 个图片图层解锁。

步骤13 在【时间轴】面板上，在 4 个图片图层的第 10 帧按【F6】键插入关键帧，并在这些关键帧之间创建传统补间，如图 7-96 所示。

图 7-96　插入关键帧并创建传统补间

步骤 14 返回第 1 帧，在舞台上选择这 4 个图片实例，在【属性】面板中的【色彩效果】区域，设置其【亮度】为 -50%。

步骤 15 只显示"p1"图层和"p1 遮罩"图层，并且取消"p1 遮罩"图层的锁定。在"p1 遮罩"图层的第 10 帧按【F6】键插入关键帧，然后使用【任意变形工具】修改第 10 帧处矩形条的大小，使其宽度放大并覆盖住下方的"p1"图层。在这两个关键帧之间创建补间形状。最后重新锁定这两个图层，如图 7-97 所示。

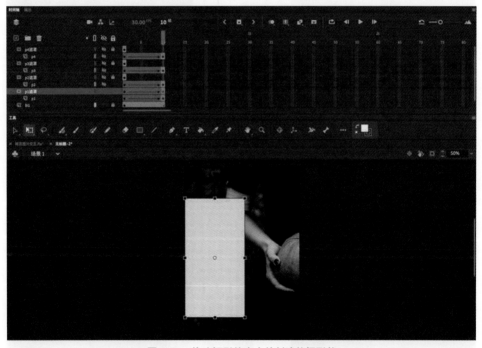

图 7-97　修改矩形的大小并创建补间形状

步骤 16 重新显示所有图层。在【时间轴】面板上解锁"p2 遮罩""p3 遮罩""p4 遮罩"图层，并选择这 3 个图层的第 10 帧，按【F6】键插入关键帧。同时在舞台上选择这 3 个遮罩矩形，使用【任意变形工具】将其左右缩小，并水平向右移动。（为了便于显示，可以将舞台的背景颜色修改为灰色）。在这 3 个遮罩层的关键帧之间右击并选择【创建补间形状】命令，如图 7-98 所示。

步骤 17 在【时间轴】面板上解锁"p2""p3""p4"图层，选择这几个图层的第 10 帧，按【F6】键插入关键帧，同时修改该帧处这 3 张图片实例的位置，使其位于各自遮罩层的中心。在这 3 个图层的关键帧之间右击并选择【创建传统补间】命令，如图 7-99 所示。

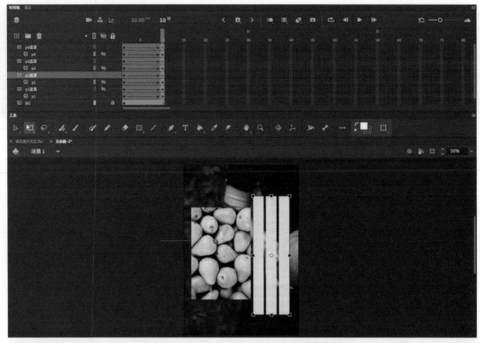

图 7-98　修改矩形大小和位置并创建补间形状

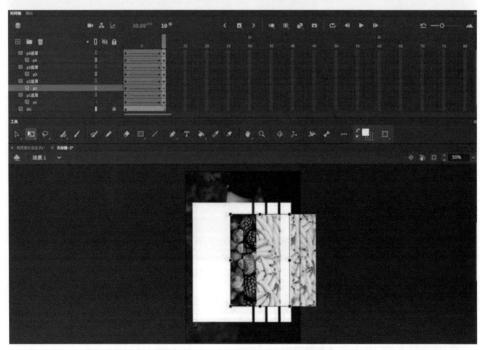

图 7-99　插入关键帧并创建传统补间

步骤 18　锁定所有图层，并查看动画效果。并用以上方法制作其他 3 张图片的展开折叠遮罩层动画，最终效果及图层动画设置见文件"图片遮罩动画 .fla"。

第 8 章

Animate CC 形变动画制作

8.1 使用形状补间制作动画"水球"

学习目的：

本节使用 Animate CC 的形状补间进行水波动画的制作，并结合上一章的遮罩层动画完成球体中的水波运动。读者通过本节内容的学习深入了解和熟练掌握 Animate CC 中的形状补间动画的创建，以及遮罩层和被遮罩层等相关知识和动画技巧。

制作要点：

在形状补间中，用户可以在时间轴中的一个特定帧上绘制一个矢量形状。然后，更改该形状，或在另一个特定帧上绘制另一个形状。然后，Animate CC 为这两帧之间的帧内插这些中间形状，创建从一个形状变形为另一个形状的动画效果。

若要对组、实例或位图图像应用形状补间，则请分离这些元素。若要对文本应用形状补间，则请将文本分离两次，从而将文本转换为对象。

步骤1 新建 Animate 文档，【宽】和【高】为 1920 像素×1080 像素，【帧速率】为 25FPS，【平台类型】为 ActionScript 3.0。

步骤2 选择【矩形工具】 ，开启【对象绘制】模式 ，在【颜色】面板中设置填充色的【颜色类型】为【线性渐变】，在下方的渐变条中，设置左侧滑块的颜色值为 #34457F，右侧滑块的颜色值为 #57A7D9，【笔触】为"无"。然后在舞台上拖动鼠标绘制一个矩形，如图 8-1 所示。

图 8-1　绘制一个线性渐变矩形

步骤3 切换到【渐变变形工具】■，单击舞台上的矩形对象，然后按住【Shift】键拖动圆形的渐变手柄，使渐变的方向旋转 90°，形成垂直方向的渐变条。并压缩垂直方向的渐变范围，使其刚好覆盖住矩形的高度，如图 8-2 所示。

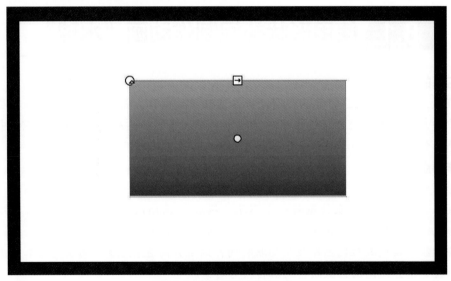

图 8-2　调整渐变变形的方向

步骤4 切换到【选择工具】▶，并选择该矩形对象，在【对齐】面板中勾选【与舞台对齐】复选框，并单击【匹配宽和高】按钮、【水平中齐】按钮、【垂直中齐】按钮，如图 8-3 所示。

步骤5 在【时间轴】面板上双击该图层名称，重命名为"BG"，作为背景层，并锁定该图层。

步骤6 新建一个图层，命名为"圆球"。选择【椭圆工具】●，开启【对象绘制】模式●，设置【填充】为"无"，【笔触】为白色，【笔触大小】为 10。按住【Shift】键绘制一个圆形，如图 8-4 所示。

图 8-3　使矩形覆盖住舞台

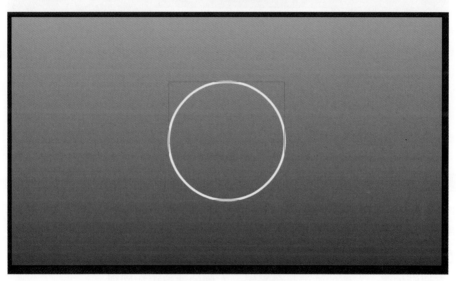

图 8-4　绘制一个无填充的圆形

步骤 7　选择这个圆形，在【对齐】面板中，勾选【与舞台对齐】复选框，并单击【水平中齐】按钮和【垂直中齐】按钮，完成后锁定该图层。

步骤 8　在【时间轴】面板上新建一个图层，重命名为"水波 01"。选择【矩形工具】 ，关闭【对象绘制】模式，设置【填充】为 #E0469C，【笔触】为"无"，在舞台上绘制一个矩形，如图 8-5 所示。

图 8-5　在新图层绘制一个矩形

步骤 9 使用【选择工具】 ，按住【Alt】键同时单击并上下拖动矩形的上边缘，以生成一个角点。重复该操作，在矩形的上边缘生成多个角点，如图 8-6 所示。

图 8-6 修改矩形的形状

步骤 10 使用【选择工具】 ，将鼠标移动到矩形上边缘，当鼠标变为带弧线的箭头时，单击并拖动鼠标，将直线段修改为曲线。重复该操作将矩形上边缘的所有直线段都修改为波浪形的曲线，如图 8-7 所示。

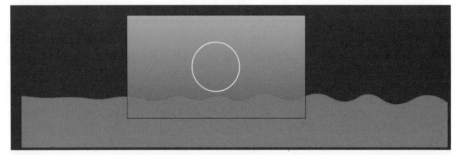

图 8-7 将直线段修改为曲线

步骤 11 如果所绘制的矩形不够长，可以通过复制和粘贴操作来延长该矩形：使用【选择工具】 单击这个矩形将其选中，按住【Alt】键同时单击鼠标并向左水平拖动，复制一个新的矩形，使新复制的矩形右边紧贴原始矩形的左侧边，从而将这个矩形的长度延长。继续使用【选择工具】 将两个矩形相连接部位的上边缘修改为曲线。确保矩形上边缘的波浪由左到右逐渐加强，左侧的波浪尽量平缓，右侧的波浪更加剧烈。

步骤 12 将这个矩形整体向左移动，直到其右边缘位于圆形的正下方，如图 8-8 所示。

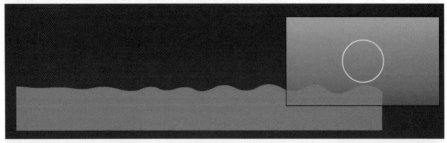

图 8-8 向左移动矩形使其位于圆形的正下方

步骤 13 在【时间轴】面板上右击"水波 01"图层，选择【复制图层】命令，并将新复制的图层重命名为"水波 02"。

步骤 14 选择"水波 02"的矩形，在【颜色】面板中修改【填充】为 #AC437E。

步骤 15 将"水波 02"图层的矩形整体向右平移一些,直到和"水波 01"的矩形相错开。同时将"水波 02"图层的矩形的左侧边角向左拖动,直到和"水波 01"的矩形相重合。完成后将"水波 02"图层拖动到"水波 01"图层的下方,如图 8-9 所示。

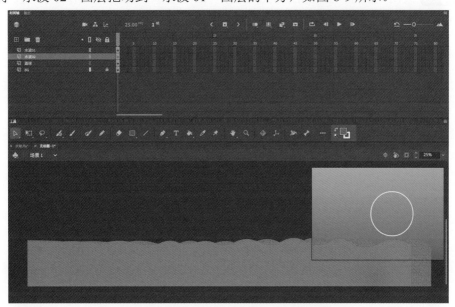

图 8-9　修改"水波 02"图层中矩形的位置

步骤 16 选择所有图层的第 100 帧,按【F5】键插入帧。

步骤 17 选择"水波 01"图层和"水波 02"图层的第 100 帧,按【F6】键插入关键帧,并将这一帧处的两个矩形同时向右向上移动,直到矩形左侧位于"圆球"的中心偏上的位置。

步骤 18 在"水波 01"图层和"水波 02"图层的前后两个关键帧之间的任意处右击,选择【创建补间形状】命令,如图 8-10 所示。

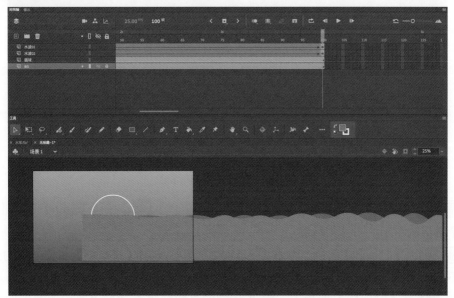

图 8-10　在两个关键帧之间创建补间形状

步骤19 现在为水波的动画设置遮罩。在【时间轴】面板中右击"圆球"图层,选择【复制图层】命令。将新复制的图层重命名为"圆球遮罩",放置在两个水波图层的上方。

步骤20 关闭"圆球"图层的显示。选择"圆球遮罩"图层的圆形对象,按【Ctrl+B】组合键将其分离为【合并绘制】模式,如图 8-11 所示。

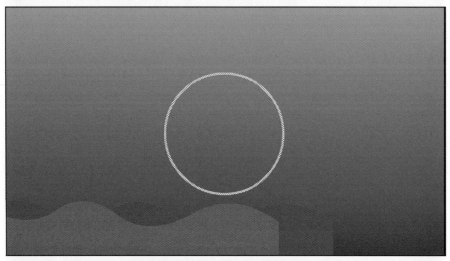

图 8-11　将对象分离为合并绘制模式

步骤21 使用【颜料桶工具】 ，任选一种不同的颜色,这里使用绿色作为填充颜色,对这个圆形进行填充,并删除其笔触,如图 8-12 所示。

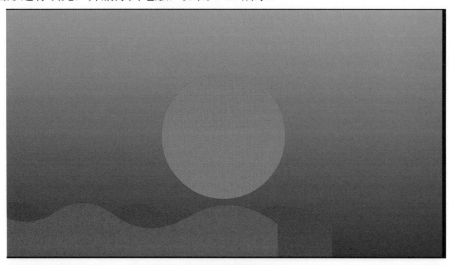

图 8-12　填充颜色并删除笔触

步骤22 选择这个绿色圆形,使用【任意变形工具】 ，按住【Shift】键单击并拖动其中一个角点的手柄,将其稍微缩小一些,如图 8-13 所示。

步骤23 在【时间轴】面板上右击"圆球遮罩"图层,选择【遮罩层】,将其转换为遮罩层。同时其下方的"水波 01"图层自动转换为被遮罩层,并形成缩进关系,如图 8-14 所示。

步骤24 在【时间轴】面板上,将"水波 02"图层也拖动到"圆球遮罩"图层下方,使其形成缩进关系,并放置于"水波 01"图层的下方,同时锁定该图层,如图 8-15 所示。

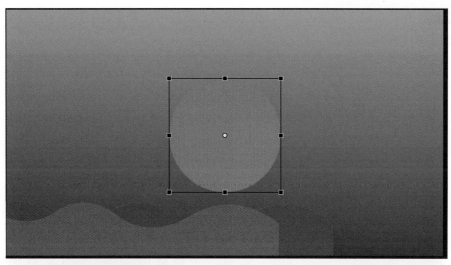

图 8-13 将圆形等比例缩小

图 8-14 将图层转换为遮罩层

图 8-15 建立图层的遮罩关系

步骤 25 现在重新显示"圆球"图层。选择"圆球"图层的圆形对象，按【Ctrl+C】组合键复制它，再按【Ctrl+Shift+V】组合键粘贴到当前位置。

步骤 26 切换到【任意变形工具】，按住【Shift】键单击并拖动其中一个角点的手柄，将新复制的圆形稍微缩小一些，如图 8-16 所示。

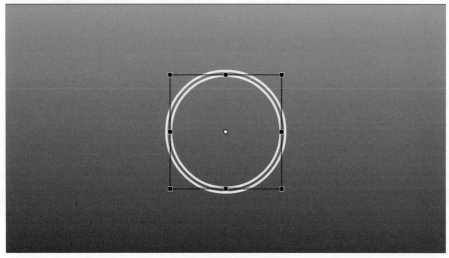

图 8-16 将圆形等比例缩小

（步骤 27）保持对这个圆形的选择，在【属性】面板中设置【笔触】为 50%，【笔触大小】为 15，如图 8-17 所示。

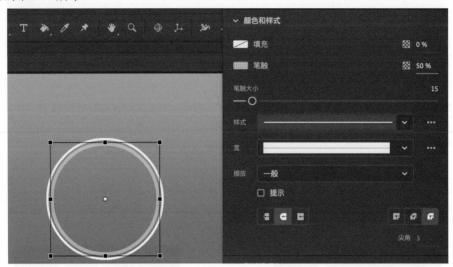

图 8-17　设置圆形的笔触属性

（步骤 28）双击这个新的圆形对象，进入绘制对象的编辑模式。使用【选择工具】 选择一部分笔触并将其删除，最后形成高光的形状，如图 8-18 所示。

图 8-18　删除一部分笔触从而形成高光的形状

（步骤 29）继续制作小水泡上升并破裂的动画。在【时间轴】面板上新建一个图层，重命名为"水泡"，并锁定其余的所有图层。

（步骤 30）在这个新的图层中，使用【椭圆工具】 ，关闭【对象绘制】模式，设置【填充】为 #DF469C，【笔触】为"无"。按住【Shift】键绘制一个小的圆形，如图 8-19 所示。

（步骤 31）选择这个圆形，按【F8】键将其转换为元件，【名称】为"水泡"，【类型】为【图形】元件。

（步骤 32）保持对"水泡"元件实例的选择，再次按【F8】键将其转换为元件，【名称】为"水泡动画"，【类型】为【图形】元件。

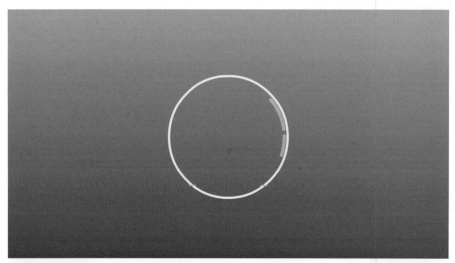

图 8-19　绘制一个小的圆形

步骤 33　双击"水泡动画"元件实例，进入元件编辑模式。将"水泡"实例向下移动到圆球中偏下的位置。

步骤 34　选择图层的第 60 帧，按【F6】键插入关键帧，并在这一帧的位置，将"水泡"实例向上移动到圆球上方。

步骤 35　在前后两个关键帧之间的任意位置右击，选择【创建传统补间】命令，如图 8-20 所示。

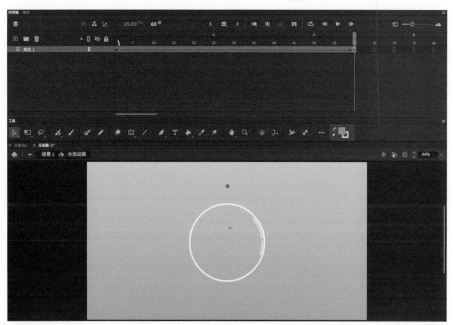

图 8-20　在两个关键帧之间创建传统补间

步骤 36　在第 61 帧处按【F6】键插入关键帧，选择"水泡"实例，在【属性】面板的【色彩效果】下拉列表中选择【Alpha】选项，并设置值 50%。同时使用【任意变形工具】 ，按住【Shift】键将其稍微放大。

步骤 37 在第 62 帧处按【F7】键插入空白关键帧，单击【时间轴】面板上的【绘图纸外观】按钮 ，拖动起始绘制图外观范围，使其仅覆盖向前一帧的范围，如图 8-21 所示。

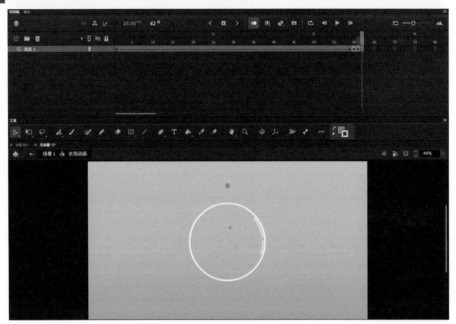

图 8-21　设置绘图纸外观的起始和结束范围

步骤 38 使用【线条工具】 ，设置【笔触】为 #DF469C，【笔触大小】为 3，沿着圆形外边缘绘制一些发散的短线，如图 8-22 所示。

图 8-22　在圆形外部绘制一些发散的短线

步骤 39 在第 63 帧处按【F7】键插入空白关键帧，继续使用【线条工具】 ，沿着前一帧的短线继续向外绘制一些更短的发散线，同时数量也相应减少，如图 8-23 所示。

图 8-23　插入空白关键帧并继续绘制短线

步骤 40　在第 64 帧处按【F7】键插入空白关键帧，以结束动画范围，如图 8-24 所示。

图 8-24　插入空白关键帧

步骤 41　关闭【绘图纸外观】按钮，双击舞台空白区域退出元件编辑模式，返回【场景 1】。

步骤 42　在【时间轴】面板上向后拖动"水波 01"和"水波 02"图层的最后一个关键帧，直到第 150 帧处。选择这两个图层补间范围的任意帧，在【属性】面板中设置【缓动强度】为 100。

步骤 43　选择所有图层的第 200 帧，按【F5】键插入帧。

步骤 44　将"水泡"图层的第 1 帧向后拖到第 90 帧处，如图 8-25 所示。

图 8-25　调整关键帧的位置

步骤 45 在【时间轴】面板上右击"水泡"图层，选择【复制图层】命令，然后将新复制图层的第 1 个关键帧拖到第 100 帧处，同时在舞台上移动该图层的"水泡动画"实例到不同的位置，同时使用【任意变形工具】 将这些"水泡动画"实例缩放为不同大小，并将【属性】面板【色彩效果】区域的【Alpha】修改为不同值，如图 8-26 所示。

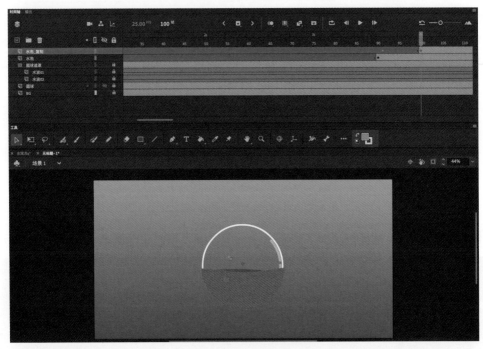

图 8-26 复制"水泡"图层并修改"水泡动画"元件实例的大小和 Alpha

步骤 46 重复上一步骤，复制多份"水泡"图层，将其第 1 个关键帧拖到第 90 帧以后不同的帧位置，并在舞台上移动该图层的"水泡动画"实例到不同的位置。同时使用【任意变形工具】 将这些"水泡动画"实例缩放为不同大小，并将【属性】面板【色彩效果】区域的【Alpha】修改为不同值。

步骤 47 将"圆球"图层放置在"圆球遮罩"图层的上方，如图 8-27 所示。

图 8-27 调整图层的顺序

步骤 48 按【Ctrl+Enter】组合键预览动画效果。

8.2 使用形状补间制作动画 "海浪"

学习目的：

本节使用 Animate CC 的形状补间和形状提示功能进行海浪动画的制作。读者通过本节内容的学习深入了解和熟练掌握 Animate CC 中的补间形状动画的创建及形状提示的用法等相关知识和动画技巧。

制作要点：

绘制矩形，并将矩形的上边缘修改为波浪形；将矩形转换为图形元件，并在元件中创建补间形状动画；为补间形状动画添加形状提示，从而形成风吹海浪的动画效果；将动画元件复制多份，修改元件实例的亮度和大小，并选择不同的帧作为实例的第 1 帧。

步骤1 新建 Animate 文档，设置【宽】和【高】为 1920×1080，【帧速率】为 25FPS，【平台类型】为 ActionScript 3.0。

步骤2 选择【矩形工具】▢，关闭【对象绘制】模式，设置【填充】为 #1F85BB，【笔触】为 "无"，在舞台上绘制一个矩形，如图 8-28 所示。

图 8-28　绘制一个矩形

步骤3 使用【选择工具】▷，按住【Alt】键同时单击并上下拖动矩形的上边缘，以生成一个角点。重复该操作，在矩形的上边缘生成多个角点，如图 8-29 所示。

步骤4 使用【选择工具】▷，将鼠标移动到矩形上边缘，当鼠标变为带弧线的箭头时，单击并拖动鼠标，将直线段修改为曲线。重复该操作将矩形上边缘的所有直线段都修改为波浪形的曲线，如图 8-30 所示。

步骤5 选择这个矩形，按【F8】键将其转换为元件，【名称】为 "海浪动画"，【类型】为【图形】元件。

步骤6 双击 "海浪动画" 元件实例，进入元件编辑模式。

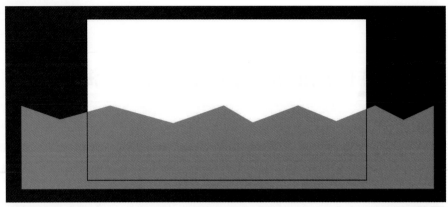

图 8-29　在矩形上边缘生成多个角点

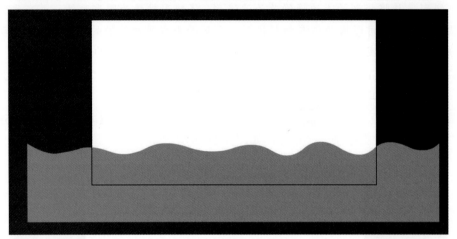

图 8-30　修改直线为曲线

步骤 7　在第 60 帧处按【F6】键插入关键帧。在前后两个关键帧之间的任意帧处右击，选择【创建补间形状】命令，如图 8-31 所示。

图 8-31　在两个关键帧之间创建补间形状

步骤 8　选择第 1 帧，在菜单栏选择【修改】-【形状】-【添加形状提示】命令。将红色的"a"移动到矩形的左上角，如图 8-32 所示。

步骤 9　定位到第 60 帧，将红色的"a"定位到矩形左上角，如图 8-33 所示。

步骤 10　返回第 1 帧，在舞台上的黄色"a"上右击，选择【添加提示】命令，并将提示移到矩形的左下角，如图 8-34 所示。同样将第 60 帧处的"b"移动到矩形左下角，如图 8-35 所示。

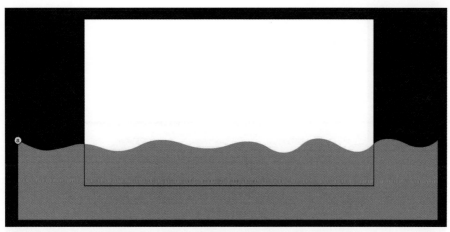

图 8-32　为补间形状添加形状提示并移动到合适的位置

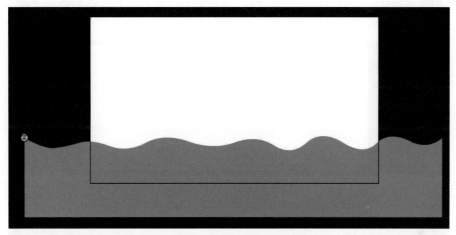

图 8-33　移动第 2 个关键帧处的形状提示 "a"

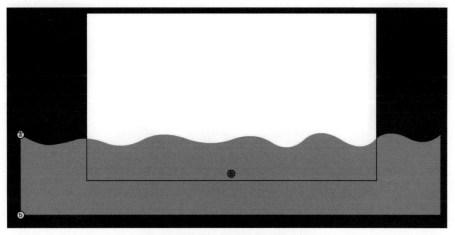

图 8-34　移动第 1 帧处的形状提示 "b"

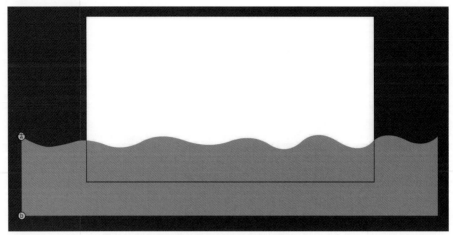

图 8-35　移动第 60 帧处的形状提示 "b"

步骤 11 重复上一步骤，添加提示 "c" 并移动到矩形右下角，添加提示 "d" 并移动到矩形右上角。第 1 帧处的形状提示如图 8-36 所示，第 60 帧处的形状提示如图 8-37 所示。

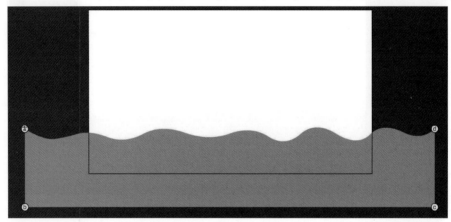

图 8-36　第 1 帧处的形状提示分布

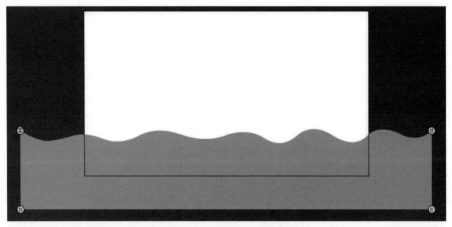

图 8-37　第 60 帧处的形状提示分布

步骤 12 重复上一步骤，添加形状提示 "e"，并将第 1 帧处的 "e" 移动到矩形左侧第一个波谷处，如图 8-38 所示，将第 60 帧处的 "e" 移动到矩形右侧最后一个波谷处，如图 8-39 所示。

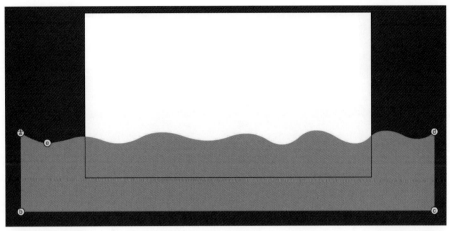

图 8-38　第 1 帧处的形状提示"e"的位置

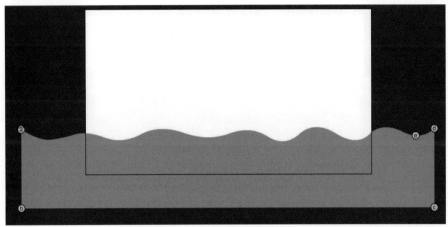

图 8-39　第 60 帧处的形状提示"e"的位置

步骤 13 现在拖动时间轴的播放头,可见波浪从左向右移动的效果。选择形状补间的任意部分,在【属性】面板设置【缓动强度】为 -50,如图 8-40 所示。

步骤 14 双击舞台的空白区域退出元件编辑模式,返回【场景 1】。

步骤 15 在【时间轴】面板上,选择"图层 1"的第 200 帧,按【F5】键插入帧。

图 8-40　设置补间的【缓动强度】为 -50

步骤 16 按住【Alt】键并多次单击和拖动"海浪动画"实例,将其复制多份。使用【任意变形工具】并按住【Shift】键将复制的实例依次等比例缩小,将小的实例放置在下层偏上方,大的放置在上层偏下方,形成透视关系,如图 8-41 所示。

步骤 17 按照透视原理,将"海浪动画"实例由前到后依次修改其【色彩效果】区域中的【亮度】为 -20%、-10%、0%、20%、30%,如图 8-42 所示。

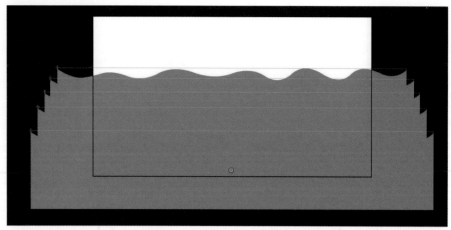

图 8-41 复制多份"海浪动画"元件实例并依次等比例缩小

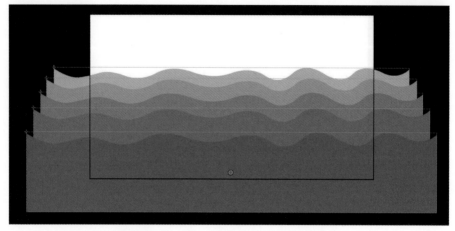

图 8-42 依次修改"海浪动画"实例的色彩效果

图 8-43 设置"海浪动画"实例的不同起始帧

步骤 18 依次选择复制的"海浪动画"实例,在【属性】面板的【循环】区域,设置【第一】为不同的帧,从而使这些实例的动画相互交错开,如图 8-43 所示。

步骤 19 在【时间轴】面板中,锁定"图层 1"。新建一个图层,重命名为"BG",放置在底层。

步骤 20 在"BG"图层中,选择【矩形工具】 ，开启【对象绘制】模式 ，设置【填充】的【颜色类型】为【线性渐变】,渐变条的左侧滑块颜色值为 #A4E0F9,右侧滑块颜色值为 #DCF4FF,【笔触】为"无"。在舞台上绘制一个矩形,使其覆盖舞台。

步骤 21 使用【渐变变形工具】 ，单击矩形对象,拖动圆形的手柄将渐变顺时针旋转 90°,并拖动矩形手柄缩放渐变大小,如图 8-44 所示。

步骤 22 完成后按【Ctrl+Enter】组合键预览动画效果。

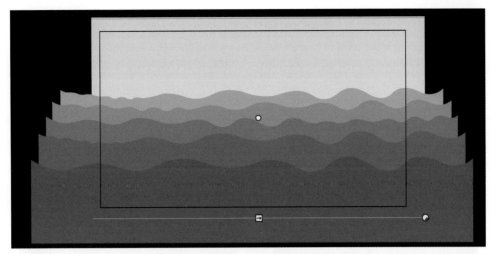

图 8-44　修改矩形的渐变填充形态

8.3　使用资源变形工具制作动画"烛火"

学习目的：

本节使用 Animate CC 的资源变形工具进行蜡烛火焰动画的制作。读者通过本节内容的学习深入了解和熟练掌握 Animate CC 中资源变形工具的使用，以及利用资源变形工具和传统补间进行形变动画的制作等相关知识和动画技巧。

制作要点：

Animate 19.0 版本引入了一个新的资源变形工具。可以使用该资源变形工具在 Animate CC 中的形状、绘制对象和位图上创建变形手柄。通过使用该资源变形工具拖动变形手柄，可以使形状、绘制对象和位图变形。使用对象上显示的变形手柄，可以在保持其他区域不受影响的同时，调整或扭曲特定对象区域的形状。在创建第一个变形手柄时，将对所有选定对象进行分组。在插入关键帧时，前一关键帧中的变形手柄将被复制到新的关键帧中。

步骤 1　打开 Animate 文档"烛火 - 准备 .fla"，该文档包含一个名为"BG"的背景图层、一个"蜡烛"图层，以及一个"火焰"图层。我们将"BG"图层和"蜡烛"图层锁定，如图 8-45 所示。我们接下来将要为"火焰"图层的对象制作形变动画。

步骤 2　使用【选择工具】 选择"火焰"图层的火焰对象，然后切换到【资源变形工具】 ，将鼠标移动到火焰上，当图钉右下角出现 + 符号时，在火焰的根部单击以创建第一个变形手柄，如图 8-46 所示。

步骤 3　此时创建的变形手柄显示为黑色实心圆，同时火焰对象被变形封套包裹起来。继续在火焰对象上单击，以创建更多的变形手柄，如图 8-47 所示。

图 8-45　打开素材文档并锁定图层

图 8-46　使用资源变形工具创建一个变形手柄

图 8-47　继续创建更多的变形手柄

步骤4 选择"火焰"图层的第 3 帧,按【F6】键插入关键帧。然后将鼠标移到之前创建的变形手柄上,当鼠标变为带图钉的箭头时,通过单击并拖动即可修改变形手柄的位置,从而改变火焰的形状,如图 8-48 所示。

> **提示:**
> 按住【Shift】键并单击资源变形手柄可选择多个手柄。用户可以用【资源变形工具】★拖动手柄,以根据需要使形状变形。

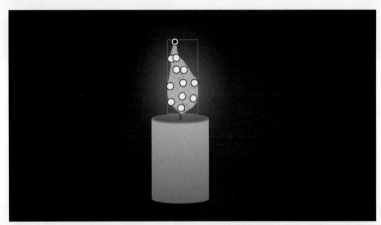

图 8-48　插入关键帧并通过拖动变形手柄从而修改火焰的形状

步骤5 继续使用【F6】键,每隔一帧便插入一个关键帧,并使用【资源变形工具】★修改变形手柄的位置,如有必要,可继续在封套内部单击以增加变形手柄。如要删除变形手柄,可选择变形手柄后按【Delete】键。最后【时间轴】面板上添加的关键帧及关键帧所对应的火焰形状如图 8-49 所示。

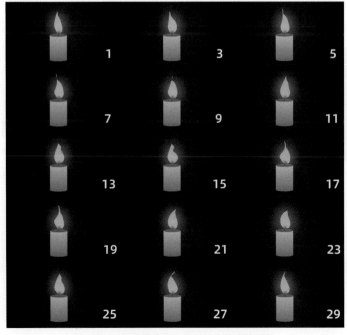

图 8-49　关键帧编号及其所对应的火焰形状

步骤6 示例中的最后一个关键帧为第 29 帧。右击第 1 帧，选择【复制帧】命令，然后右击第 31 帧，选择【粘贴帧】命令。

步骤7 在【时间轴】面板上选择从第一个关键帧到最后一个关键帧之间的所有帧，右击并选择【创建传统补间】命令，如图 8-50 所示。

图 8-50 选择帧范围并创建传统补间

步骤8 现在第一个关键帧和最后一个关键帧是相同的，如果动画循环播放，那么这两帧的位置将出现重复的画面，从而造成动画卡顿的效果。选择第 30 帧，按【F6】键插入关键帧。右击第 31 帧，选择【删除帧】命令，从而删除与第 1 帧重复的画面，如图 8-51 所示。

图 8-51 插入关键帧并删除帧

图 8-52 为关键帧添加发光滤镜

步骤9 在【时间轴】面板上选择除"火焰"图层外所有图层的第 30 帧，按【F5】键插入帧。

步骤10 在【时间轴】面板上单击"火焰"图层，从而选择该图层的所有关键帧。在【属性】面板的【滤镜】区域，单击右上角的【添加滤镜】按钮 +，并选择【发光】滤镜。设置滤镜参数，【模糊 X】和【模糊 Y】为 128，【强度】为 100%，【颜色】为黄色，【品质】为"高"，如图 8-52 所示。

步骤11 按【Ctrl+Enter】组合键预览动画效果。

提示：

对于资源变形工具，用户可以使用传统补间。例如，可以使用【创建传统补间】命令为姿势创建补间。

8.4 使用资源变形工具制作动画"小狗走路"

学习目的:

本节使用 Animate CC 的资源变形工具为小狗的四肢、耳朵、尾巴进行形变动画的制作。读者通过本节内容的学习深入了解和熟练掌握 Animate CC 中资源变形工具的使用,以及利用资源变形工具和传统补间进行形变动画的制作等相关知识和动画技巧。

制作要点:

首先将需要使用资源变形工具的对象转换为绘制对象,并分散到不同的图层上;接着使用资源变形工具为变形对象创建变形手柄;接着添加关键帧并调节变形手柄,从而改变对象的形态;最后通过创建传统补间动画为关键帧之间自动插值。

步骤1 打开 Animate 文档"小狗走路 .fla",该文档中包含已经绘制好的小狗身体各部分,下面将使用资源变形工具为小狗制作走路循环动画,如图 8-53 所示。

图 8-53　打开素材文档

步骤2 因为资源变形工具只能应用于形状、绘制对象和位图上,所以需要将舞台上的基本矩形转换为绘制对象。双击小狗的耳朵,弹出转换为绘制对象提示框,如图 8-54 所示。单击【确定】按钮,将其转换为绘制对象,并进入绘制对象编辑模式。在舞台空白处双击以退出编辑模式,返回【场景 1】。

图 8-54　转换为绘制对象提示框

步骤3 重复上一步骤,将尾巴、四条腿、耳朵的基本矩形对象转换为绘制对象。

步骤4 按住【Shift】键并框选小狗的头、鼻子、两个眼睛、脖子,再按【F8】键将它们整体转换为元件,【名称】为"头部",【类型】为【图形】元件。

步骤5 选择小狗的身体,按【F8】键将它们整体转换为元件,【名称】为"身体",【类型】为【图形】元件。

步骤6 选择小狗的项圈,按【F8】键将它们整体转换为元件,【名称】为"项圈",【类型】为【图形】元件。

步骤7 使用【选择工具】▶ 框选小狗的所有部分，在右键菜单中选择【分散到图层】命令，如图 8-55 所示。

步骤8 在【时间轴】面板中，删除空白的"图层 1"。之后将未命名的图层按照该图层包含的小狗身体的部分来命名，分别是：腿_右前、腿_右后、腿_左前、腿_左后、耳朵、尾巴，如图 8-56 所示。

图 8-55　将小狗所有部分分散到图层

图 8-56　重命名图层

图 8-57　建立图层的父子级关系

步骤9 在【时间轴】面板上单击【开启父级视图】按钮🔗，显示图层的父级视图。将"耳朵"图层拖动到"头部"图层上，使"头部"图层作为"耳朵"图层的父级。接着把"头部""项圈""尾巴""腿_右前""腿_右后""腿_左前""腿_左后"全部依次拖动到"身体"图层上，使"身体"图层作为它们的父级图层，如图 8-57 所示。

步骤10 在【时间轴】面板上，开启"身体"图层的【显示为轮廓】按钮 □，将其以轮廓线的形式显示，如图 8-58 所示。

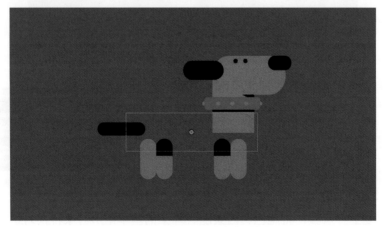

图 8-58　开启图层的轮廓显示模式

步骤11 选择舞台上的"腿_右前"对象，切换到【资源变形工具】 ✦，从上至下依次创建 3 个变形手柄，如图 8-59 所示。

步骤12 重复上一步骤，使用【资源变形工具】 ✦ 为其他 3 条腿分别从上至下创建 3 个变形手柄。

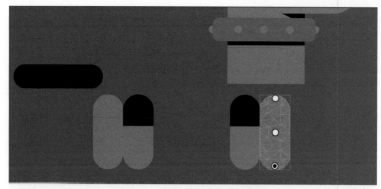

图 8-59　为一条腿创建 3 个变形手柄

步骤 13 重复上一步骤，使用【资源变形工具】 📌 为"耳朵"对象分别从右至左创建 3 个变形手柄，如图 8-60 所示，再为"尾巴"对象从右至左创建 4 个变形手柄，如图 8-61 所示。

图 8-60　为耳朵创建 3 个变形手柄

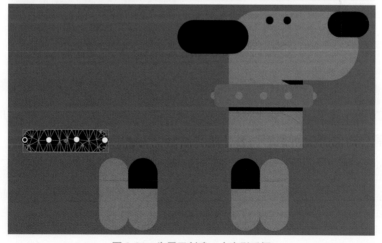

图 8-61　为尾巴创建 4 个变形手柄

步骤 14 使用【资源变形工具】 📌 ，拖动每个对象上的变形手柄，将第 1 帧处的姿势调节为图 8-62 所示的姿势。

图 8-62　调整第 1 帧处的姿势

步骤 15 在【时间轴】面板上选择所有图层的第 29 帧，按【F5】键插入帧。

步骤 16 选择 4 条腿图层、"耳朵"图层、"尾巴"图层的第 5 帧，按【F6】键插入关键帧，并使用【资源变形工具】 ★ ，拖动这几个对象上的变形手柄，将第 5 帧处的姿势调节为图 8-63 所示的姿势。

图 8-63　调整第 5 帧处的姿势

步骤 17 重复上一步骤，分别在 4 条腿图层、"耳朵"图层、"尾巴"图层的第 9 帧、第 13 帧、第 17 帧、第 21 帧、第 25 帧处插入关键帧，并使用【资源变形工具】 ★ 在这几个关键帧的位置修改这几个对象的形态，如图 8-64 所示。

> **提示：**
> 因为随后要为这些关键帧创建传统补间动画，所以请不要在添加的关键帧上随意添加或删除变形手柄的数量，否则传统补间动画将会不起作用。

步骤 18 在【时间轴】面板上选择 4 条腿图层、"耳朵"图层、"尾巴"图层的第 1 帧，在右键菜单中选择【复制帧】命令，再选择这几个图层的第 29 帧，在右键菜单中选择【粘贴帧】命令，如图 8-65 所示。

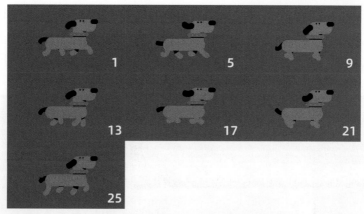

图 8-64　关键帧编号及其对应的姿势

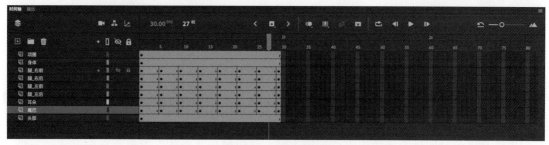

图 8-65　复制并粘贴帧

步骤 19 在【时间轴】面板上框选 4 条腿图层、"耳朵"图层、"尾巴"图层的第 1 个关键帧到最后一个关键帧之间的所有范围，右击并选择【创建传统补间】命令，如图 8-66 所示。

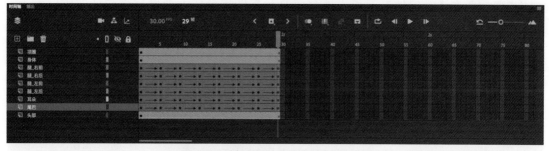

图 8-66　选择关键帧范围并创建传统补间

步骤 20 在【时间轴】面板上选择 4 条腿图层、"耳朵"图层、"尾巴"图层的第 28 帧，按【F6】键插入关键帧，如图 8-67 所示。现在就完成了小狗腿部、尾巴、耳朵的曲线运动动画，接下来制作小狗跑动时上下运动的动画。

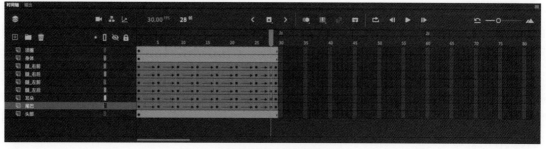

图 8-67　插入关键帧

步骤 21 在【时间轴】面板上单击"身体"图层的【显示为轮廓】按钮，取消轮廓线的显示。选择【视图】-【标尺】命令，将舞台标尺调出来。将播放头定位到第 9 帧，从舞台上方的水平标尺向下拖出一条参考线，放置于小狗的脚底，使脚部最低处正好贴合参考线，这个位置是身体最低点，如图 8-68 所示。

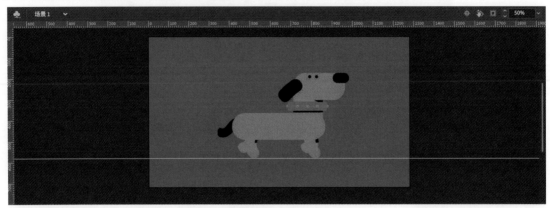

图 8-68　建立参考线

步骤 22 在【时间轴】面板上分别选择"身体"图层的第 9 帧和第 21 帧，按【F6】键插入关键帧。这两个位置是小狗身体的最低点。

步骤 23 将时间轴的播放头定位到第 1 帧，将该帧处"身体"对象垂直向上移动一些。

步骤 24 在【时间轴】面板上右击"身体"图层的第 1 帧，选择【复制帧】命令，再分别将其粘贴到"身体"图层的第 17 帧和第 29 帧处。

步骤 25 在【时间轴】面板上选择"身体"图层的所有关键帧之间的范围，右击并选择【创建传统补间】命令。

步骤 26 选择"身体"图层的第 28 帧，按【F6】键插入关键帧，如图 8-69 所示。

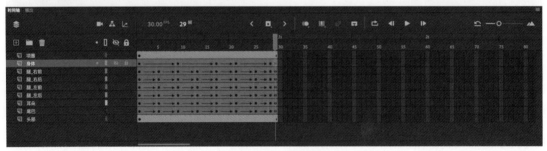

图 8-69　插入关键帧

步骤 27 接着为"项圈"制作上下运动的动画。根据运动规律中的跟随运动原理，项圈的运动属于身体运动的从属运动，因此它的上下运动应当比身体的上下运动慢半拍。在"项圈"图层的第 5 帧、第 13 帧、第 21 帧、第 25 帧、第 29 帧处按【F6】键插入关键帧。按键盘上的【↓】键，将第 13 帧和第 25 帧处的"项圈"对象向下移动 5 个像素；按键盘上的【↑】键，将第 5 帧和第 21 帧处的"项圈"对象向上移动 5 个像素；将第 1 帧复制并粘贴到第 29 帧处。

步骤 28 在【时间轴】面板上选择"项圈"图层的所有关键帧之间的范围，右击并选择【创建传统补间】命令。

步骤 29 选择"项圈"图层的第 28 帧，按【F6】键插入关键帧，如图 8-70 所示。

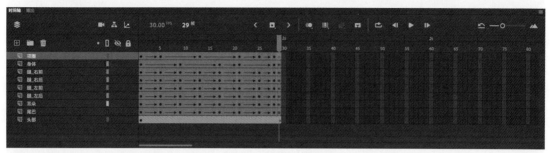

图 8-70　插入关键帧

步骤 30 选择所有图层的第 29 帧，在右键菜单中选择【删除帧】命令，如图 8-71 所示。

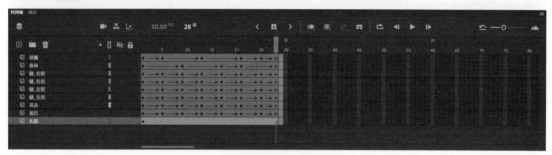

图 8-71　删除帧

步骤 31 现在完成了小狗走路的循环动画制作。接着我们制作投影。锁定所有图层，新建一个图层，命名为"投影"，并将其移动到【时间轴】面板的最底层。

步骤 32 使用【椭圆工具】 ⬤ 在"投影"图层中绘制一个椭圆形，设置【填充】为黑色，【Alpha】为 40%，【笔触】为"无"，将其放置在小狗的正下方，如图 8-72 所示。

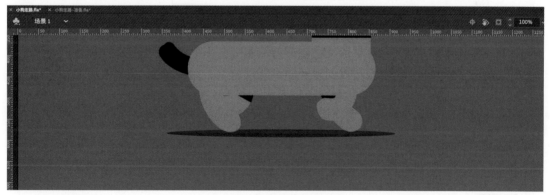

图 8-72　绘制椭圆形作为投影

步骤 33 在"投影"图层的第 9 帧和第 21 帧按【F6】键插入关键帧。

步骤 34 选择"投影"图层的第 1 帧，使用【任意变形工具】 ▦ 将其水平和垂直缩短，并将【Alpha】修改为 20%，如图 8-73 所示。将第 1 帧复制并粘贴到第 17 帧和第 29 帧处。

步骤 35 选择"投影"图层的所有关键帧范围，右击并选择【创建补间形状】命令。

步骤 36 选择"投影"图层的第 28 帧，按【F6】键插入关键帧。选择"投影"图层的第 29 帧，右击并选择【删除帧】命令，如图 8-74 所示。

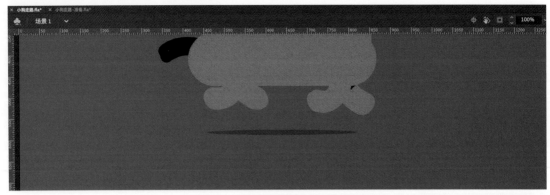

图 8-73　修改椭圆的大小和 Alpha

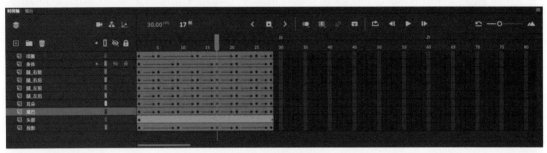

图 8-74　选择帧并删除帧

步骤 37　现在完成了动画所有部分的制作，按【Ctrl+Enter】组合键预览动画效果。

8.5　章节练习

一、思考题

1. 在 Animate CC 中实现对象形变动画的方法有哪些？

2. 如何在 Animate CC 中为对象创建补间形状动画？

3. 如何为补间形状动画添加和删除形状提示？

4. 请简述资源变形工具和任意变形工具的区别及其各自的使用方法。

二、实操题

请参照所提供的范例和素材文档，制作 Animate CC 形变动画"卡片翻转"。

参考制作要点：

步骤 1　新建 Animate 文档。

步骤 2　使用【矩形工具】 ，在舞台上绘制一个矩形。设置矩形的【笔触】为"无"，【填充】为任意，如图 8-75 所示。

步骤 3　选择时间轴的第 15 帧，按【F6】键插入关键帧。在这两个关键帧之间右击并选择【创建补间形状】命令，如图 8-76 所示。

步骤 4　选择第 15 帧处的矩形对象，切换到【任意变形工具】 ，拖动上下中心的变形手柄，以缩小矩形的高度，如图 8-77 所示。

图 8-75　绘制一个矩形

图 8-76　在两个关键帧之间创建补间形状

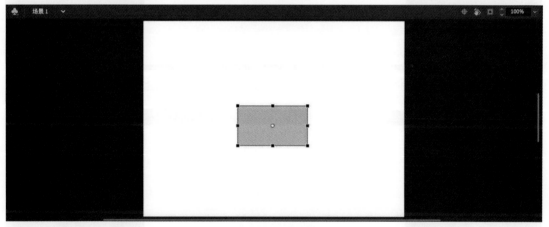

图 8-77　修改第 15 帧处的矩形形状

步骤5　按住【Ctrl+Shift】组合键的同时拖动矩形 4 个角点，将其调整为具有透视效果的提醒，如图 8-78 所示。

步骤6　现在拖动时间轴的播放头，可见变形未能出现预期的效果。选择第 1 帧，选择【修改】-【形状】-【添加形状提示】命令，然后将提示图标"a"放置在矩形左上角顶点，如图 8-79 所示。

步骤7　定位到第 15 帧，将形状提示"a"放置在梯形左上角，如图 8-80 所示。

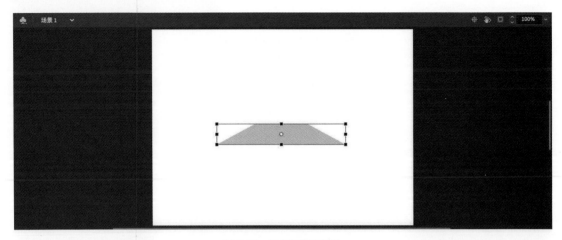

图 8-78　调整矩形的形状

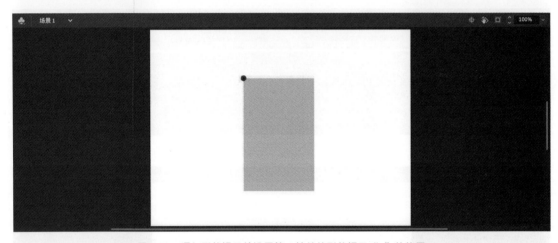

图 8-79　添加形状提示并设置第 1 帧处的形状提示"a"的位置

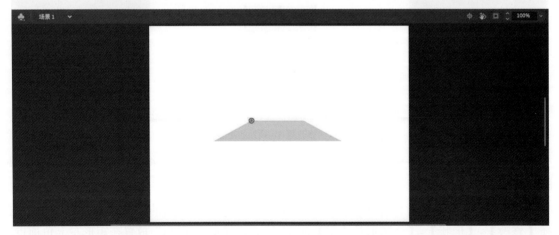

图 8-80　设置第 15 帧处的形状提示"a"的位置

步骤8 返回第 1 帧，在提示图标"a"上右击，选择【添加提示】命令，将提示图标"b"放置在矩形左下角，如图 8-81 所示。

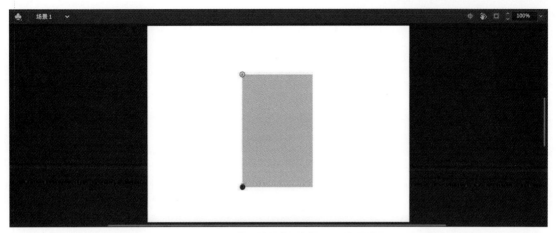

图 8-81　设置第 1 帧处的形状提示"b"的位置

步骤 9 定位到第 15 帧，将形状提示"b"放置在梯形左下角，如图 8-82 所示。

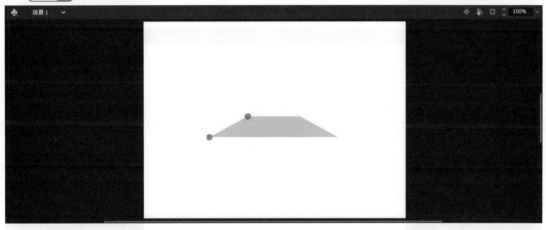

图 8-82　设置第 15 帧处的形状提示"b"的位置

步骤 10 返回第 1 帧，在提示图标"a"上右击，选择【添加提示】命令，将提示图标"c"放置在矩形右下角，如图 8-83 所示。

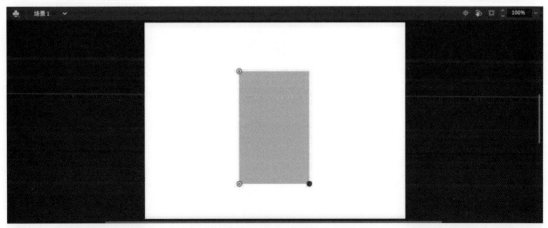

图 8-83　设置第 1 帧处形状提示"c"的位置

步骤 11 定位到第 15 帧，将形状提示"c"放置在梯形右下角，如图 8-84 所示。

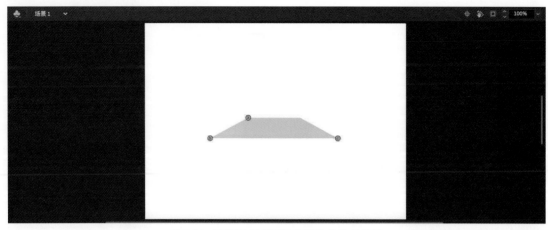

图 8-84　设置第 15 帧处形状提示 "c" 的位置

步骤 12 返回第 1 帧，在提示图标 "a" 上右击，选择【添加提示】命令，将提示图标 "d"
放置在矩形右上角，如图 8-85 所示。

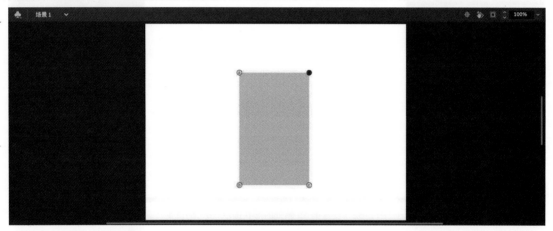

图 8-85　设置第 1 帧处形状提示 "d" 的位置

步骤 13 定位到第 15 帧，将形状提示 "d" 放置在梯形右下角，如图 8-86 所示。

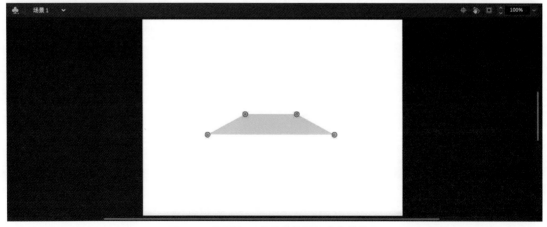

图 8-86　设置第 15 帧处形状提示 "d" 的位置

步骤 14 现在拖动时间轴的播放头，可见形变动画能够正确显示。

步骤 15 选择第 16 帧，按【F6】键插入关键帧。选择舞台上的梯形，右击并选择【变形】-【垂直翻转】命令。

步骤 16 选择第 1 帧，按住【Alt】键将其拖动到第 30 帧，以复制并粘贴该帧。

步骤 17 右击第 30 帧，选择【删除形状补间动画】命令。

步骤 18 在第 16 帧和第 30 帧之间右击，并选择【创建补间形状】命令。

步骤 19 现在就完成了卡片翻转一周的动画效果。

步骤 20 选择第 15 帧和第 16 帧，在【属性】面板的【色彩效果】区域，设置其【亮度】为 -20。

第 9 章

Animate CC 骨骼动画制作

9.1 使用骨骼工具制作动画"手臂运动"

学习目的：

本节使用 Animate CC 的骨骼工具进行手臂动画的制作。读者通过本节内容的学习深入了解和熟练掌握 Animate CC 中的骨骼工具及其用法，骨骼的绑定、编辑、约束、移动速度的设置，利用空对象控制骨骼运动等相关知识和动画技巧。

制作要点：

Animate CC 中的骨骼工具可以将对象的各个运动元件连接起来从而形成父子级关系，其运动模式以"反向运动"为基础。

步骤1 打开 Animate 文档"手臂 - 骨骼 .fla"，这里有两组按图层分布好的手臂骨骼。每组手臂骨骼包含 3 个部分：上臂、下臂、手掌。每个骨骼都已经转换为图形元件。且这些元件的中心点已经被移动到对应的关节处，可通过【任意变形工具】 查看，如图 9-1 所示。

步骤2 首先我们使用传统的方法为左边的一组手臂进行骨骼绑定。在【工具】面板上选择【骨骼工具】 ，从骨骼的旋转中心开始单击鼠标，这里首先单击肩膀处的骨骼，然后释放并拖动鼠标到手肘处，在手肘关节处单击并释放鼠标，如图 9-2 所示。

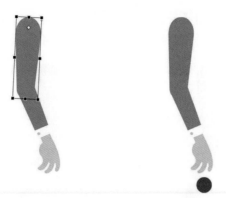

图 9-1　使用任意变形工具查看对象的旋转中心

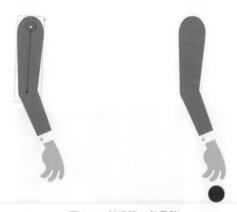

图 9-2　创建第一条骨骼

步骤3　此时观察【时间轴】面板，可见新建了一个叫做"骨架"的姿势图层，其符号为奔跑的人形。同时刚才链接的两个元件（上臂和下臂）被移动到这个新的图层上，同时该图层自动生成补间并以黄绿色标识，如图 9-3 所示。

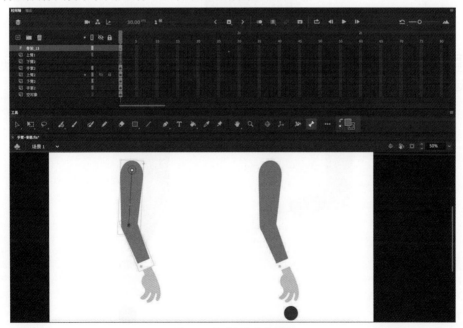

图 9-3　生成新的姿势图层

步骤4 继续绑定骨骼，使用【骨骼工具】 ，在手腕关节处单击并拖动鼠标到手腕处，在手腕关节处单击并释放鼠标，完成骨骼的绑定，如图 9-4 所示。

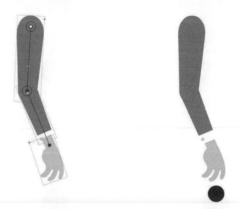

图 9-4　创建第二条骨骼并完成骨骼的绑定

步骤5 后添加的元件会移动到顶层，可通过右击，选择【排列】命令调整其重叠关系，如图 9-5 所示。

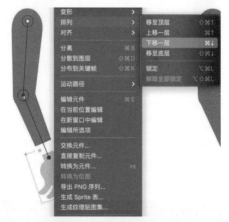

图 9-5　调整对象的重叠顺序

步骤6 切换到【选择工具】 ，此时拖动手掌元件，可以带动整条手臂的运动，以实现反向运动，如图 9-6 所示。这样就完成了骨骼的绑定工作。

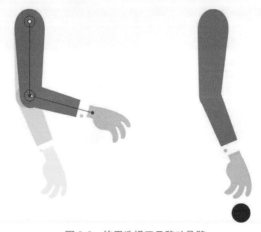

图 9-6　使用选择工具移动骨骼

步骤7 为了使 IK 骨架的运动更加逼真，需要约束骨骼的运动范围。这里需要约束手臂的两个骨骼的旋转角度，以使肘部不会向错误的方向弯曲。使用【选择工具】选择上臂的骨骼，此时这条骨骼以绿色高亮显示，如图 9-7 所示。在【属性】面板中，勾选【关节：旋转】下的【约束】复选框，并设置左偏移和右偏移的角度，这里的参考值为 −93°～87°。设置完成后可在骨骼上看到一个用扇形表示的旋转范围，如图 9-8 所示。

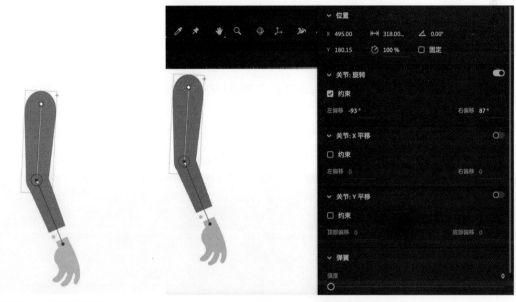

图 9-7　选择上臂的骨骼　　　　　　　　　　图 9-8　约束骨骼的旋转角度

步骤8 为了验证约束效果，可使用【选择工具】移动手掌元件，并带动手臂的运动。当上臂的运动超出所设定的约束范围时，运动将会停止。

步骤9 用同样的方法为下臂设置约束范围，这里的参考值为 −150°～10°，如图 9-9 所示。这样就能保证下臂按照正常的骨骼结构运动而不会运动到相反的方向。

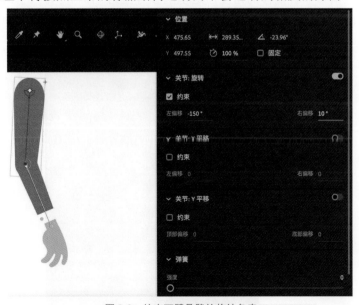

图 9-9　约束下臂骨骼的旋转角度

图 9-10　为第二条手臂进行骨骼绑定

步骤 10　现在唯一的问题是，手掌的运动方向是任意的，因为手掌处缺少骨骼绑定，所以不能设置骨骼约束，这显然不符合正常的运动规律。解决办法是使用一个空对象来辅助手掌骨骼的绑定。

步骤 11　现在进入到右侧的手臂组，最下方有个红色的圆形，将其作为空对象，这个圆形空对象同样已转换为了图形元件。选择【骨骼工具】 ，按照上述的方法进行骨骼的绑定，当鼠标移动到手腕关节处时，单击该处并继续向下拖动鼠标直到圆形空对象元件上，在该元件上单击并释放鼠标以完成骨骼绑定，如图 9-10 所示。

步骤 12　此时【时间轴】面板上又新建了另一个"骨架"层，并将这 4 个元件放置在该骨架层上，同时自动生成黄绿色的姿势补间，如图 9-11 所示。

图 9-11　自动生成新的姿势图层

步骤 13　现在通过移动空对象可以控制整条手臂的运动。同样我们需要给手臂骨骼添加运动约束。用上述同样的方法给上臂和下臂添加约束。

步骤 14　选择手掌处的骨骼，在【属性】面板中，勾选【关节：旋转】区域的【约束】复选框，并设置左偏移和右偏移的角度，这里的参考值为 -70°～45°，如图 9-12 所示。现在通过【选择工具】 移动空对象，可见 3 条骨骼都沿着正确的方向和角度范围运动。

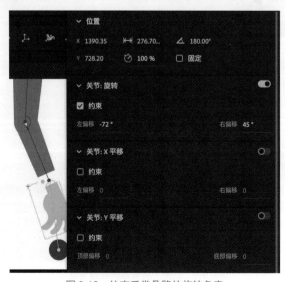

图 9-12　约束手掌骨骼的旋转角度

步骤 15 通过给不同骨骼设置不同的运动速度，能使骨骼的运动效果更加逼真。比如，这里上臂的运动应当比手掌的运动更慢。选择上臂的骨骼，在【属性】面板的【位置】区域，以秒表显示速度调节，默认值为 100%，即最大值。这里我们将其降低为 10%，如图 9-13 所示。再选择下臂的骨骼，将其速度降低为 50%，如图 9-14 所示。此时通过移动手掌的元件可见运动效果更加逼真，也更容易控制。

> **提示：**
>
> 如果希望单独控制某个骨骼而别的骨骼不发生联动，那么可以按住【Shift】键来移动该骨骼。

图 9-13 设置上臂骨骼的运动速度

图 9-14 设置下臂骨骼的运动速度

步骤 16 现在我们为右侧组的骨骼添加一些简单的动画效果。在该骨骼图层的第 60 帧处按【F5】键插入帧，从而将补间延长至第 60 帧。

步骤 17 将时间轴的播放头移至补间的任意位置，然后在舞台中通过拖动骨骼来改变手臂的姿势，该帧处将自动生成姿势关键帧，帧的形状为黑色实心菱形。

步骤 18 重复上述步骤，为手臂补间动画创建多个姿势关键帧。

步骤 19 按【Enter】键预览动画效果。

步骤 20 如果您不需要空对象显示，可以选择该空对象，在【属性】面板中【色彩效果】区域中将【Alpha】设置为 0%。

步骤 21 最终动画效果请查看"场景 2 完成"。

9.2 使用骨骼工具制作动画"山民"

学习目的：

本例使用 Animate CC 的骨骼工具进行角色动画的制作。读者通过本节内容的学习深入了解和熟练掌握 Animate CC 中的骨骼工具及其用法、骨骼的绑定、编辑、约束、移动速度等相关知识和动画技巧。

制作要点：

首先将元件的旋转中心移动到物理关节处；创建空对象来辅助骨骼约束设置；对各部分元件进行骨骼的绑定；设置骨骼的旋转约束角度；在姿势图层上对骨骼进行关键帧动画的设置。

步骤 1 打开 Animate 文档"山民 .fla"，该文档中包含一个山民角色，其身体的各部分都已转换为图形元件，如图 9-15 所示。现在需要对其进行骨骼绑定并制作动画。

步骤2 首先需要将各部分元件的锚点移动到关节处。使用【任意变形工具】，对锚点进行重新定位。为了便于查看关键的位置，可开启图层的【轮廓显示】按钮。

步骤3 选择所有对象并右击，选择【分散到图层】命令，将各元件放置在不同的图层中，如图 9-16 所示。

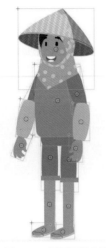

图 9-15　打开素材文档　　　　　　　　　图 9-16　将所有元件对象分散到图层

步骤4 为了骨骼绑定时便于查看，可以先把四肢向外移动开，如图 9-17 所示。

步骤5 同样我们需要一些空对象来辅助骨骼约束设置。目前"图层 1"是空白的，选择"图层 1"，使用【椭圆工具】，按住【Shift】键绘制一个正圆，然后将其转换为图形元件，命名为"空对象"。

步骤6 按住【Alt】键拖动空对象，复制出 4 个空对象放置在角色四周合适的位置，分别是头顶、两个手指尖、两个脚趾尖处，如图 9-18 所示。

图 9-17　将四肢向外移开　　　　　　　　　图 9-18　复制空对象并放置在合适的位置

步骤7 选择【骨骼工具】，这里我们从"盆骨"元件开始，单击"盆骨"元件并拖动鼠标将其连接到一侧的"大腿"元件上，接着从"大腿"连接到"小腿"，再从"小腿"

连接到"脚",从"脚"连接到脚趾尖的"空对象"上,如图 9-19 所示。

步骤8 另一个的腿部元件也用相同的方法连接到"盆骨"上,如图 9-20 所示。

图 9-19　绑定一条腿的骨骼　　　　　　　　图 9-20　绑定另一条腿的骨骼

步骤9 继续从"盆骨"向上连接到"身体","身体"连接到一侧的"上臂"→"下臂"→"手"→手指尖的"空对象"。另一侧的手臂用相同的方法连接到"身体"上,如图 9-21 所示。

步骤10 最后将"身体"骨骼拖向"头",再拖向头顶的"空对象",从而完成骨骼的绑定,如图 9-22 所示。

步骤11 现在切换到【任意变形工具】，将所有元件的位置重新布置,骨骼会自动跟随元件进行移动。如果元件的顺序不正确,请使用右键菜单中的【排列】命令进行调整,如图 9-23 所示。

 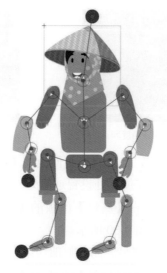 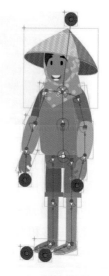

图 9-21　绑定身体和手臂的骨骼　　　图 9-22　绑定头部的骨骼　　　图 9-23　重新调整所有元件的位置和顺序

步骤 12 现在所有元件图层被移动到新的"骨骼"图层上，空白的图层可以删除，如图9-24所示。

图9-24　自动生成新的骨骼图层

步骤 13 选择上臂的骨骼，在【属性】面板的【关节：旋转】区域勾选【约束】复选框，并设置左偏移和右偏移值。并在位置处设置速度为10%，如图9-25所示。

步骤 14 选择下臂的骨骼，在【属性】面板的【关节：旋转】区域勾选【约束】复选框，并设置左偏移和右偏移值，并在位置处设置速度为50%，如图9-26所示。

图9-25　约束上臂骨骼的旋转角度和运动速度

图9-26　约束下臂骨骼的旋转角度和运动速度

步骤 15 选择手的骨骼，在【属性】面板的【关节：旋转】区域勾选【约束】复选框，并设置左偏移和右偏移值，如图9-27所示。

步骤 16 用同样的方法设置另一侧的手臂约束。

步骤 17 选择大腿的骨骼，在【属性】面板的【关节：旋转】区域勾选【约束】复选框，并设置左偏移和右偏移值，并在位置处设置速度为10%，如图9-28所示。

图9-27　约束手部骨骼的旋转角度和运动速度

图9-28　约束大腿骨骼的旋转角度和运动速度

步骤 18 选择小腿的骨骼，在【属性】面板的【关节：旋转】区域勾选【约束】复选框，并设置左偏移和右偏移值，并在位置处设置速度为50%，如图9-29所示。

步骤 19 选择脚部骨骼，在【属性】面板的【关节：旋转】区域勾选【约束】复选框，并设置左偏移和右偏移值，如图9-30所示。

步骤 20 用同样的方法设置另一侧的腿部约束。

步骤 21 选择头部骨骼，在【属性】面板的【关节：旋转】区域勾选【约束】复选框，并设置左偏移和右偏移值，如图9-31所示。

图 9-29　约束小腿骨骼的旋转角度和运动速度　　　图 9-30　约束脚部骨骼的旋转角度和运动速度

步骤 22　为了区分前后手和脚，使用【任意变形工具】 选择远离我们一侧的手部和腿部共 6 个元件，在【属性】面板的【色彩效果】区域中，设置【亮度】为 -20%。

步骤 23　现在可以为角色设置动画了。在 20 帧处按【F5】键将补间延长到第 30 帧。

步骤 24　在第 1 帧处将角色姿势调整为如图 9-32 所示。如果需要单独调整某个骨骼而不影响别的相关联的骨骼，那么可以按住【Shift】键的同时使用【选择工具】对该骨骼进行移动。

图 9-31　约束头部骨骼的旋转角度和运动速度　　　图 9-32　调整第 1 帧的姿势

步骤 25　在第 1 帧、第 5 帧、第 10 帧、第 15 帧处分别调整角色姿势如图 9-33 所示。

图 9-33　角色的关键帧姿势

步骤 26　按住【Alt】键将第 1 帧拖动到第 20 帧处复制该帧。

步骤 27　将第 1 帧、第 10 帧、第 20 帧处的对象全选，按住【Shift】键同时按键盘上的【↓】键一次，向下移动 10 个像素。

步骤 28　现在完成了角色 3/4 侧面走循环动画，可以按【Ctrl+Enter】组合键预览效果。

9.3 使用骨骼工具制作动画 "吊灯摆动"

学习目的:

本节使用 Animate CC 的骨骼工具进行吊灯摆动动画的制作。读者通过本节内容的学习深入了解和熟练掌握 Animate CC 中骨骼工具的使用,以及利用骨骼工具为形状添加和编辑骨骼,从而完成姿势动画的制作等相关知识和动画技巧。

制作要点:

除了向元件添加骨骼,还可以将骨骼添加到同一图层的单个形状或一组形状。向形状添加骨骼,必须首先选择所有形状,然后才能添加第一个骨骼。添加骨骼之后,Animate CC 会将所有形状和骨骼转换为一个 IK 形状对象,并将该对象移至一个新的姿势图层。

步骤1 打开 Animate 文档 "吊灯摆动 .fla",该文档已包含绘制好的吊灯,如图 9-34 所示。

> **提示:**
>
> 形状可以包含多个颜色和笔触。骨骼无法应用于不包含填充的笔触。如果形状太复杂,那么 Animate CC 在添加骨骼之前会提示用户将其转换为影片剪辑。

图 9-34 打开素材文档

步骤2 使用【选择工具】框选舞台上的整个吊灯形状,选择【修改】-【形状】-【将线条转换为填充】命令。

步骤3 选择【骨骼工具】,在电线顶端单击并向下拖动到电线的中部并释放鼠标,从而创建第一条骨骼,如图 9-35 所示。

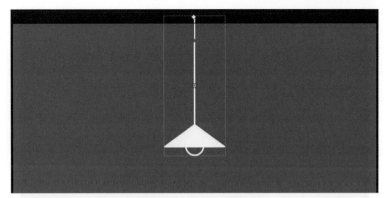

图 9-35　创建第一条骨骼

步骤4 从第一条骨骼的尾端继续向下拖动以创建更多的骨骼。最后创建好的骨骼如图 9-36 所示。

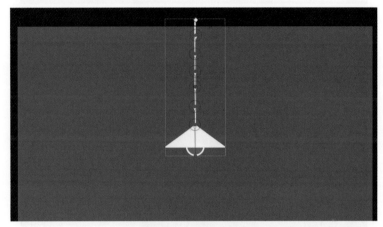

图 9-36　依次创建骨骼

步骤5 此时整个吊灯对象被转换为一个 IK 形状对象，并将该对象移动到一个新建的姿势图层，如图 9-37 所示。

图 9-37　生成新的姿势图层

步骤6 在姿势图层的第 30 帧按【F5】键将补间延长至第 30 帧。

步骤7 在第 1 帧处，使用【选择工具】 拖动骨骼，将吊灯形状调整为如图 9-38 所示的姿势。

步骤8 在第 8 帧处，使用【选择工具】 拖动骨骼，将吊灯形状调整为如图 9-39 所示的姿势。

步骤9 在第 15 帧处，使用【选择工具】 拖动骨骼，将吊灯形状调整为如图 9-40 所示的姿势。

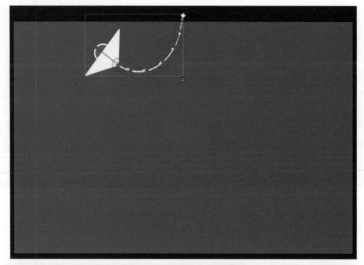

图 9-38　调整第 1 帧的姿势

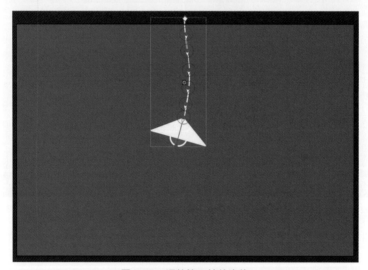

图 9-39　调整第 8 帧的姿势

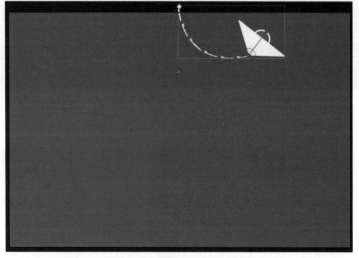

图 9-40　调整第 15 帧的姿势

步骤 10 在第 23 帧处，使用【选择工具】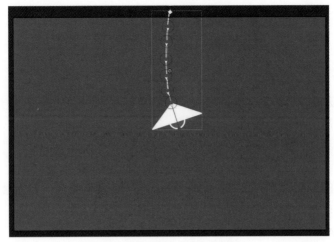 拖动骨骼，将吊灯形状调整为如图 9-41 所示的姿势。

图 9-41　调整第 23 帧的姿势

步骤 11 现在按【Enter】键可预览动画效果。但是目前的运动是匀速运动，需要给它添加缓动，以使运动更加自然。

步骤 12 选择第 1 ～ 8 帧中任意一帧，在【属性】面板的【缓动】区域，设置【强度】为 -100，【类型】为"简单（最快）"，如图 9-42 所示。

步骤 13 选择第 8 ～ 15 帧中任意一帧，在【属性】面板的【缓动】区域，设置【强度】为 100，【类型】为"简单（最快）"，如图 9-43 所示。

图 9-42　设置缓动强度和缓动类型（1）　　　　图 9-43　设置缓动强度和缓动类型（2）

步骤 14 选择第 15 ～ 23 帧中任意一帧，在【属性】面板的【缓动】区域，设置【强度】为 -100，【类型】为"简单（最快）"。

步骤 15 选择第 23 ～ 30 帧中任意一帧，在【属性】面板的【缓动】区域，设置【强度】为 100，【类型】为"简单（最快）"。

步骤 16 按【Ctrl+Enter】组合键预览，此时动画速度太快。回到时间轴上，将鼠标定位到补间尾部，当鼠标变为左右的双箭头时，单击并向右拖动到第 60 帧，使补间持续时间拉长，如图 9-44 所示。

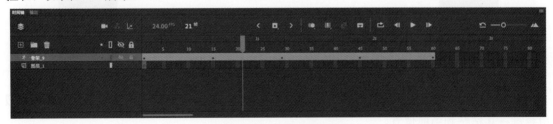

图 9-44　延长补间动画的时长

9.4 章节练习

一、思考题

1. 什么是 IK 反向运动？在 Animate CC 中如何使用骨骼工具实现反向运动？

2. 如何进行骨骼的绑定和编辑？

3. 如何为形状添加骨骼并实现运动控制？

二、实操题

请参照所提供的范例和素材文档，制作 Animate CC 骨骼动画"锁链运动"。

参考制作要点：

步骤 1 新建 Animate 文档。

步骤 2 选择【基本矩形工具】，设置【填充】为"无"，【笔触】为黑色，在舞台上绘制一个矩形，如图 9-45 所示。

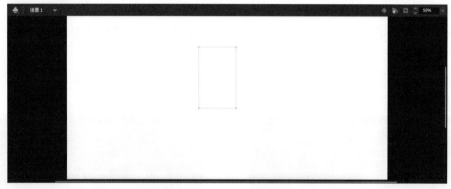

图 9-45 绘制一个基本矩形

步骤 3 切换到【选择工具】，单击并拖动基本矩形的一个角点，将其转换为圆角，如图 9-46 所示。

图 9-46 设置基本矩形的圆角弧度

步骤 4 保持对这个基本矩形的选择，按【Ctrl+C】组合键复制它，再按【Ctrl+Shift+V】组合键将其粘贴到当前位置。

步骤5 保持对新复制基本矩形的选择，按住【Shift】键将其等比例缩小，如图 9-47 所示。

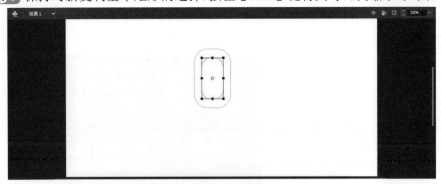

图 9-47　复制基本矩形并将其等比例缩小

步骤6 同时选择这两个基本矩形，按【Ctrl+B】组合键将它们分离为【合并绘制】模式。

步骤7 选择【颜料桶工具】 ，设置【填充】为蓝色，对其进行填充，完成后删除笔触，如图 9-48 所示。

图 9-48　填充对象并删除笔触

步骤8 选择这个形状，按【F8】键将其转换为元件，设置【名称】为"锁链正面"，【类型】为【影片剪辑】元件。

步骤9 再次使用【基本矩形工具】 ，绘制一个圆角矩形，使其高度等于"锁链正面"影片剪辑元件的高度，并使用相同的【填充】进行填充，【笔触】为"无"，如图 9-49 所示。

图 9-49　绘制一个圆角矩形

步骤10 选择这个圆角矩形，按【F8】键将其转换为元件，设置【名称】为"锁链侧面"，【类型】为【影片剪辑】元件。

步骤 **11** 选择这两个影片剪辑元件，在【属性】面板的【滤镜】区域，为它们添加【斜角】滤镜，设置【模糊 X】和【模糊 Y】为 4，【距离】为 15，【角度】为 0°，【阴影】和【加亮显示】根据其填充色进行深浅变化显示，如图 9-50 所示。

图 9-50　为影片剪辑元件添加【斜角】滤镜

步骤 **12** 将这两个影片剪辑元件多复制几份，并调整它们的大小和前后重叠顺序，将它们进行垂直排列，如图 9-51 所示。

图 9-51　将对象复制出多份并依次排列

步骤 **13** 选择【骨骼工具】，单击最上方的"锁链正面"影片剪辑元件，并向下拖动直到第 1 个"锁链侧面"影片剪辑元件的顶端，释放鼠标以建立第一条骨骼，如图 9-52 所示。

图 9-52　创建第一条骨骼

步骤 **14** 从上一条骨骼尾端开始，单击并向下拖动到下一个影片剪辑元件处释放，已完成后续骨骼的添加，完成后根据需要重新调整上下重叠关系，如图 9-53 所示。

图 9-53　继续添加骨骼

步骤 15　现在【时间轴】面板上自动创建了一个新的"骨骼_1"图层,同时原本的"图层_1"为空，将其删除。

步骤 16　将"骨骼_1"图层的时间轴延长至第 60 帧，如图 9-54 所示。

图 9-54　将补间动画延长至第 60 帧

步骤 17　定位到第 1 帧，使用【选择工具】拖动骨骼的尾端，将锁链的形状调整为如图 9-55 所示。

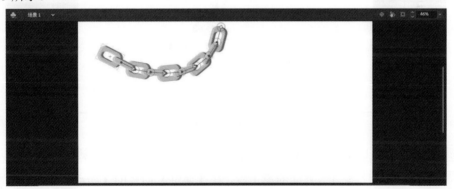

图 9-55　调整第 1 帧的姿势

步骤 18　定位到第 15 帧，使用【选择工具】拖动骨骼的尾端，将锁链的形状调整为图 9-56 所示的姿势。

步骤 19　定位到第 30 帧，使用【选择工具】拖动骨骼的尾端，将锁链的形状调整为图 9-57 所示的姿势。

步骤 20　定位到第 45 帧，使用【选择工具】拖动骨骼的尾端，将锁链的形状调整为图 9-58 所示的姿势。

图 9-56　调整第 15 帧的姿势

图 9-57　调整第 30 帧的姿势

图 9-58　调整第 45 帧的姿势

步骤 21　选择第 1 帧，按住【Alt】键将其拖动到第 60 帧处，以复制该帧。

步骤 22　选择"骨骼_1"补间的第 1 段，在【属性】面板的【缓动】区域，设置其【强度】为 -100。

步骤 23　选择"骨骼_1"补间的第 2 段，在【属性】面板的【缓动】区域，设置其【强度】为 100。

步骤 24　选择"骨骼_1"补间的第 3 段，在【属性】面板的【缓动】区域，设置其【强度】为 -100。

步骤 25　选择"骨骼_1"补间的第 4 段，在【属性】面板的【缓动】区域，设置其【强度】为 100。

步骤 26　完成后按【Ctrl+Enter】组合键预览动画效果。

第 10 章

Animate CC 角色
动画制作

10.1 使用父级图层制作角色侧面 走路循环动画"上学去"

学习目的：

本节使用 Animate CC 的父级图层视图进行角色侧面走路循环动画的制作。读者通过本节内容的学习深入了解和熟练掌握 Animate CC 中的父级图层视图及其用法、角色侧面走路循环关键帧的设定、传统补间动画的设置等相关知识和动画技巧。

制作要点：

Animate CC 允许用户将一个图层设置为另一个图层的父级图层。通过建立图层的父子级关系，用户可以轻松地通过父级图层来控制子级图层的运动。该功能对于角色动画尤其有用。

步骤1 打开 Animate 文档"上学去 .fla"，此文档已经包含背景动画，"图层 1"中已经将男孩身体的各部分划分为相应的图形元件，现在需要对男孩设置原地走循环动画，如图 10-1 所示。

步骤2 使用【选择工具】▶ 框选男孩所有部分右击，选择【分散到图层】命令，即可将各个图形元件按顺序放置在不同的图层上，以便进行动画的制作，如图 10-2 所示。

步骤3 使用【任意变形工具】▦，将每个图形元件的中心锚点移动到对应的关节处。

> **提示：**
>
> 仅当子级图层效果的变形点位于父级图层对象上时，才可以为变形对象建立父子级关系。

图 10-1　打开素材文档

图 10-2　将所有图形元件分散到图层

步骤4 在【时间轴】面板上单击【显示父级视图】按钮 ，用户可以通过单击图层手柄（带颜色的矩形块）并将其拖动到另一个图层上来将一个图层连接到另一个图层。也可以在图层名称旁边的空间上单击任意位置，然后将其拖动到其他图层上。此外，还可以在任意图层上单击，然后从弹出的列表中选择其父级图层。当单击并尝试拖动时，会在图层的颜色块附近出现虚线，并随着鼠标拖动变为实线。当释放单击和拖动操作时，会在两个图层之间建立父子级关系。

步骤5 对于该角色，其父子级关系分别如下。

- 正面的"男孩手掌"连接到正面的"男孩下臂"；
- 正面的"男孩下臂"连接到正面的"男孩上臂"；
- 正面的"男孩上臂"连接到"男孩身体"；
- 正面的"男孩鞋子"连接到正面的"男孩小腿"；
- 正面的"男孩小腿"连接到正面的"男孩大腿"；
- 正面的"男孩大腿"连接到"男孩骨盆"；
- "男孩口型"连接到"男孩头"；
- "男孩头"连接到"男孩身体"；
- "男孩身体"连接到"男孩骨盆"；
- "男孩书包"连接到"男孩身体"；
- 关闭正面图层显示，然后按同样的规律将背面的手和腿进行父子关联；

● 关联完毕后如图 10-3 所示。

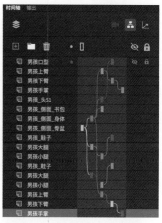

图 10-3　建立图层的父子级关系

步骤6　在菜单栏中选择【视图】-【标尺】命令，调出舞台标尺。从顶部标尺向下拉出一条参考线，放置在角色脚掌和地面接触的位置，如图 10-4 所示。

步骤7　使用【任意变形工具】 调整第 1 帧的姿势，如图 10-5 所示。

步骤8　拖动选择男孩所有图层的第 5 帧，按【F6】键插入关键帧，调整姿势如图 10-6 所示。

步骤9　拖动选择男孩所有图层的第 10 帧，按【F6】键插入关键帧，调整姿势如图 10-7 所示。

步骤10　拖动选择男孩所有图层的第 15 帧，按【F6】键插入关键帧，调整姿势如图 10-8 所示。

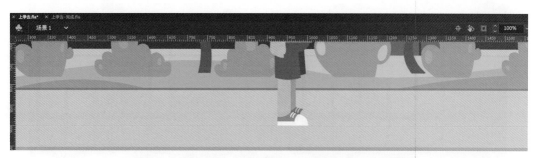

图 10-4　放置一条参考线在角色的脚掌和地面接触的位置

图 10-5　调整第 1 帧的姿势

图 10-6 调整第 5 帧的姿势

图 10-7 调整第 10 帧的姿势

图 10-8 调整第 15 帧的姿势

步骤 11 拖动选择男孩所有图层的第 1 帧，按住【Alt】键将其拖动到对应图层的第 20 帧处，从而复制第 1 帧的内容，如图 10-9 所示。

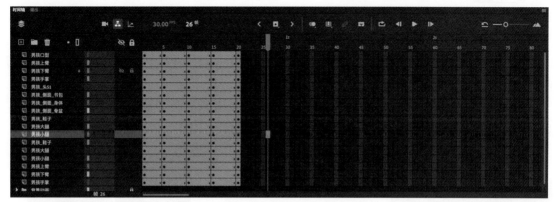

图 10-9　将第 1 帧复制并粘贴到第 20 帧处

步骤 12 把第 1 帧、第 10 帧、第 20 帧处的骨盆向下移动一些，使角色脚掌接触参考线，如图 10-10 所示。

图 10-10　向下移动角色的骨盆

步骤 13 删除男孩所有图层第 20 帧之后的所有帧。

步骤 14 选择男孩所有图层的所有帧右击，选择【创建传统补间】命令，如图 10-11 所示。此时男孩已经完成一个走路循环。

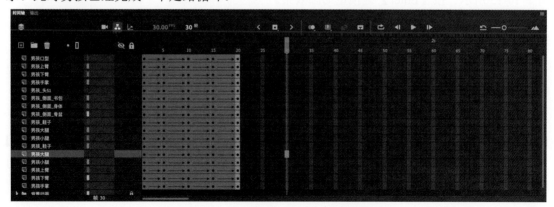

图 10-11　选择关键帧范围并创建传统补间

步骤 15 按住【Shift】键选择所有男孩图层右击,选择【拷贝图层】命令,如图 10-12 所示。

步骤 16 在菜单栏中选择【插入】-【新建元件】命令。弹出【创建新元件】对话框。在该对话框中,设置新元件的【名称】为"男孩走路循环",【类型】为【图形】元件,单击【确定】按钮。

步骤 17 进入元件编辑界面,在"图层 1"上右击,选择【粘贴图层】命令,将男孩动画全部粘贴进来,如图 10-13 所示。随后删除"图层 1"。

步骤 18 单击舞台左上角的左箭头返回【场景 1】,删除【时间轴】面板上所有男孩的图层,此时包含男孩走路循环动画的元件已存放在【库】面板中,如图 10-14 所示。

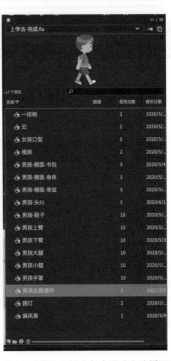

图 10-12 选择图层并拷贝图层　　图 10-13 【粘贴图层】命令　　图 10-14 【库】面板中包含男孩走路循环动画

步骤 19 在【时间轴】面板上新建一个图层,命名为"男孩走路",将"男孩走路循环"图形元件从【库】面板拖动到舞台上,形成一个元件实例,并放置在舞台中间合适的位置,如图 10-15 所示。按【Enter】键预览动画效果。

步骤 20 右击"男孩走路"图层,选择【复制图层】命令,将新复制的图层命名为"男孩投影",并放置于"男孩走路"图层下方,锁定"男孩走路"图层,如图 10-16 所示。

步骤 21 选择"男孩投影"图层,使用【任意变形工具】，将变形中心下移至下边框的中部,并且修改该元件的形状,如图 10-17 所示。

步骤 22 选择"男孩投影"图层的第 1 帧,在【属性】面板的【滤镜】区域,单击右上角的【添加滤镜】按钮，并选择【投影】滤镜。设置【模糊 X】和【模糊 Y】为 4,【强度】为 40%,【角度】为 0,勾选【隐藏对象】复选框,如图 10-18 所示。由于投影和人物使用的是同一个图形元件,因此投影的运动和角色的运动是同步的。

图 10-15　新建图层并将"男孩走路循环"图形元件放入该图层

图 10-16　复制图层并重命名图层

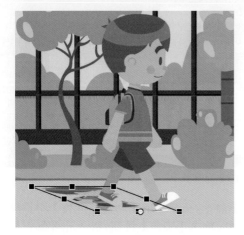

图 10-17　修改图形元件的形状

图 10-18　为关键帧添加【投影】滤镜

10.2 使用自动嘴形同步创建动画"专家讲解"

学习目的：

本例使用 Animate CC 的自动嘴形同步功能进行角色嘴形动画的制作。读者通过本节内容的学习深入了解和熟练掌握 Animate CC 中的自动嘴形同步功能及其用法、图形元件嵌套动画的制作等相关知识和动画技巧。

制作要点：

Animate CC 中的自动嘴形同步功能使用户能够根据所选音频层的发音自动安排合适的嘴形。用户需要将绘制的嘴形列表中的嘴形转换为图形元件，并为其应用自动嘴形同步功能，Animate CC 会自动分析指定的音频图层，并根据音频发音，在嘴形图层自动创建关键帧并放入对应的嘴形。自动嘴形同步完成后，还可以根据需要对关键帧进行进一步调整。

步骤1 打开 Animate 文档"专家讲解说 .fla"，此文档已包含专家角色的动画及背景动画，现在需要对专家角色进行自动嘴形同步设置，如图 10-19 所示。

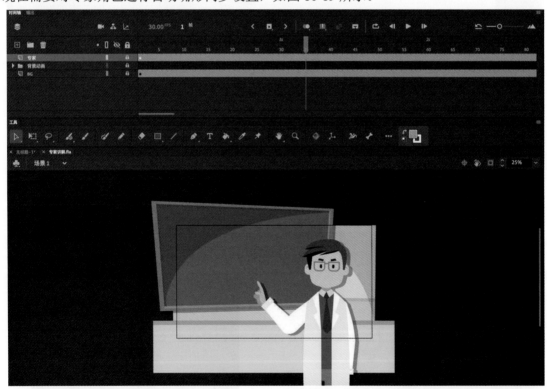

图 10-19 打开素材文档

步骤2 在菜单栏中选择【插入】-【新建元件】命令，在弹出的【创建新元件】对话框中，设置【名称】为"专家嘴形"，【类型】为【图形】元件，单击【确定】按钮，进入元件编辑模式。

步骤3 在第 1 帧中，使用需要的绘图工具绘制闭合的嘴唇作为中立状态，如图 10-20 所示。

步骤4 按【F7】键在第 2 帧处插入空白关键帧，并绘制口型 A。选择该帧，在【属性】面板【标签】区域备注【名称】为 "A"，如图 10-21 所示。

步骤5 用同样的方法在不同的空白关键帧处绘制口型 A、D、E、F、L、M、O、R、S、U、W，如图 10-22 所示。

图 10-20　绘制嘴形的中立状态

图 10-21　绘制口型 A 并为关键帧添加标签

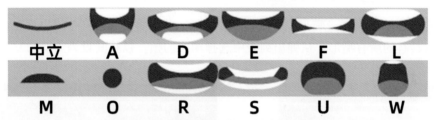

图 10-22　所需绘制的嘴形及其对应的发音

步骤6 单击舞台左上角的 "场景 1" 返回主场景，在【时间轴】面板上新建一个图层放置在顶层，图层命名为 "嘴形"。

步骤7 从【库】面板中将 "专家嘴形" 图形元件拖动到专家脸部上，并使用【任意变形工具】 调整其大小，如图 10-23 所示。

图 10-23　将 "专家嘴形" 元件放置在合适的位置并调整大小

步骤8 在【时间轴】面板上新建图层并放置在顶层，命名为 "音频"。在菜单栏中选择【文件】-【导入】-【导入到库】命令。选择音频文件 "专家讲解 - 音频 .wav"。

步骤9 选择 "音频" 图层的任意一帧，在【属性】面板中的声音区域，【名称】下拉列表选择刚才导入的音频文件 "专家讲解 - 音频 .wav"，设置【同步】为 "数据流"，如图 10-24 所示。

提示:

当音频【同步】设置设为"数据流"时,自动嘴形同步效果最佳。

步骤 10 选择"嘴形"元件,在【属性】面板单击【嘴形同步】按钮,如图 10-25 所示,此时将弹出【嘴形同步】对话框。默认情况下,显示 12 种基本类型的发音嘴形,如图 10-26 所示。

图 10-24　选择导入的音频文件并设置音频的同步效果　　　图 10-25　单击【嘴形同步】按钮

步骤 11 单击任意发音嘴形以更改其嘴形映射。此时将会显示一个弹出列表,其中包含图形元件内具有的所有嘴形。从弹出列表中选择相应的帧,以将其设为当前的发音嘴形,如图 10-27 所示。

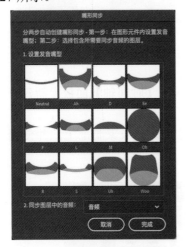

图 10-26　【嘴形同步】对话框

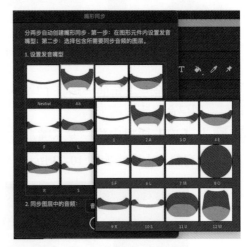

图 10-27　设置嘴形和发音对应

步骤 12 在【同步图层中的音频】下拉列表中选择【音频】选项,单击【完成】按钮,如图 10-28 所示。

步骤 13 应用嘴形同步之后的时间轴如图 10-29 所示,嘴形图层自动添加了关键帧并放置了相应的嘴形。按【Ctrl+Enter】组合键运行文件并预览输出。

步骤 14 单击【时间轴】面板上的【播放】按钮 ▶ 可以预览声画同步效果,如果需要修改,可在对应的关键帧上选择舞台上的"嘴形"元件,然后在【属性】面板的【循环】区域单击【帧选择器】按钮,如图 10-30 所示,从而打开【帧选择器】对话框,如图 10-31 所示,并在其中选择相应的帧来替换当前帧的内容。

图 10-28　选择同步图层并单击【完成】按钮

图 10-29　自动为嘴形图层添加关键帧并设置相应的嘴形

图 10-30　【帧选择器】按钮

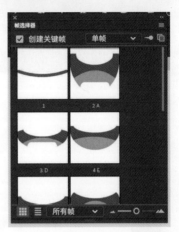

图 10-31　【帧选择器】对话框

10.3 使用动画编辑器编辑角色动画"班主任"

学习目的：

本例使用 Animate CC 的【动画编辑器】面板进行角色动画的制作。通过本案例深入了解和熟练掌握 Animate CC 中的【动画编辑器】面板及其用法，缓动的调节、预设缓动及自定义缓动的设置等相关知识和动画技巧。

制作要点：

使用 Animate CC 中的【动画编辑器】面板，用户只需要花很少的精力即可创建复杂的补间动画。【动画编辑器】面板将以图表的形式显示所选补间范围的所有属性，用户可以修改其中的每一个属性图，从而单独修改其相应的各个补间属性。【动画编辑器】面板通过精确控制对象的运动属性从而极大地丰富动画效果，并模拟真实的动态形式。

步骤1 打开 Animate 文档"班主任.fla"，该文档中已包含一个角色的半身像，同时各部分按动画需要转换为了图形元件，放置在不同的图层上，如图 10-32 所示。

步骤2 首先需要对各元件按照旋转轴重新定位中心点，使用【任意变形工具】 ，将上臂的旋转中心移动到肩部、下臂的旋转中心移动到手肘处、手掌的中心移动到手腕处、身体的旋转中心移动到腰部、头部的中心移动到下方。

步骤3 接着需要对各元件部分进行父子级关系的关联。单击【时间轴】面板上的【显示父级视图】按钮，然后按图 10-33 所示的父子级关系进行关联。

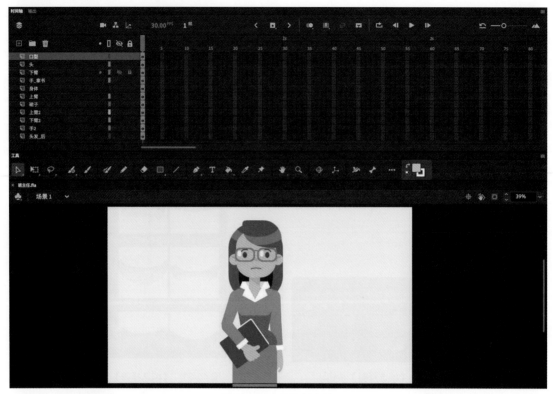

图 10-32　打开素材文档

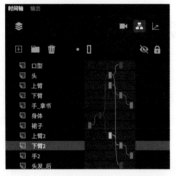

图 10-33　建立图层的父子级关系

步骤4 在【时间轴】面板上选择所有图层的第 30 帧，按【F5】键插入帧，使所有图层的时间轴持续到第 30 帧。

步骤5 首先制作裙子（即腿部）的动画，在【时间轴】面板上该图层的关键帧上右击，选择【创建补间动画】命令，如图 10-34 所示。

步骤6 将播放头移动到补间中部第 15 帧处，然后选择裙子，按键盘上的【↓】键使其向下移动。如果想要移动得更快，可以按住【Shift】键的同时按【↓】键，这样每次能移动 10 个像素。

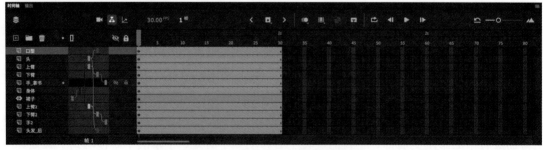

图 10-34　为元件对象创建补间动画

步骤7 此时可在舞台上看到根据该图层颜色标识的运动轨迹，如图 10-35 所示。其中的小圆点表示每一帧所移动到的位置。这些小圆点目前是平均分布的，说明对象的运动每一帧所移动的距离相等，为匀速运动。现在我们切换到【选择工具】 ，并将鼠标悬停在这条运动轨迹上，当鼠标变为带弧线的箭头时，单击该运动轨迹并拖动它，可修改这条运动轨迹的形状（操作方法和直线相同），如图 10-36 所示。

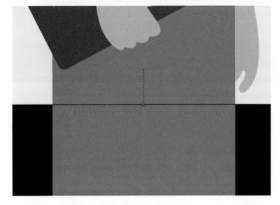

图 10-35　对象的运动轨迹

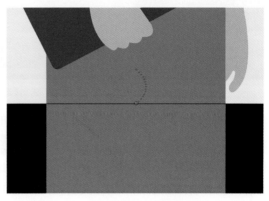

图 10-36　将对象的运动轨迹修改为曲线

步骤 8　此时按【Enter】键或拖动播放头可预览动画，可见对象沿着曲线轨迹运动。按【Ctrl+Z】组合键撤销这一步，让它仍然沿着直线运动。

步骤 9　现在为动画添加缓动效果。双击补间条（或右击补间并选择【优化补间动画】命令，如图 10-37 所示）以打开【动画编辑器】面板，它将显示在该补间条下方，如图 10-38 所示。我们可以调整时间轴的长度，以完整显示【动画编辑器】面板。

图 10-37　【优化补间动画】命令

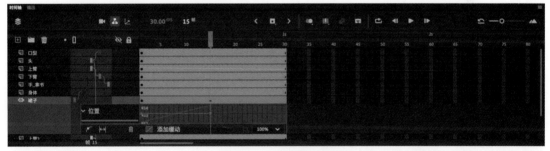

图 10-38　【动画编辑器】面板

步骤 10　单击【动画编辑器】右下角的【适应视图大小】按钮 ，让【动画编辑器】面板适合时间轴的宽度，如图 10-39 所示。再次单击该按钮可恢复原始尺寸。

步骤 11　【动画编辑器】面板使用二维图形（称为属性曲线）表示补间的属性。这些图形合成在【动画编辑器】面板的一个网格中。每个属性有其自己的属性曲线,横轴（从左至右）为时间，纵轴为属性值的改变。可以通过在【动画编辑器】面板中编辑属性曲线来操作补间动画。当前所选补间的【动画编辑器】面板中只有位置属性发生了变化，其中 X 轴为水平线，表示 X 轴未发生变化，而 Y 轴显示为向右上角倾斜的直线，表示 Y 轴随时间的变化。

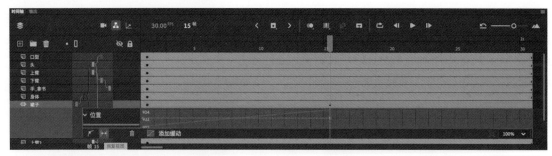

图 10-39　【适应视图大小】按钮

步骤 12　可以通过锚点来修改属性曲线的形状，从而控制属性的变化。单击【动画编辑器】右下角的在【图形上添加锚点】按钮 🖊，当鼠标移动到 Y 轴属性直线上时，鼠标变为带 + 号的钢笔形状，单击以添加一个锚点。此时在直线上生成一个带有左右手柄的锚点，同时补间上自动添加了一个属性关键帧，如图 10-40 所示。

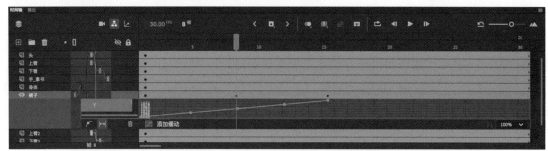

图 10-40　补间动画自动添加了一个属性关键帧

步骤 13　通过拖动手柄来调整缓动曲线形状，如图 10-41 所示。该曲线在第 1、2 关键帧之间由平缓到陡峭，表示速度由慢变快；在第 2、3 关键帧之间由陡峭到平缓，表示速度由快变慢。

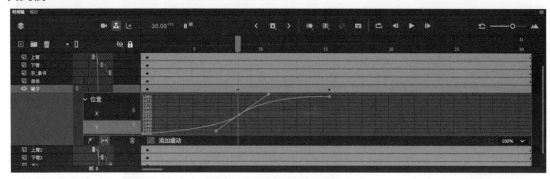

图 10-41　调整缓动曲线的形状

步骤 14　将左侧手柄继续向下拖动一些，直到曲线最低点低于第 1 帧的位置，如图 10-42 所示。此时拖动时间轴的播放头查看动画效果，可见角色先向上运动，再向下运动，即有一个向上的预备动作，这更符合动画运动规律。

步骤 15　同样将右侧手柄继续向上拖动一些，直到曲线最高点高于第 1 帧的位置，如图 10-43 所示。此时拖动时间轴的播放头查看动画效果，可见角色在停止之前会继续向下运动一段，最后才向上回到原处，即有一个向下的缓冲动作，这同样更符合动画运动规律。

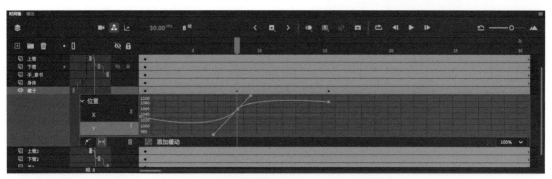

图 10-42　调整曲线使其最低点低于第 1 帧的位置

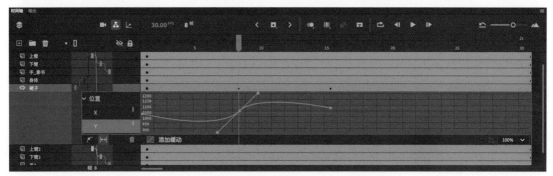

图 10-43　调整曲线使其最高点高于第 1 帧的位置

步骤 16 现在制作身体部分的动画。在【时间轴】面板上双击裙子图层的补间以关闭该补间的【动画编辑器】面板。然后右击"身体"图层的关键帧，选择【创建补间动画】命令。在补间上双击以打开该补间的【动画编辑器】面板，如图 10-44 所示。

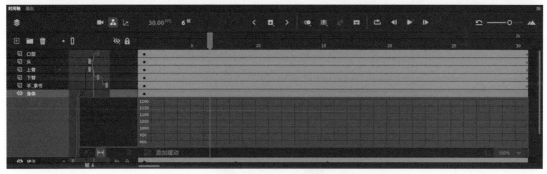

图 10-44　打开"身体"图层的【动画编辑器】面板

步骤 17 选择该补间的第 15 帧，按【Shift】键的同时单击下箭头 次，以将身体向下移动 10 个像素。时间轴上自动添加了属性关键帧，同时可在【动画编辑器】面板中查看 Y 轴的变化曲线，如图 10-45 所示。

步骤 18 双击"身体"补间折叠【动画编辑器】面板。现在制作"上臂"图层（面对镜头的左边，即拿书的一侧）动画。在"上臂"图层的时间轴上右击，选择【创建补间动画】命令。然后双击该补间条，打开【动画编辑器】面板，如图 10-46 所示。

步骤 19 将播放头定位到第 15 帧处，然后使用【任意变形工具】 逆时针旋转上臂。该帧处自动插入一个属性关键帧，同时【动画编辑器】面板中 Z 轴旋转属性上出现一条向右上方变化的直线，代表 Z 轴值随时间增加，如图 10-47 所示。

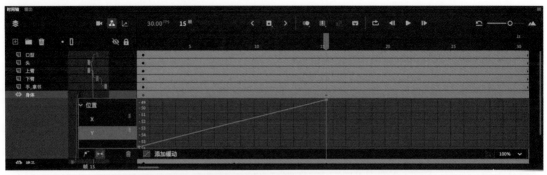

图 10-45　在【动画编辑器】面板中查看 *Y* 轴的变化曲线

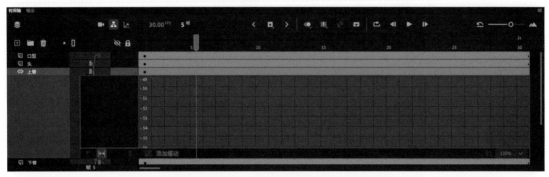

图 10-46　打开"上臂"图层的【动画编辑器】面板

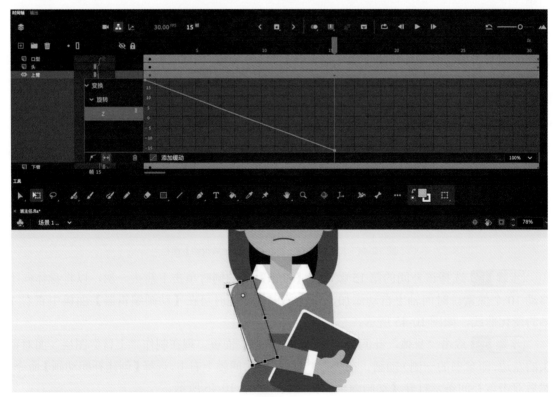

图 10-47　【动画编辑器】面板中 *Z* 轴的变化曲线

步骤 20 现在为旋转应用预设缓动。单击【动画编辑器】面板下方的【添加缓动】按钮

添加缓动，Animate CC 包含多种适用于简单或复杂效果的预设缓动。这里选择【停止和

启动】-【最快】选项，如图 10-48 所示。该缓动曲线以虚线表示，说明缓动效果并不会影响原本的运动轨迹，拖动播放头查看缓动效果。

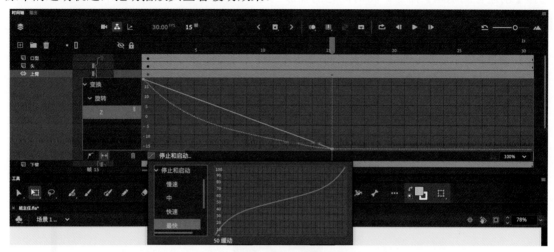

图 10-48　选择预设的缓动曲线

步骤 21　我们再重新选择【自定义】缓动，如图 10-49 所示。自定义缓动允许用户使用【动画编辑器】面板中的自定义缓动曲线来创建自己的缓动，然后可以将此自定义缓动应用到选定补间的任何属性。在自定义缓动图中，当鼠标悬停在曲线上时，鼠标变为带 + 号的钢笔形状，在其上单击可以添加锚点，然后通过拖动锚点左右的手柄调整曲线的形状。头尾关键帧处的锚点也有可调节的手柄。将自定义缓动图调整为图 10-50 所示的曲线，双击该补间将【动画编辑器】面板关闭。

图 10-49　选择【自定义】缓动效果

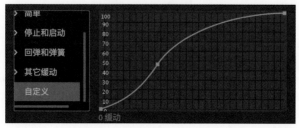

图 10-50　设置【自定义】缓动曲线

步骤 22 现在制作拿书手掌的动画。在【时间轴】面板上"手_拿书"图层的关键帧处右击，选择【创建补间动画】命令。将时间轴的播放头定位到第 15 帧处，然后使用【任意变形工具】旋转手掌。此时补间的第 15 帧处自动插入属性关键帧，如图 10-51 所示。

图 10-51 自动插入属性关键帧

步骤 23 现在制作下臂的动画。在【时间轴】面板上"下臂"图层的关键帧处右击，选择【创建补间动画】命令。将时间轴的播放头定位到第 15 帧处，然后使用【任意变形工具】旋转下臂。此时补间的第 15 帧处自动插入属性关键帧，如图 10-52 所示。

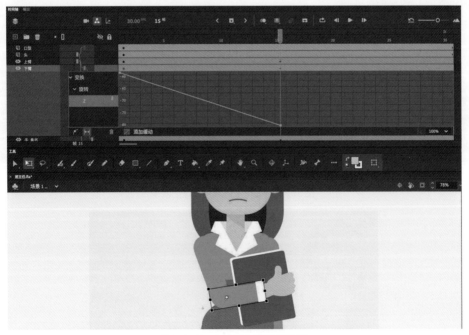

图 10-52 自动插入属性关键帧

步骤 24 现在使手掌的运动使用和上臂相同的缓动，可以通过复制缓动的方法实现。双击"上臂"图层的补间条，打开该补间的【动画编辑器】面板。单击下方的【添加缓动】按钮选择【自定义】选项，弹出自定义缓动图，在图表上的任意位置右击，选择【复制】命令，如图 10-53 所示。

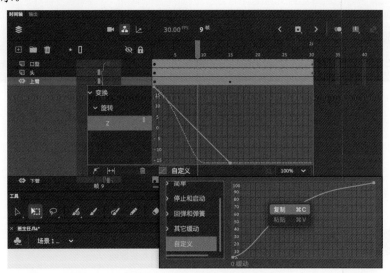

图 10-53　复制自定义缓动曲线

步骤 25 双击上臂的补间关闭该补间的【动画编辑器】面板。双击"手_拿书"图层的补间，打开该补间的【动画编辑器】面板。这里可见 Z 轴旋转的属性图表。单击下方的【添加缓动】按钮，选择【自定义】选项，弹出自定义缓动图，然后在该图表的任意位置右击，选择【粘贴】命令，如图 10-54 所示。

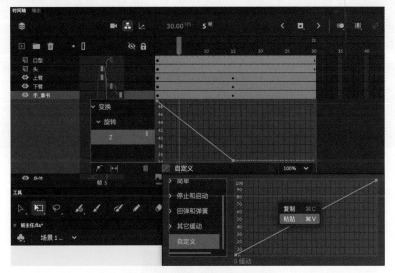

图 10-54　粘贴自定义缓动曲线

步骤 26 用同样的方法把自定义缓动复制给下臂。

步骤 27 现在制作另一侧（面对镜头右侧）的上臂，即图层"上臂 2"的动画。在该图层的关键帧上右击，选择【创建补间动画】命令。将时间轴的播放头定位到第 15 帧处，然后使用【任意变形工具】逆时针旋转手臂。此时该帧自动插入关键帧，如图 10-55 所示。

图 10-55　旋转手臂并自动插入关键帧

步骤 28 现在制作"下臂 2"的动画。在该图层的关键帧上右击，选择【创建补间动画】命令。将时间轴的播放头定位到第 15 帧处，然后使用【任意变形工具】[图标]顺时针旋转手臂。此时该帧自动插入关键帧，如图 10-56 所示。

图 10-56　旋转手臂并自动插入关键帧

步骤 29 使用上述方法将"上臂"图层的自定义缓动复制并粘贴给"上臂 2"和"下臂 2"。如果需要，可以继续对缓动曲线进行调整。

步骤 30　按【Enter】键预览动画。目前动画速度比较慢，我们希望动画速度更快。按住【Shift】键同时选择所有添加了补间的时间轴，然后将鼠标定位到补间尾部，当鼠标变为左右的双向箭头时，单击鼠标并向左拖动，直到最后一帧位于第 20 帧时释放鼠标。其他 3 层没有补间的时间轴可以通过选择其中的 10 帧，然后右击，选择【删除帧】命令（或按【Shift+F5】组合键）来将时长控制到第 20 帧，最终【时间轴】面板如图 10-57 所示。

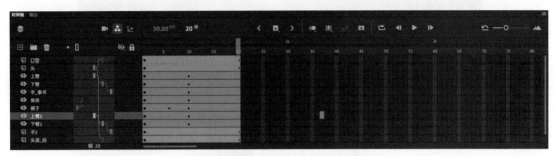

图 10-57　【时间轴】面板中的图层和帧设置

步骤 31　当前对象的"头"元件中包含了 4 个关键帧动画，通过拖动时间轴的播放头可见"头"在 4 个关键帧之间循环生成动画效果。选择该元件，在【属性】面板的【循环】区域，单击右侧的【图形播放单个帧】按钮，如图 10-58 所示。以确保动画播放的过程中，"头"元件内的动画帧不会循环播放。

步骤 32　为"头"图层创建补间动画，右击"头"元件并选择【创建补间动画】命令。然后将播放头移动到第 5 帧处，选择头部元件，单击【属性】面板的【帧选择器】按钮，可预览头部元件中的 4 个关键帧，如图 10-59 所示。这里选择元件内的第 2 帧，此时"头"图层自动插入关键帧，同时舞台上头部元件发生变化，如图 10-60 所示。

图 10-58　设置图形播放单个帧

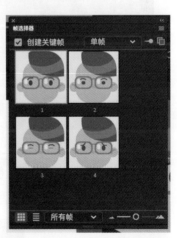

图 10-59　在【帧选择器】面板选择帧显示

步骤 33　用相同的方法，分别在"头"图层的第 7 帧选择"头"元件的第 3 帧，如图 10-61 所示，在第 9 帧选择"头"元件的第 4 帧，如图 10-62 所示。

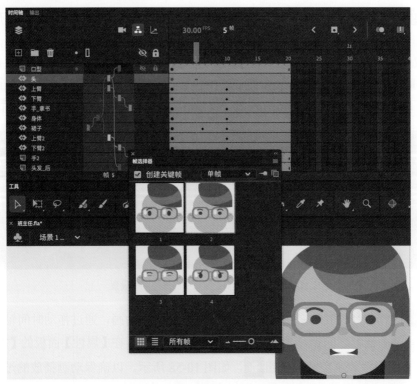

图 10-60　图层及舞台效果

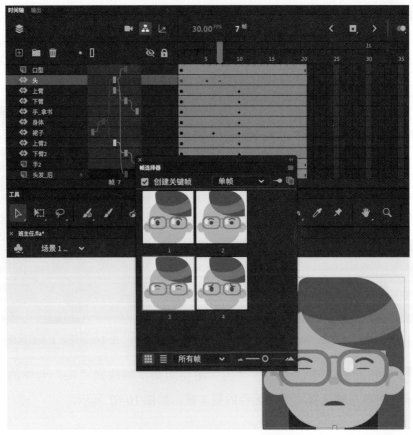

图 10-61　第 7 帧的帧选择设置

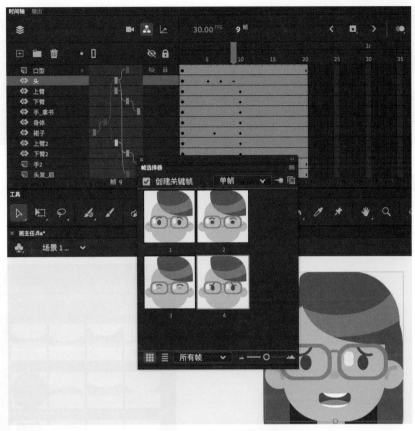

图 10-62　第 9 帧的帧选择设置

步骤 34 同样"口型"图层的"口型"元件也包含了一些帧动画,可以通过【帧选择器】面板进行预览查看,如图 10-63 所示。我们现在制作自动嘴形同步动画。

步骤 35 选择【文件】-【导入】-【导入到库】命令,选择音频文件"哇哦 - 音频 .wav"。

步骤 36 在【时间轴】面板中新建一个图层,命名为"音频",放置于顶层。选择该图层,在【属性】面板中的【声音】区域的【名称】下拉列表选择该音频文件,如图 10-64 所示。此时可在【时间轴】面板上的该图层帧范围内看到代表音频的波形图。选择所有图层的第 30 帧,按【F5】键将所有图层的时间轴持续到第 30 帧,如图 10-65 所示。

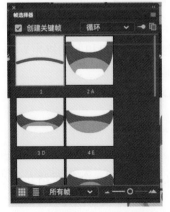

图 10-63　【帧选择器】面板中的嘴形设置

图 10-64　选择音频文件

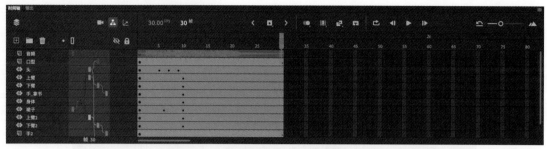

图 10-65 【时间轴】面板中的图层和帧设置

步骤 37 选择"口型"元件，在【属性】面板中单击【嘴形同步】按钮，如图 10-66 所示。在弹出的对话框中设置发音嘴形，如图 10-67 所示，并单击【完成】按钮。如果自动同步的嘴形不符合预期效果，还可以手动进行进一步的调整，包括调整关键帧的内容，插入或删除关键帧，修改嘴形的样式等。

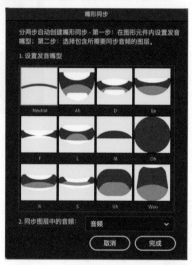

图 10-66 单击【嘴形同步】按钮   图 10-67 【嘴形同步】对话框设置

10.4 章节练习

一、思考题

1. 在 Animate CC 的角色动画中，如何进行父子级关系的绑定和取消绑定？

2. 在 Animate CC 中如何制作角色的嘴形同步动画？

3. 请简述在 Animate CC 中帧选择器的特点及其用途。

二、实操题

请根据所提供的范例和素材文档，制作角色动画"侧面跑"。

参考制作要点：

步骤 1 打开素材文档"侧面跑 - 准备 .fla"，该文档中包含一个侧面站立的小男孩，且男孩的身体各部分已经根据动画需要转换为图形元件，如图 10-68 所示。

图 10-68　【库】面板中包含所需的元件

步骤 2 使用【选择工具】 ▷ 框选所有对象，在右键菜单中选择【分散到图层】命令，完成后原本的"图层 _1"变为空白图层，将其删除，如图 10-69 所示。

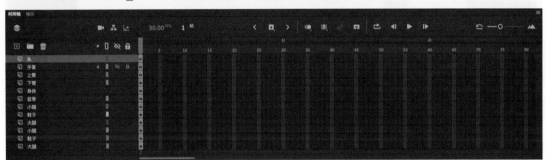

图 10-69　将所有元件【分散到图层】

步骤 3 单击【时间轴】上的【显示父级图层】按钮，将其打开，然后进行父子级关系的绑定，具体的绑定如下："头"绑定到"身体"，"手掌"绑定到"下臂"，"下臂"绑定到"上臂"，"上臂"绑定到"身体"，"身体"绑定到"盆骨"，"鞋子"绑定到"小腿"，"小腿"绑定到"大腿"，"大腿"绑定到"盆骨"，如图 10-70 所示。

步骤 4 使用【任意变形工具】 ﹄ 修改每个元件实例的旋转中心，确保其旋转中心位于正确的关节位置。

步骤 5 选择【视图】-【标尺】命令，将标尺调出来。从顶部的水平标尺向下拖出一条参考线，放置在底部，作为角色跳跃最高点的参考。

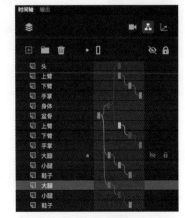

图 10-70　建立图层的父子级关系

步骤 6 使用【任意变形工具】 ﹄ 对每个元件实例的旋转角度和位置进行调整，从而设置出第 1 帧的动作，如图 10-71 所示。

图 10-71　调整第 1 帧的姿势

步骤 7　选择所有图层的第 3 帧，按【F6】键插入关键帧，调整该帧处的角色动作如图 10-72 所示。

图 10-72　调整第 3 帧的姿势

步骤 8　选择所有图层的第 5 帧，按【F6】键插入关键帧，调整该帧处的角色动作如图 10-73 所示。

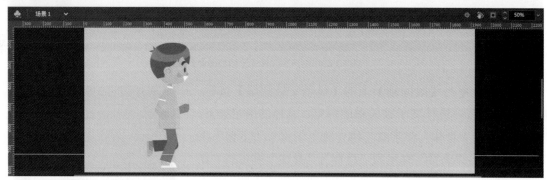

图 10-73　调整第 5 帧的姿势

步骤 9　选择所有图层的第 7 帧，按【F6】键插入关键帧，调整该帧处的角色动作如图 10-74 所示。

步骤 10　选择所有图层的第 9 帧，按【F6】键插入关键帧，调整该帧处的角色动作如图 10-75 所示。

步骤 11　选择所有图层的第 11 帧，按【F6】键插入关键帧，调整该帧处的角色动作如图 10-76 所示。

图 10-74　调整第 7 帧的姿势

图 10-75　调整第 9 帧的姿势

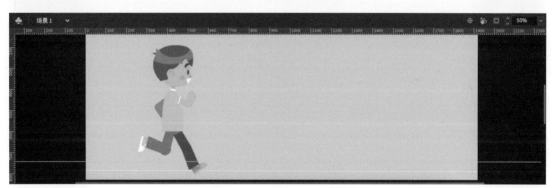

图 10-76　调整第 11 帧的姿势

步骤 12 选择所有图层的第 13 帧，按【F6】键插入关键帧，调整该帧处的角色动作如图 10-77 所示。

图 10-77　调整第 13 帧的姿势

步骤 13 选择所有图层的第 15 帧，按【F6】键插入关键帧，调整该帧处的角色动作如图 10-78 所示。

图 10-78　调整第 15 帧的姿势

步骤 14 选择所有图层的第 1 帧，按住【Alt】键将它们向后拖动，放置在各自图层的第 17 帧处，从而将第 1 帧复制并粘贴到第 17 帧处。

步骤 15 选择所有图层的所有关键帧，在右键菜单中选择【创建传统补间】命令。

步骤 16 选择所有图层的第 16 帧，按【F6】键插入关键帧，然后删除第 17 帧及其后面的所有帧。这样就完成了侧面跑循环动画的制作。按【Ctrl+Enter】组合键预览动画效果。

第 11 章

Animate CC 动画技巧

11.1 通过导入 Photoshop 文档制作动画 "星光女孩"

学习目的：

本节使用 Animate CC 的导入 Photoshop 文档功能进行插画风格动画的制作。读者通过本节内容的学习深入了解和熟练掌握 Animate CC 中的导入 Photoshop 文档的设置、梳理基本动画的制作流程，以及综合利用前述所学知识进行动画制作的方法和技巧。

制作要点：

通过结合使用 Photoshop 和 Animate CC，可以创建更加具有艺术风格和视觉吸引力的动画元素。基本思路是，在 Photoshop 中创建静态位图图像，随后将其分层导入 Animate CC 中，并在 Animate CC 中对这些静态元素进行动画制作，最终将其应用于网页和移动端页面、动画或交互中。

步骤1 在 Animate CC 中新建文档，【宽】和【高】任意，【帧速率】为 30FPS，【平台类型】为 ActionScript 3.0。选择【文件】-【导入】-【导入到舞台】命令。在弹出的对话框中，选择 PSD 文档 "星光女孩 .psd"，单击【打开】按钮。

步骤2 在弹出的导入对话框中，勾选【选择所有图层】复选框，确保 PSD 文档中的所有图层都被勾选；右侧的【将此图像图层导入为】勾选【平面化位图图像】复选框；不勾选【创建影片剪辑】复选框；下方【将图层转换为】下拉列表中选择【Animate 图层】选项；不勾选【导入为单个位图图像】复选框，勾选【将对象置于原始位置】复选框和【将舞台大小设置为与 Photoshop 画布同样大小（1080×1080）】复选框，如图 11-1 所示，单击【导入】按钮。

图 11-1　导入 PSD 文档设置

步骤3　此时所有 PSD 图层被导入到 Animate CC 中，且依照原始顺序和位置放置于不同的图层中，舞台自动修改为与 PSD 文档相同尺寸，如图 11-2 所示。Animate CC 中初始的"图层 1"保留了下来，我们不需要它可以将其删除。

图 11-2　导入 PSD 文档后的舞台及图层效果

步骤 4 锁定不需要做动画的图层，即除 4 个树枝层外的所有图层，如图 11-3 所示。

步骤 5 选择一个树枝，按【F8】键将其转换为元件，【名称】设置为"树枝动画 1"，【类型】选择【影片剪辑】元件，单击【确定】按钮。

步骤 6 双击该影片剪辑元件，进入元件编辑模式。在元件编辑模式中，保持对对象的选择，按【F8】键将其装换为元件，【名称】设置为"树枝 1"，【类型】选择【图形】元件。

步骤 7 选择【任意变形工具】 ，将图形元件的中心点移至树枝底端，如图 11-4 所示。

图 11-3　锁定暂时不编辑的图层

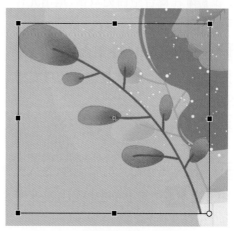

图 11-4　重新定位元件的旋转中心

步骤 8 在【时间轴】面板上选择第 30 帧，按【F6】键插入关键帧，这将复制前一个关键帧的内容。

步骤 9 在【时间轴】面板上的两个关键帧之间的任意位置右击，选择【创建传统补间】命令，如图 11-5 所示。

图 11-5　创建传统补间

步骤 10 选择第 15 帧，按【F6】键插入关键帧。使用【任意变形工具】 ，将鼠标悬停在树枝的顶端，当鼠标变为带圆形的箭头时，拖动鼠标以旋转树枝，如图 11-6 所示。

步骤 11 选择补间前半段的任意一帧，在【属性】面板的【补间】区域，设置【缓动强度】为 100。选择补间前半段的任意一帧，在【属性】面板的【补间】区域，设置【缓动强度】为 -100。

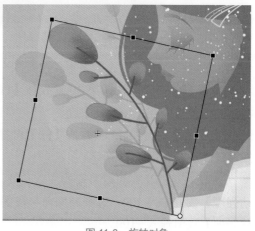

图 11-6　旋转对象

提示:

缓动是指在动画期间的逐渐加速或减速,从而使补间显得更为真实自然。缓动强度是一个介于 -100 ~ 100 的数值,当数值为 0 时,即没有缓动效果,动画为匀速运动;当缓动强度为负数时,动画以匀加速运动,负值越小,速度增加越快;当缓动强度为正数时,动画以匀减速运动,正值越大,速度减小越快。

步骤 12 在舞台空白处双击,退出元件编辑模式。按【Ctrl+Enter】组合键预览动画效果。

步骤 13 回到 Animate CC 中,按照上述方法继续为其他 3 个树枝制作影片剪辑动画。

步骤 14 按【Ctrl+S】组合键保存文档,命名为"星光女孩 -1.fla"。

步骤 15 现在制作头发部分的形变动画。将图层"头发 _ 前 _1"解锁并选择该图层的位图图像。

步骤 16 按【F8】键将其转换为元件,【名称】为"头发动画 1",【类型】为【影片剪辑】元件。

步骤 17 双击该影片剪辑元件,进入元件编辑模式。保持对该位图图像的选择,使用【资源变形工具】✦ 在其上单击以添加变形手柄。可根据变形需要添加合适数量和位置的变形手柄,如图 11-7 所示。

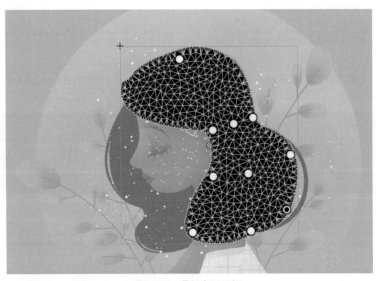

图 11-7　添加变形手柄

步骤 18 在时间轴的第 30 帧处按【F6】键插入关键帧。在两个关键帧之间的任意区域右击,选择【创建传统补间】命令。

步骤 19 选择第 15 帧并按【F6】键插入关键帧,调整该帧中变形手柄的位置,以使头发随风飘动,如图 11-8 所示。

步骤 20 选择补间前半段的任意一帧,在【属性】面板的【补间】区域,效果的右侧【缓动强度】数值输入 100。选择补间前半段的任意一帧,在【属性】面板的【补间】区域,【缓动强度】数值输入 -100。

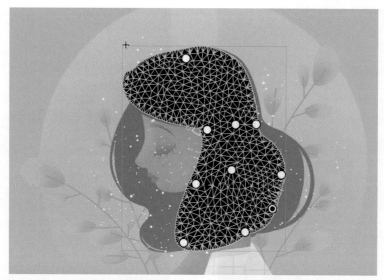

图 11-8　调整变形手柄的位置

步骤 21　在舞台空白处双击以退出元件编辑模式，返回【场景 1】。按照上述方法继续为其他几个头发图层制作影片剪辑动画。

步骤 22　按【Ctrl+Enter】组合键预览动画效果。

11.2 通过导入 Illustrator 文档制作动画"海浪帆船"

学习目的：

本节使用 Animate CC 的导入文档功能进行插画风格动画的制作。读者通过本节内容的学习深入了解和熟练掌握 Animate CC 中导入 Illustrator 文档的设置、梳理基本动画的制作流程，以及其综合利用前述所学知识进行动画制作的方法和技巧。

制作要点：

通过在 Animate CC 中导入 Illustrator 的 .ai 文件，可以在很大程度上保留插图的可编辑性和视觉保真度。Animate CC 中的 AI 文档导入器允许用户决定以何种方式将 Illustrator 文档导入 Animate CC 中。

步骤 1　在 Animate 中新建文档，【宽】和【高】为 1280 像素 ×720 像素，【帧速率】为 30FPS，【平台类型】为 ActionScript 3.0。

步骤 2　选择【文件】-【导入】-【导入到舞台】命令，选择文档"海浪帆船 .ai"。

步骤 3　在弹出的导入对话框中，勾选【选择所有图层】复选框，在【将图层转换为】下拉列表中选择【Animate 图层】选项，并勾选【将对象置于原始位置】复选框，如图 11-9 所示。

步骤 4　在左侧的图层选择栏，选择"盖子"图层，在右侧勾选【创建影片剪辑】复选框，【实例名称】命名为"盖子"，如图 11-10 所示。用相同的方法给每个图层创建影片剪辑并命名。

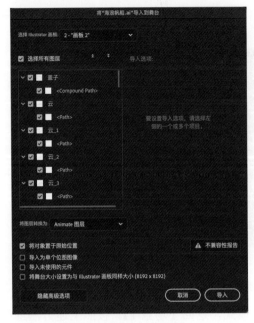

图 11-9　导入 AI 文档设置

图 11-10　为每个图层创建影片剪辑元件

步骤 5 单击【导入】按钮将 Illustrator 文档导入 Animate CC 中。在舞台上将所有影片剪辑元件拖动到合适的位置，如图 11-11 所示。按【Ctrl+S】组合键保存 Animate 文档，命名为"海浪帆船 .fla"。

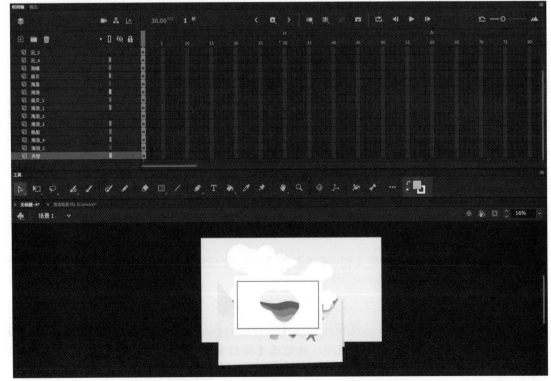

图 11-11　将所有的影片剪辑元件放置在舞台的合适位置

步骤 6 选择"盖子"图层的影片剪辑元件，双击进入元件编辑模式。

步骤 7 在第 90 帧处按【F6】键插入关键帧。在两个关键帧之间任意区域右击,选择【创建补间形状】命令,如图 11-12 所示。在第 90 帧处,使用【任意变形工具】，按住【Shift】键向外拖动一个角点的手柄,将其等比例放大,直到在舞台上看不见该对象,如图 11-13 所示。

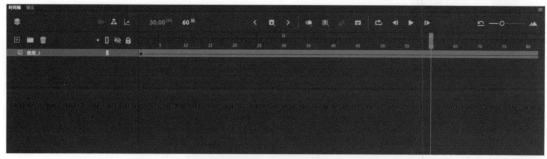

图 11-12　创建补间形状

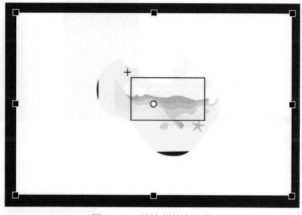

图 11-13　等比例放大对象

步骤 8 在第 30 帧和第 60 帧处分别按【F6】键插入关键帧,并使用【选择工具】修改每个关键帧处的内圈形状。

步骤 9 在舞台空白处双击退出元件编辑模式。关闭"盖子"图层的显示以查看下方的图层。

步骤 10 用相同的方法制作每个"海浪"图层的放大和变形动画。

步骤 11 双击"帆船"图层的影片剪辑元件,进入元件编辑模式。将帆船对象水平移动到舞台右侧外, 如图 11-14 所示。

图 11-14　将帆船对象水平移动到舞台右侧外

图 11-15 重新定位对象的旋转中心

步骤 12 选择帆船对象，按【F8】键将其转换为元件，【名称】为"帆船"，【类型】为【图形】元件。使用【任意变形工具】 将它的中心点移至下边框中心，如图 11-15 所示。

步骤 13 在"图层 1"上新建"图层 2"，在"图层 2"上使用【画笔工具】 绘制一条曲线，如图 11-16 所示。

步骤 14 在"图层 2"上右击，选择【引导层】命令，将其转换为引导层。将"图层 1"拖入"图层 2"中，使其成为"图层 2"的子图层，此时"图层 2"的符号发生变化，如图 11-17所示。

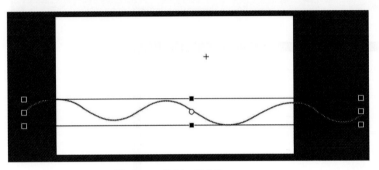

图 11-16 绘制一条曲线

图 11-17 建立图层的引导关系

步骤 15 将帆船移动到曲线上，使其中心点正好位于曲线上，如图 11-18 所示。

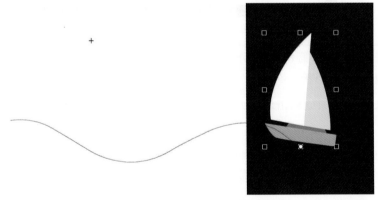

图 11-18 移动帆船的位置使其位于曲线右端点上

步骤 16 选择图层 2 的第 60 帧，按【F5】键插入帧，使该图层时间轴持续到第 60 帧。

步骤 17 选择图层 1 的第 60 帧，按【F6】键插入关键帧。在两个关键帧之间的任意区域右击，选择【创建传统补间】命令，如图 11-19 所示。

图 11-19 创建传统补间

步骤 18 在图层 1 的第 60 帧处，将帆船沿着引导线移动到舞台左侧外，同时适当将帆船放大，如图 11-20 所示。

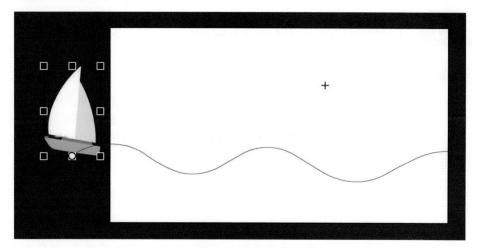

图 11-20 移动帆船的位置使其位于曲线的左端点上

步骤 19 按【Enter】键播放动画，此时帆船沿着引导线的轨迹运动。选择该补间，在【属性】面板中的【补间】区域，勾选【调整到路径】复选框，如图 11-21 所示，使帆船沿着路径的方向旋转。

步骤 20 退出元件编辑模式。为"云朵"图层、"海螺"图层、"扇贝"图层、"海星"图层分别使用以上方法，创建传动补间，并制作放大和左右位移以及上下位移的动画。

步骤 21 选择【文件】-【发布设置】命令，在【发布设置】对话框中，使用默认设置，如图 11-22 所示，单击【发布】按钮。

图 11-21 勾选【调整到路径】复选框

图 11-22 【发布设置】对话框

11.3 使用图形滤镜制作动画"奔跑的救护车"

学习目的：

本节使用 Animate CC 的图形滤镜功能进行动画的制作。读者通过本节内容的学习深入了解和熟练掌握 Animate CC 中的滤镜添加、参数设置、滤镜的复制和粘贴、滤镜动画等相关知识及方法和技巧。

制作要点：

使用滤镜（图形效果），可以为文本、按钮和影片剪辑增添丰富的视觉效果。Animate CC 所独有的一个功能是可以使用补间动画让应用的滤镜动起来。可以在【时间轴】面板中动态显示滤镜。由一个补间接合的不同关键帧上的各个对象，都有在中间帧上补间的相应滤镜的参数。若某个滤镜在补间的另一端没有相匹配的滤镜（相同类型的滤镜），则会自动添加匹配的滤镜，以确保在动画序列的末端出现该效果。

步骤1 打开 Animate 文档"奔跑的救护车 .fla"。该文档中已包含分层素材，如图 11-23 所示。现在需要制作救护车启动和飞驰的动画，并通过滤镜增加画面视觉效果。

图 11-23 打开素材文档

步骤2 锁定"前景"图层和"BG"图层，将救护车需要单独做动画的部分分别转换为图形元件，包括：选择车灯的 3 个部分，按【F8】键转换为元件，【名称】为"车灯动画"，【类型】为【图形】元件；选择一个车轮的 4 个部分，按【F8】键转换为元件，【名称】为"车轮动画"，【类型】

为【图形】元件，删除另一边的车轮，按住【Alt】键将这个车轮图形元件拖动到另一侧车轮处；选择车身，按【F8】键转换为元件，【名称】为"车身"，【类型】为【图形】元件。并调整它们的上下重叠顺序，如图 11-24 所示。

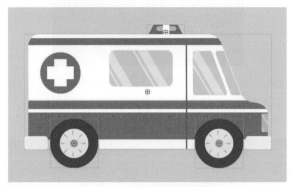

图 11-24　调整元件的重叠顺序

步骤 3　全选所有元件右击，选择【分散到图层】命令，如图 11-25 所示。

步骤 4　首先制作救护车车灯的动画。双击"车灯"元件进入编辑模式，框选所有对象，右击并选择【分散到图层】命令。

步骤 5　选择最底层的红色灯罩，按【F8】键转换为元件，【名称】为"灯罩"，【类型】为【图形】元件。

步骤 6　选择"灯罩"图层的第 1 帧，在【属性】面板的【滤镜】区域，单击【添加滤镜】按钮 +，选择【发光】滤镜。关联【模糊 X】和【模糊 Y】，将其都设置为 100，【强度】为 0%，【颜色】为红色，如图 11-26 所示。

图 11-25　将所有元件分散到图层

图 11-26　为关键帧添加发光滤镜

步骤 7　选择"灯罩"图层的第 10 帧，按【F6】键插入关键帧。在两个关键帧中任意位置右击，选择【创建传统补间】命令，如图 11-27 所示。

图 11-27　创建传统补间

步骤 8　选择"灯罩"图层的第 5 帧，按【F6】键插入关键帧。在【属性】面板中修改发光滤镜的参数，将【强度】改为 400%，如图 11-28 所示。

图 11-28　修改发光滤镜的参数

步骤9 选择将另外两层的第 10 帧，按【F5】键将时间轴延长至第 10 帧，如图 11-29 所示。

图 11-29　插入帧

步骤10 "图层 1"此时是空白图层，选择"图层 1"，选择【线条工具】 在舞台上绘制 3 条黄色的短直线，设置【笔触大小】为 6，如图 11-30 所示。

图 11-30　绘制 3 条短直线

步骤11 选择这 3 条短直线，按【F8】键将其转换为元件，【名称】为"提示符号"，【类型】为【图形】元件。

步骤12 双击该元件进入元件编辑模式，在第 4 帧处按【F6】键插入关键帧，在两个关键帧之间任意处右击，选择【创建补间形状】命令，如图 11-31 所示。使用【选择工具】 将第 1 帧的短直线缩短，如图 11-32 所示。

图 11-31　创建补间形状

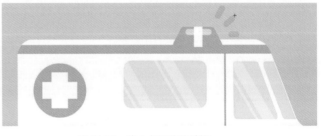

图 11-32　将 3 条短直线缩短

步骤13 选择第 6 帧，按【F6】键插入关键帧。在第 4 帧和第 6 帧这两个关键帧之间任意处右击，选择【创建补间形状】命令，如图 11-33 所示。并将第 6 帧处的短直线向外移动和缩短，如图 11-34 所示。

图 11-33　创建补间形状

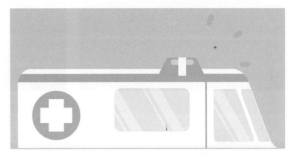

图 11-34　向外移动 3 条短直线并继续缩短

步骤 14　选择第 7 帧，按【F7】键插入空白关键帧，如图 11-35 所示。双击舞台的空白区域退出元件编辑模式。

步骤 15　按住【Alt】键并拖动"提示符号"元件，复制一份元件实例。右击复制的元件实例，选择【变形】-【水平翻转】命令，并将新复制的元件移动到合适的位置，如图 11-36 所示。将"图层 1"的时间轴延长至第 10 帧处，这样就完成了救护车灯的动画制作。双击舞台空白处退出元件编辑模式。

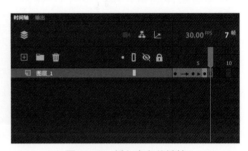

图 11-35　插入空白关键帧

图 11-36　将复制的元件移动到合适的位置

步骤 16　现在制作救护车轮胎的动画。双击其中一个"车轮动画"元件实例，进入元件编辑模式。

步骤 17　保持对轮胎所有部分的选择，按【F8】键将其转换为元件，【名称】为"车轮"，【类型】为【图形】元件。

步骤 18　选择第 15 帧，按【F6】键插入关键帧。在这两个关键帧之间右击并选择【创建传统补间】命令，如图 11-37 所示。

步骤 19　选择补间的任意部分，在【属性】面板中的【补间】区域，【旋转】选择"顺时针"，【圈数】为 1，如图 11-38 所示。

步骤 20　双击舞台空白处退出元件编辑模式，回到【场景 1】。单击【时间轴】面板上的【显示父级图层】按钮 🔧 以设置父级图层。将两个车轮图层、一个车灯图层都拖动到车身图层上，如图 11-39 所示，这样车身图层作为父级图层可以整体控制其下子级图层的运动。

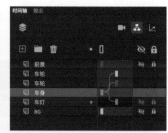

图 11-37　创建传统补间　　　图 11-38　设置补间动画顺时针旋转 1 圈　　图 11-39　建立图层的父子级关系

步骤 21 选择"车身"图层的第 8 帧，按【F6】键插入关键帧，并在这两个关键帧之间右击并选择【创建传统补间】命令。同时选择其他图层的第 8 帧，按【F5】键插入帧，使所有图层延伸到第 8 帧，如图 11-40 所示。

图 11-40　将所有图层延长到第 8 帧

步骤 22 选择"车身"图层的第 5 帧，按【F6】键插入关键帧，将这一帧处的车身往下移动一些，此时车轮和车灯会跟随车身移动。

步骤 23 选择两个"车轮"图层的第 8 帧，按【F6】键插入关键帧，在这两个关键帧之间右击并选择【创建传统补间】命令，如图 11-41 所示。

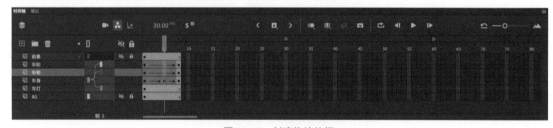

图 11-41　创建传统补间

步骤 24 选择两个"车轮"图层的第 5 帧，按【F6】键插入关键帧，使用【任意变形工具】将车轮的高度缩短，如图 11-42 所示。

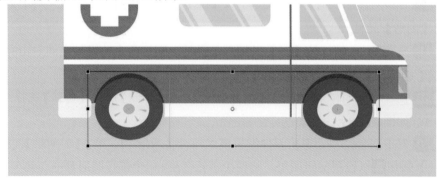

图 11-42　将车轮的高度缩短

步骤 25 将这 3 个图层的补间的【缓动强度】设置为 100。

步骤 26 在【时间轴】面板上全选这 3 层的所有关键帧和补间，右击并选择【复制帧】命令。选择 3 个图层的第 9 帧，右击并选择【粘贴帧】命令，如图 11-43 所示。

图 11-43　复制并粘贴帧

步骤 27 选择这 3 个图层的第 34 帧，按【F5】键插入帧。

步骤 28 选择"车身"图层的第 20 帧，按【F6】键插入关键帧。并在第 25 帧也按【F6】键插入关键帧，在第 20 帧和第 25 帧之间右击并选择【创建传统补间】命令，如图 11-44 所示。将第 25 帧处的车身向左移动一些，将这段补间的【缓动强度】设置为 100。

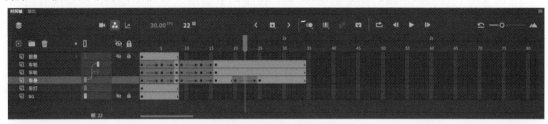

图 11-44　创建传统补间

步骤 29 在"车身"图层的第 28 帧和第 34 帧分别按【F6】键插入关键帧，并在这两个关键帧之间【创建传统补间】命令，如图 11-45 所示。在第 34 帧处将车身向右移动出舞台，这段补间的【缓动强度】设置为 -100。

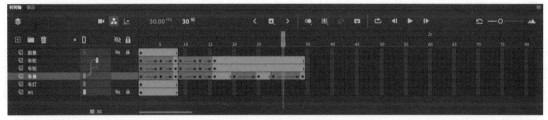

图 11-45　创建传统补间

步骤 30 为两个"车轮"图层和一个"车灯"图层的第 28 帧和第 34 帧也插入关键帧，并在其中【创建传统补间】命令，如图 11-46 所示。

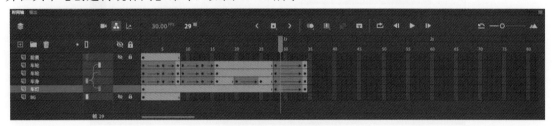

图 11-46　创建传统补间

步骤 31 选择救护车所有图层的第 34 帧,在【属性】面板的【滤镜】区域单击【添加滤镜】按钮➕,选择【模糊】滤镜。设置【模糊 X】为 255,【模糊 Y】为 0,如图 11-47 所示,添加模糊滤镜后的元件效果如图 11-48 所示。

图 11-47　为关键帧添加模糊滤镜　　　　　图 11-48　添加模糊滤镜后的元件效果

步骤 32 选择救护车所有图层的第 35 帧,按【F7】键插入空白关键帧以删除所有内容,如图 11-49 所示。

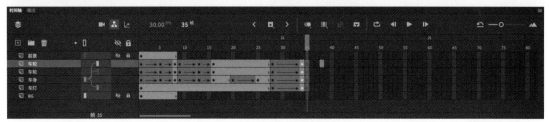

图 11-49　插入空白关键帧

步骤 33 现在制作救护车的投影动画。将时间轴的播放头定位在第 1 帧,使用【选择工具】框选该帧的救护车所有部分,按【Ctrl+C】组合键复制。

步骤 34 在【时间轴】面板上新建图层,命名为"投影",放置在"BG"图层上方,同时锁定除了"投影"图层以外的所有图层,按【Ctrl+V】组合键粘贴。保持对所粘贴的对象的选择,多次按【Ctrl+B】组合键,分离为【合并绘制】模式,并删除车灯顶部的黄色短直线,如图 11-50 所示。再次全选该图层的所有内容,设置【填充】为黑色,【Alpha】为 40%,如图 11-51 所示。

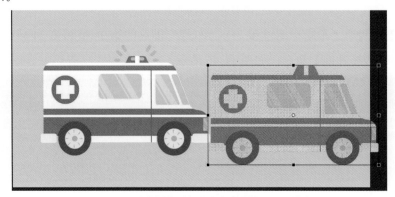

图 11-50　将复制的对象分离为【合并绘制】模式

图 11-51　重新填充颜色

步骤 35　保持对投影的选择，按【F8】键将其转换为元件，【名称】为"救护车投影"，【类型】为【图形】元件。

步骤 36　使用【任意变形工具】■将其进行垂直翻转、垂直缩小和水平倾斜，并放置在救护车下方，如图 11-52 所示。

图 11-52　修改元件对象的形状

步骤 37　打开【时间轴】面板上的【显示父级视图】按钮■，将"投影"图层拖动到"车身"图层上，以建立父子级关系，如图 11-53 所示。

步骤 38　在"投影"图层的第 8 帧按【F6】键插入关键帧，并在这两个关键帧之间右击选择【创建传统补间】命令，如图 11-54 所示。

步骤 39　在"投影"图层的第 5 帧按【F6】键插入关键帧，将投影稍微向上移动一些。

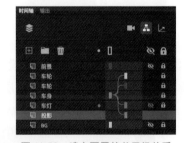

图 11-53　建立图层的父子级关系

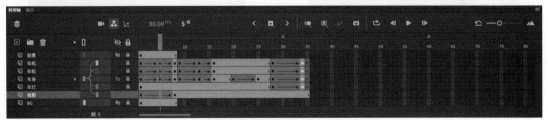

图 11-54　创建传统补间

步骤 40 选择"投影"图层的关键帧和补间右击，选择【复制帧】命令。选择"投影"图层的第 9 帧右击，选择【粘贴帧】命令，如图 11-55 所示。

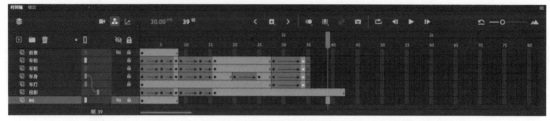

图 11-55　复制并粘贴帧

步骤 41 在"投影"图层的第 28 帧和第 34 帧处分别按【F6】键插入关键帧，并在这两个关键帧之间右击选择【创建传统补间】命令，如图 11-56 所示。

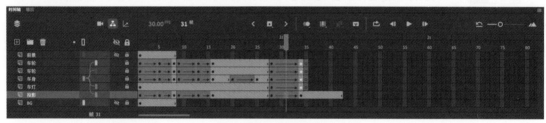

图 11-56　创建传统补间

图 11-57　复制所有滤镜并粘贴滤镜

步骤 42 选择"车身"图层的第 34 帧，在【属性】面板的【滤镜】区域，单击【选项】按钮，选择【复制所有滤镜】选项。选择"投影"图层的第 34 帧，在【属性】面板的【滤镜】区域，单击【选项】按钮，选择【粘贴滤镜】选项，如图 11-57 所示。

步骤 43 选择"投影"图层的第 35 帧，按【F7】键插入空白关键帧以删除该层的内容。

步骤 44 最后为"前景"图层和"BG"图层添加模糊滤镜以增加景深效果。选择"前景"图层的第 1 帧，在【属性】面板的【滤镜】区域单击【添加滤镜】按钮 ，选择【模糊】滤镜。修改【模糊 X】和【模糊 Y】的值为 8，如图 11-58 所示。

步骤 45 选择"BG"图层的第 1 帧，在【属性】面板的【滤镜】区域单击【添加滤镜】按钮 ，添加【模糊】滤镜。修改【模糊 X】和【模糊 Y】的值为 10，如图 11-59 所示。

图 11-58　为关键帧添加模糊滤镜（1）

图 11-59　为关键帧添加模糊滤镜（2）

步骤 46 选择"BG"图层和"前景"图层的第 60 帧，按【F5】键插入帧，使动画持续 2 秒，如图 11-60 所示。

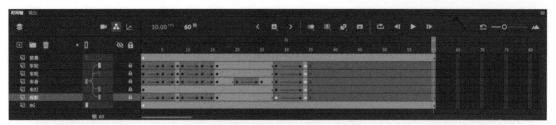

图 11-60　插入帧从而使动画持续到 2 秒

步骤 47 按【Ctrl+Enter】组合键预览动画效果。

11.4 使用摄像头工具制作动画"风吹海浪"

学习目的：

本节使用 Animate CC 的摄像头工具进行模拟运动镜头动画的制作。读者通过本节内容的学习深入了解和熟练掌握 Animate CC 中的摄像头工具的使用、图层深度参数的设置、图形滤镜的用法等相关知识和技巧。

制作要点：

Animate 中的摄像头工具使得动画制作人员可以模拟真实的摄像机来创建镜头运动效果。摄像头工具的功能主要包括：模拟平移镜头、推拉镜头、改变焦点位置、旋转镜头、使用色调或滤镜对场景应用色彩效果。

步骤 1 打开 Animate 文档"风吹海浪.fla"，该文档包含已经设置了一定动画的场景，如图 11-61 所示，现在我们将通过使用 Animate 中的【摄像头工具】■，对该场景模拟镜头的摇动、快甩，以及推近。

步骤 2 在【工具】面板中启用摄像头工具。

> **提示：**
>
> 有两种方式可以启用摄像头工具：(1) 选择【工具】面板中的【摄像头工具】■；(2) 单击【时间轴】面板中的【添加 / 删除摄像头】按钮■。

步骤 3 此时，【时间轴】面板最顶层新建了一个叫做"Camera"的图层，即摄像头图层，该图层处于选中状态，如图 11-62 所示。同时【属性】面板中启用了摄像头设置，我们可以在其中设置摄像头的 X 轴和 Y 轴位移、缩放、旋转，或设置摄像头的色彩效果和滤镜，如图 11-63 所示。

步骤 4 观察当前的舞台，可见舞台边界由摄像头边框包裹，而舞台下方出现了一个摄像头 UI，如图 11-64 所示，这里可以便捷地操作摄像头的旋转和缩放。默认情况下，缩放图标开启而旋转图标关闭，此时拖动滑块可以实现镜头推拉的效果。当切换到旋转图标时，缩放图标关闭，此时拖动滑块可实现镜头旋转的效果，如图 11-65 所示。

图 11-61 打开素材文档

图 11-62 自动创建 "Camera" 图层

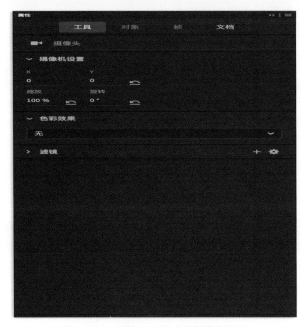

图 11-63 【属性】面板中的摄像头设置

图 11-64　舞台中的摄像头操控界面

图 11-65　旋转摄像头视图

步骤5　我们还可以在使用【摄像头工具】 的同时在舞台上拖动场景，以实现镜头的移动，如图 11-66 所示。

图 11-66　移动摄像头视图

步骤6　我们还可以通过【时间轴】面板上的【添加 / 删除摄像头】按钮 来轻松删除当前的摄像头，删除后场景恢复到没有摄像头之前的状态。

步骤7 重新启用【摄像头工具】 ■。我们还可以通过舞台右上角的【剪切掉舞台范围以外的内容】按钮 □ 来隐藏或显示舞台范围以外的对象，从而方便我们进行镜头的操作，图 11-67 为【剪切到舞台范围以外的内容】按钮开启时的舞台外观。

图 11-67　【剪切掉舞台范围以外的内容】按钮开启时的舞台外观

步骤8 现在我们需要通过设置摄像头的运动来模拟镜头运动的效果。在"Camera"图层的第 15 帧按【F6】键插入关键帧，然后回到第 1 帧处，在【属性】面板的【摄像机设置】区域中设置摄像机移动和缩放的数值，如图 11-68 所示，【X】为 27，【Y】为 -77，【缩放】为 84%。

步骤9 在这两个关键帧之间创建传统补间。此时拖动播放头查看动画，实现了镜头轻微向内推的效果。

步骤10 在"Camera"图层的第 30 帧和第 150 帧处按【F6】键插入关键帧（使"Camera"图层下方的所有图层也持续到第 150 帧）。选择第 150 帧，在【属性】面板的【摄像机设置】区域中设置摄像机的【Y】轴移动为 -1800，如图 11-69 所示，摄像机的 Y 轴移动效果如图 11-70 所示。在这两个关键帧之间创建传统补间，从而实现摄像头向下平移的效果。

图 11-68　设置摄像机移动和缩放的数值

图 11-69　设置摄像机的 Y 轴移动

步骤11 在"Camera"图层第 180 帧和第 190 帧处按【F6】键插入关键帧（使"Camera"图层下方的所有图层也持续到第 190 帧）。选择第 190 帧，在【属性】面板的【摄像机设置】区域设置摄像机的【X】轴移动为 -5500，【Y】轴不变，如图 11-71 所示，摄像机的 X 轴移动效果如图 11-72 所示。在这两个关键帧之间创建传统补间，从而实现摄像头向右平移的效果。

图 11-70　摄像机的 Y 轴移动效果

图 11-71　设置摄像机的 X 轴移动

图 11-72　摄像机的 X 轴移动效果

步骤 12　在 "Camera" 头图层的第 185 帧处按【F6】键插入关键帧。在【属性】面板为摄像头添加滤镜，单击【滤镜】区域右上角的【添加滤镜】按钮＋，选择【模糊】滤镜，设置【模糊 X】值为 100，【模糊 Y】值为 0，【品质】为 "高"，如图 11-73 所示，添加模糊滤镜后的镜头效果如图 11-74 所示，从而模拟快速甩镜头所形成的模糊效果。

图 11-73　为关键帧添加模糊滤镜

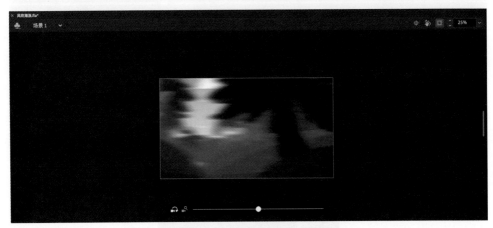

图 11-74　添加模糊滤镜后的镜头效果

步骤 13 在"Camera"图层的第 210 帧和第 260 帧处按【F6】键插入关键帧，在这两个关键帧之间创建传统补间（使"Camera"图层下方的所有图层也持续到第 260 帧）。为了实现带有图层深度的推镜头效果，我们不使用【属性】面板中的摄像头缩放值来调整，而使用【图层深度】面板。

步骤 14 选择【窗口】-【图层深度】命令，以打开【图层深度】面板。也可以通过单击【时间轴】面板上的【单击以调用图层深度面板】按钮 ⬈ 来打开【图层深度】面板。它可以更改图层深度，从而为对象创建视差效果。在【图层深度】面板中，对"山林场景"文件夹中的所有图层进行图层深度设置。默认的值为 0，即没有深度，值越大，对象在 Z 轴方向越远离镜头，而更接近摄像头的对象比远离摄像头的对象移动速度更快。定位到第 260 帧，其图层深度具体设置如图 11-75 所示，同时我们可以从面板右侧的示意图中查看不同图层在 Z 轴的定位，也可以直接在示意图中拖动图层来改变其深度。

步骤 15 我们还可以为摄像头的运动添加缓动效果，以使得运动更加流畅。选择"Camera"图层的第 30 帧到第 150 帧之间的任意帧，在【属性】面板【补间】区域的【效果】下拉列表中，依次选择【Ease In Out】-【Quad】选项，如图 11-76 所示，并双击以应用，也可以自己编辑缓动曲线。

步骤 16 选择"Camera"图层的第 210 帧到第 260 帧之间的任意帧，在【属性】面板【补间】区域的【效果】下拉列表中，选择【My Easel】选项，并在右侧图表中编辑缓动曲线，如图 11-77 所示。

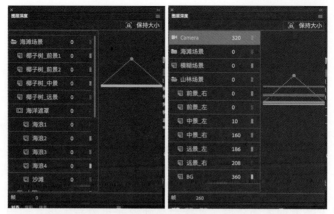

图 11-75　打开【图层深度】面板并进行图层深度设置

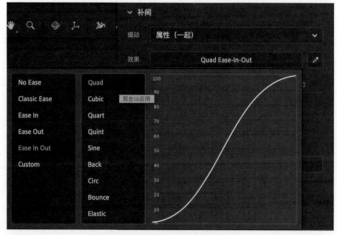

图 11-76　选择预设的缓动效果

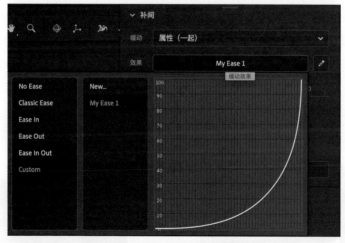

图 11-77　选择和编辑自定义缓动效果

步骤 17 选择"Camera"图层的第 260 帧，在【属性】面板中的【色彩效果】下拉列表中选择【亮度】选项，设置值为 100%，以实现白屏效果。

步骤 18 最后导出影片。

11.5 导出和发布

学习目的：

读者通过本节内容的学习了解如何将文档从 Animate CC 导出到其他应用程序，以及在 Animate CC 中将文档发布为其他格式。

制作要点：

Animate CC 具有高效的发布流程，可将动画资源导出为指定格式的图片序列、GIF 动画、指定格式的视频文件，等等。Animate CC 还允许用户将补间、元件和图形导出为各种格式的高清视频。并且新版本的 Animate CC 对视频导出功能进行了增强，从而实现了与 Adobe Media Encoder（AME）的无缝集成。在 Animate CC 中，可以选择 AME 支持的任何视频格式及其预设。如果选择了相应的选项，那么 Animate CC 将确保自动在 AME 中将该视频排入队列甚至进行处理。此外，用户还可将所有场景或所需场景导出为循环，而对于特定场景，可以导出所有帧或某个帧范围。

11.5.1 导出 PNG 序列

步骤1 打开 Animate 文档"导出图形 .fla"，该文档中有一个包含动画的图形元件，现在将其导出为单帧图像、图像序列，以及高清视频文件。

步骤2 右击这个图形元件并选择【导出 PNG 序列】命令，如图 11-78 所示。

步骤3 在【导出 PNG 序列】对话框中，选择文件的存储位置。

步骤4 单击左下角的【新建文件夹】按钮，并为新建的文件夹命名，如图 11-79 所示，单击【创建】按钮从而创建一个新的文件夹。保持对这个文件夹的选择，单击【存储】按钮。

图 11-78 导出 PNG 序列

图 11-79 创建新建文件夹

步骤5 在弹出的【导出 PNG 序列】对话框中进行设置，如图 11-80 所示，各项设置如下。

● 【宽度】：图像输出的宽度。通过更改此值可以调整输出比例。默认为元件内容的宽度。

● 【高度】：图像输出的高度。通过更改此值可以调整输出比例。默认为元件内容的高度。

- 【分辨率】：图像输出的分辨率。默认值为 72 dpi。
- 【颜色】：图像输出的位深度。可以选择 8 位、24 位或 32 位，默认为 32 位，支持透明度。若选择了不支持透明度的 24 位或 8 位，则【背景】设置将更改为"舞台"。

图 11-80　【导出 PNG 序列】对话框

- 【背景】：用作图像输出背景颜色的颜色。仅当【颜色】选项设置为 8 位或 24 位时，此设置才可用。当【颜色】设置为 32 位时，图像背景将总是透明的。当【颜色】选项设置为 8 位或 24 位时，【背景】选项默认为"舞台"颜色。使用 8 位或 24 位图像时，可以将设置更改为"不透明"，然后通过颜色选择器选择一种背景颜色。另外，还可以为背景选择一个 Alpha 值以创建透明度。
- 【平滑】：在是否对图像输出边缘应用平滑操作之间切换。如果当前未使用透明背景，且放置在背景颜色上的图像不同于舞台的当前颜色，那么请关闭此选项。

步骤6　单击【导出】按钮导出 PNG 序列。

11.5.2　导出图像和动画 GIF

步骤1　继续使用文档"导出图形 .fla"，选择【文件】-【导出】-【导出动画 GIF】命令。

步骤2　单击图像区域顶部的选项卡以选择显示选项，如图 11-81 所示，各选项卡含义如下。

- 【原来】：显示没有优化的图像。
- 【优化后】：显示应用了当前优化设置的图像。
- 【2 栏式】：并排显示图像的两个版本。

图 11-81　选择显示选项

步骤3　如果在【导出图像】对话框中无法看到整个图稿，可使用【手形工具】让其他区域进入视图。可以使用【缩放工具】来放大或缩小视图。选择【手形工具】✋（或按住【空格】键），然后在视图区域内拖移以平移图像。选择【缩放工具】  并在视图内单击可进行放大，按住【Alt】键并在视图内单击可进行缩小。也可以键入放大率百分比，或在对话框底部选取一个放大率百分比。

步骤 4 在【导出图像】对话框中，各图像下方的注释区域会提供优化信息。原稿图像的注释显示文件名和文件大小。优化图像的注释显示当前优化选项、优化文件的大小及使用选中的调制解调器速度时的估计下载时间。

步骤 5 用户还可以将 Web 图形压缩到特定文件大小，在【优化】菜单（在【预设】菜单的右边）中选择【优化文件大小】命令，打开【优化文件大小】对话框，如图 11-82 所示，输入所需的文件大小。在【起始设置】区域，各项设置的含义如下。

● 【当前设置】：使用当前文件格式。
● 【自动选择 GIF/JPEG】：根据图像内容自动选择最佳格式。

步骤 6 用户还可以在优化的同时调整图稿大小，在【导出图像】对话框中，将图像大小调整为指定的像素尺寸或原始大小的某一比例。在【导出图像】对话框中的【图像大小】区域，如图 11-83 所示，设置任一附加选项，其中【约束比例】为保持像素宽度与像素高度当前比例不变。然后输入新的像素尺寸，或者指定调整图像大小的百分比。

图 11-82 【优化文件大小】命令和【优化文件大小】对话框　　　　图 11-83 图像大小设置

> **提示：**
> 对于 SWF 和 SVG 文件格式，除【剪切到舞台】复选框外，【图像大小】区域中的其他任何功能均不适用。

步骤 7 单击右下角的【完成】按钮从而将动画导出为 GIF 文件。

> **提示：**
> 用户可以通过选择【文件】-【导出】-【导出图像】命令，导出播放头所在帧的静态 GIF 图像文件。

11.5.3　通过 Adobe Media Encoder 导出高清（HD）视频

步骤 1 在开始导出之前，请安装 QuickTime，同时将帧速率设置为一个等于或小于 60FPS 的值。

步骤 2 打开 Animate 文档"导出视频 .fla"。

步骤 3 选择【文件】-【导出】-【导出视频 / 媒体】命令。

步骤 4 在【导出媒体】对话框中，如图 11-84 所示，【渲染大小】的【宽】和【高】采用为舞台大小设置的宽度值和高度值。

步骤5　在【导出媒体】对话框中设置所需选项，各选
项设置如下。

图 11-84　导出媒体对话框

- ●【渲染大小】的【宽】和【高】：根据要导出的分辨率配置渲染大小，即取决于是导出高清视频还是普通视频。将这两个值分别设置为等于舞台的宽度和高度。如果更改【宽】和【高】的值，那么请相应地修改舞台大小，Animate CC 会根据舞台尺寸保持长宽比。

- ●【忽略舞台颜色（生成 Alpha 通道）】：使用舞台颜色创建一个 Alpha 通道。Alpha 通道是作为透明轨道进行编码的，这样可以将导出的影片叠加在其他内容上面，从而改变背景色或场景。

- ●【间距】：选择导出特定场景或所有场景。

- ●【所有帧】：导出所选场景的所有帧。

- ●【帧范围】：使用时间轴循环范围或指定要导出的帧，并在右侧进行帧指定。

- ●【格式】：选择标准格式或指定自定义 epr 文档的导出路径。

- ●【预设】：选择要导出的预设。

- ●【输出】：指定输出文档的路径。

- ●【立即启动 Adobe Media Encoder 渲染队列】：编队当前任务后立即启动 Adobe Media Encoder 渲染队列。

步骤6　这里保持默认，并单击右下角的【导出】按钮。

11.6　章节练习

一、思考题

1. 如何在 Animate CC 中使用 Photoshop 文档作为动画素材？

2. 如何在 Animate CC 中使用 Illustrator 文档作为动画素材？

3. 如何通过【摄像头工具】和【图层深度】面板实现动画的镜头运动和景深效果？

二、实操题

请根据所提供的范例和素材文档"兔子浇水 .psd"，在 Animate CC 中制作动画"兔子浇水"。
参考制作要点：

步骤1　新建 Animate 文档，设置【宽】和【高】为 1920 像素 ×1080 像素，【帧速率】为 30FPS。

步骤2　选择【文件】-【导入】-【导入到舞台】命令，并选择素材文件夹"模块 11"中的 PSD 素材文档"兔子浇水 .psd"。

步骤3　在弹出的对话框中，勾选【导入所有图层】复选框，在【将图层转换为】下拉列表中，选择【Animate 图层】选项，并勾选下方的【将对象置于原始位置】复选框及【将舞台大小设置为与 Photoshop 画布同样大小】复选框。单击【导入】按钮，如图 11-85 所示。

图 11-85　导入 PSD 文档对话框

步骤 4　此时【时间轴】面板上的"图层 _1"为空白图层，将其删除。导入后的 PSD 文档效果如图 11-86 所示。

图 11-86　导入后的 PSD 文档效果

步骤 5　定位到图层"手"，选择【资源变形工具】 ，单击与肩膀连接位置的手臂，创建一个变形点，如图 11-87 所示。

图 11-87　创建资源变形点

步骤 6 继续使用【资源变形工具】 📌 , 分别在手肘和手指尖部位单击鼠标以添加资源变形点, 如图 11-88 所示。

图 11-88 添加资源变形点

步骤 7 选择图层"头", 从而将该图层的所有对象选择。按【F8】键将其转换为元件, 设置【名称】为"头",【类型】为【图形】元件。

步骤 8 选择图层"水壶"从而将该图的所有对象选择。按【F8】键将其转换为元件, 设置【名称】为"水壶",【类型】为【图形】元件。

步骤 9 选择图层"身体"从而将该图的所有对象选择。按【F8】键将其转换为元件, 设置【名称】为"身体",【类型】为【图形】元件。

步骤 10 选择图层"腿"从而将该图的所有对象选择。按【F8】键将其转换为元件, 设置【名称】为"腿",【类型】为【图形】元件。

步骤 11 开启【时间轴】面板上的【显示父级图层】按钮, 并将兔子身体的各部分进行父子级关系的绑定:"眼睛"绑定到"头"上;"头"绑定到"身体"上;"手"绑定到"身体"上;"身体"绑定到"腿"上;"水壶"绑定到"手"上;删除图层"水", 如图 11-89 所示。

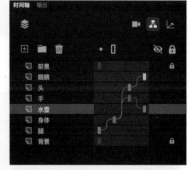

图 11-89 建立图层的父子级关系

步骤 12 选择所有图层的第 60 帧, 按【F5】键插入帧, 使动画持续到第 60 帧。

步骤 13 使用【任意变形工具】 🔲 , 将"身体"图形元件的旋转中心移动到下方, 如图 11-90 所示。

步骤 14 使用【任意变形工具】 🔲 , 将"头"图形元件的旋转中心移动到下方, 如图 11-91 所示。

步骤 15 使用【任意变形工具】 🔲 , 将"手"图形元件的旋转中心移动到肩膀处, 如图 11-92 所示。

图 11-90　重新定位身体的旋转中心

图 11-91　重新定位头的旋转中心

图 11-92　重新定位手的旋转中心

步骤 16　使用【任意变形工具】 ，将"水壶"图形元件的旋转中心移动到手柄处，如图 11-93 所示。

图 11-93　重新定位水壶的旋转中心

步骤 17 在【时间轴】面板上选择"身体"图层的第 20 帧，按【F6】键插入关键帧。使用【任意变形工具】 将该帧处的"身体"图形元件顺时针旋转一些角度，如图 11-94 所示。在前后两个关键帧之间右击并选择【创建传统补间】命令。

图 11-94　插入关键帧并旋转元件（1）

步骤 18 在【时间轴】面板上选择"头"图层的第 25 帧，按【F6】键插入关键帧。使用【任意变形工具】 将该帧处的"头"图形元件顺时针旋转一些角度，如图 11-95 所示。在前后两个关键帧之间右击并选择【创建传统补间】命令。

图 11-95　插入关键帧并旋转元件（2）

步骤 19 在【时间轴】面板上选择"手"图层的第 25 帧，按【F6】键插入关键帧。使用【任意变形工具】将该帧处的"手"图形元件顺时针旋转一些角度，如图 11-96 所示。在前后两个关键帧之间右击并选择【创建传统补间】命令。

图 11-96　插入关键帧并旋转元件（3）

步骤 20 在【时间轴】面板上选择"水壶"图层的第 30 帧，按【F6】键插入关键帧。返回第 1 帧，使用【任意变形工具】将该帧处的"水壶"图形元件逆时针旋转一些角度（可以在【变形】面板查看旋转角度，这里为 -15°），如图 11-97 所示。在前后两个关键帧之间右击并选择【创建传统补间】命令。

图 11-97　插入关键帧并旋转元件（4）

步骤 21 同时选择【时间轴】面板上的"水壶"和"手"图层，将它们向上拖动，放置在"前景"图层的下方，如图 11-98 所示。

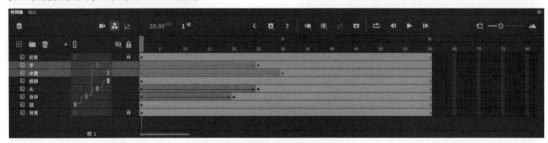

图 11-98　调整图层的重叠顺序

步骤 22 在"身体"图层的第 40 帧和第 50 帧分别
按【F6】键插入关键帧，并在这两个关键帧之间创建传
统补间。然后选择第 50 帧处的"身体"图形元件，在【变
形】面板中设置【旋转】为 0°，如图 11-99 所示。

步骤 23 在"手"图层的第 45 帧和第 55 帧分别按
【F6】键插入关键帧，并在这两个关键帧之间创建传统补
间。然后选择第 55 帧处的"手"图形元件，在【变形】
面板中设置【旋转】为 0°。

步骤 24 在"头"图层的第 45 帧和第 55 帧分别按

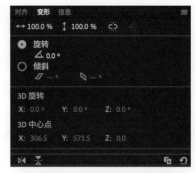

图 11-99　设置元件的旋转角度

【F6】键插入关键帧，并在这两个关键帧之间创建传统补间。然后选择第 55 帧处的"头"图
形元件，在【变形】面板中设置【旋转】为 0°。

步骤 25 在"水壶"图层的第 50 帧和第 60 帧分别按【F6】
键插入关键帧，并在这两个关键帧之间创建传统补间。然后选
择第 55 帧处的"水壶"图形元件，在【变形】面板中设置【旋
转】为 -15°。

步骤 26 在【时间轴】面板上新建一个图层，命名为"眼
睛遮罩"，放置在"眼睛"图层的上方，并将该图层绑定在"眼
睛"图层上，如图 11-100 所示。

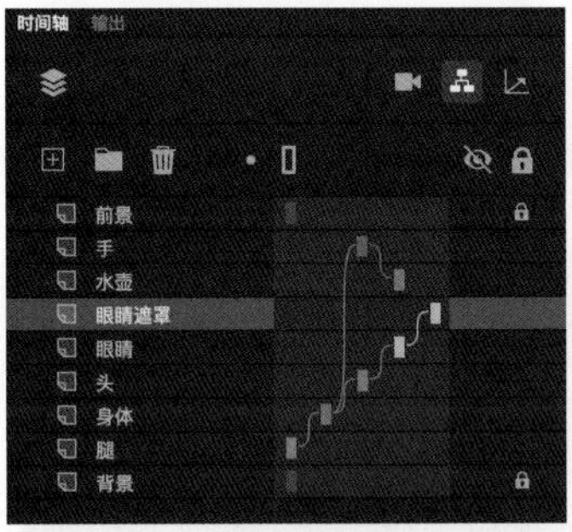

图 11-100　新建图层并重命名图层

步骤 27 选择"眼睛遮罩"图层，使用【直线工具】

在舞台上绘制出一个形状，并设置该形状的【笔触】为"无"，【填充】为任意，如图 11-101
所示。

图 11-101　绘制形状并填充颜色

步骤 28 分别选择"眼睛遮罩"图层的第 10 帧、第 15 帧、第 19 帧，按【F6】键插入关键帧，
并在这 3 个关键帧之间创建补间形状，然后修改第 10 帧和第 19 帧的形状，如图 11-102 所示。

步骤 29 右击图层"眼睛遮罩"，选择【遮罩层】命令，从而完成兔子眨眼睛的动画效果。

步骤 30 在【时间轴】面板上新建一个图层，命名为"水"。使用【直线工具】　，设置【笔
触】为白色，【笔触大小】为 1，绘制 3 条直线，并使用【选择工具】　将它们调整为曲线，
如图 11-103 所示。

图 11-102　插入关键帧并修改图形的形状

图 11-103　绘制 3 条直线并调整为曲线

步骤31 在【时间轴】面板上新建一个图层，命名为"水遮罩"，将其放置在图层"水"的上方，并在该图层上绘制一些形状，设置【填充】为任意，【笔触】为"无"，如图 11-104 所示。

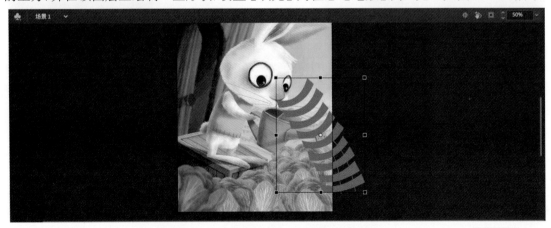

图 11-104　新建图层并在新图层上绘制形状

步骤32 在【时间轴】面板上，将图层"水遮罩"绑定到图层"水"上，将图层"水"绑定到图层"水壶"上，如图 11-105 所示。

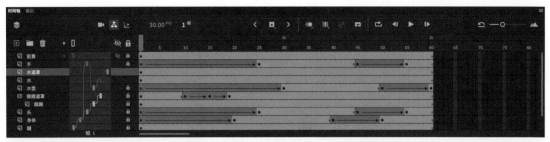

图 11-105　建立图层的父子级关系

步骤 33 选择"水"图层的所有对象，按【F8】键将其转换为元件，设置【名称】为"水"，【类型】为【图形】元件，然后使用【任意变形工具】将其旋转中心移动到水壶喷嘴处，如图 11-106 所示。

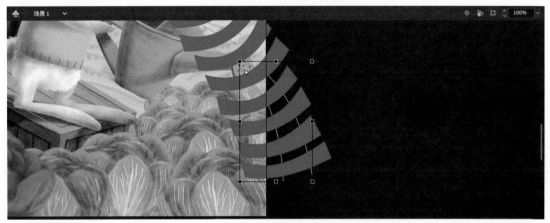

图 11-106　旋转元件对象

步骤 34 选择"水"图层的第 30 帧，按【F6】键插入关键帧，并使用【任意变形工具】将该帧处"水"图形元件逆时针旋转一些角度，然后在前后两个关键帧之间创建传统补间。

步骤 35 选择"水"图层的第 45 帧和第 60 帧，按【F6】键插入关键帧，并在这两个关键帧之间创建传统补间，然后使用【任意变形工具】将第 60 帧处的"水"图形元件顺时针旋转一定的角度。

步骤 36 选择"水遮罩"图层的第 40 帧和第 60 帧，按【F6】键插入关键帧。在前后 3 个关键帧之间依次创建补间形状。将第 1 帧和第 60 帧处的形状向上移动到"水"图形元件上方，如图 11-107 所示。

步骤 37 在【时间轴】面板上选择"水遮罩"图层右击，选择【遮罩层】命令。

步骤 38 选择"水遮罩"图层第一段的补间，在【属性】面板的【补间】区域，设置缓动【强度】为 -100，再设置第二段的补间缓动【强度】为 100。

步骤 39 完成后按【Ctrl+Enter】组合键预览动画效果。

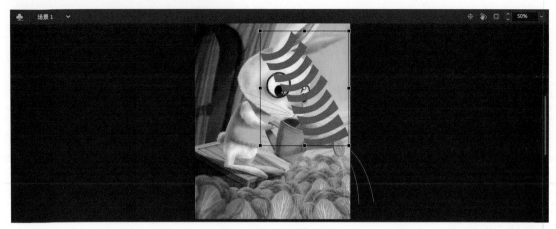

图 11-107　移动图形元件